BEN HUNT

RED BULL RACING

DIE GESCHICHTE HINTER DEM ERFOLG

BENEVENTO

FSC
www.fsc.org
MIX
Papier | Fördert gute Waldnutzung
FSC® C020353

1. Auflage

Gesetzt aus der Palatino, Stolzl

Medieninhaber, Verleger und Herausgeber:
Red Bull Media House GmbH
Oberst-Lepperdinger-Straße 11–15
5071 Wals bei Salzburg, Österreich

Coverdesign: Two Associates
Coverfotos: Paul Gilham / Getty Images (vorne oben), Clive Mason / Getty Images (vorne unten), Mark Thompson / Getty Images (Buchrückseite)
Satz: MEDIA DESIGN: RIZNER.AT
Übersetzung: Christian Domke-Seidel
Lektorat: Werner Jessner, Sophia Angerer

Bildnachweis Innenteil: Mark Thompson / Staff, außer folgende Bilder von Getty Images: Clive Rose / Staff (Seite 50), Bryn Lennon / Staff (Seite 63), Peter Parks / Staff (Seite 96), Paul Gilham / Staff (Seite 99), Fred Dufour / Staff (Seite 118), Manan Vatsyayana / Stringer (Seite 129), Philippe Lopez / Staff (Seite 148), Darren Heath Photographer / Contributor (Seite 166), Peter J Fox / Contributor (Seiten 183, 201), Getty Images / Stringer (Seite 242), Dan Istitene - Formula 1 / Contributor (Seite 277), NurPhoto / Contributor (Seite 290)

Printed in Slovakia by Neografia
ISBN: 978-3-7109-0199-7

Für meine Kinder Teddy und Rose

INHALT

VORWORT
VON CHRISTIAN HORNER

Es ist unglaublich, dass schon über 20 Jahre vergangen sind, seit ich mich mit Dietrich Mateschitz erstmals über die Gründung dieses Teams unterhalten habe. Und es passt irgendwie, dass das 20-jährige Jubiläum des Rennstalls auf die phänomenale Saison 2023 fiel, in der wir unseren 100. Sieg errungen und Rekorde aufgestellt haben, von denen wir nie gedacht hätten, dass sie gebrochen werden könnten, und Rekorde überboten haben, die alle für in Stein gemeißelt hielten.

Rekorde wie die spektakuläre Saison von McLaren im Jahr 1988 mit ihren fantastischen Fahrern Ayrton Senna und Alain Prost, die 15 von 16 Rennen gewannen. Das zu übertreffen, indem man insgesamt 21 von 22 Siege einfährt, ist einfach unglaublich, eine Leistung jenseits jeder Erwartung. Angeführt wird die Liste von Max Verstappen, der 19 dieser Rennen gewann, was ihm 2023 seinen dritten Weltmeistertitel einbrachte. Sergio Pérez machte mit seinem zweiten Platz in der Fahrerwertung den ersten Doppelsieg in der WM-Gesamtwertung für Red Bull Racing perfekt.

Wenn ich über meine Zeit bei Red Bull Racing nachdenke, fällt mir auf, welch bemerkenswerte Entwicklung wir in relativ kurzer Zeit hingelegt haben. In vielerlei Hinsicht kommt es mir so vor, als wäre es erst gestern gewesen, dass ich zum ersten Mal durch die Eingangstür der Fabrik in Milton Keynes ging, die damals noch ganz anders aussah als heute. In diesen 20 Jahren stieg das Team aus den Trümmern des ehemaligen Jaguar Racing zu dem empor, was Red Bull Racing heute ist. Als wir in die Formel 1 kamen, wurden wir als Partyteam wahrgenommen, das die Aufgabe eventuell nicht ganz so ernst nahm wie einige unserer Kollegen. Aber wir entwickelten uns, begannen 2009 zu gewinnen und seit 2010 holen wir WM-Titel. Sie sind ein Zeichen für den Teamgeist, auf dem Red Bull Racing basiert und auf den wir bis heute großen Wert legen. Alle Rekorde, alle Siege und alle Auszeichnungen sind der Beweis für die harte Arbeit jedes Einzelnen auf der Rennstrecke und hinter den Kulissen in der Fabrik. Jedes Teammitglied kann unglaublich stolz auf seine Rolle sein, die es bei dieser spektakulären Erfolgsserie gespielt hat. Der Einsatz für die Sache war unerschütterlich, wir haben stets unser Ziel im Auge behalten, immer daran geglaubt und niemals aufgegeben. Diese Leidenschaft durchdringt die gesamte Belegschaft.

Wenn die Menschen sehen, dass sich bei den Führungskräften Selbstzweifel oder Unsicherheiten einschleichen, hat das Auswirkungen auf das gesamte Team. Von der Spitze der Mannschaft zu führen, den Teamgeist zu bewahren, nie Angst zu haben, eine Herausforderung anzunehmen, ein Außenseiter zu sein, der sich nicht scheut, das Establishment infrage zu stellen – all das sind Kernwerte in unserem Team, die von unserem Gründer Dietrich Mateschitz vorgelebt wurden. Ohne Dietrich wäre all das nicht möglich gewesen. Es war seine Vision, die das Team hervorbrachte, sein Glaube, der uns getragen hat. Mit großem Respekt und Dankbarkeit tragen wir diese Fackel weiter.

Dietrich genoss, was wir taten, und war stolz darauf. Als »Tochtergesellschaft eines Softdrinkherstellers«, wie wir einmal von einem Gegner bezeichnet wurden, haben wir es mit den anderen Teams aufgenommen. Wir haben gezeigt, was möglich ist, wenn man die richtigen Leute, den richtigen Spirit, die richtige Kultur und die richtige Einstellung hat. Dietrich hat dieser Mannschaft so viel gegeben. Dieser Geist ist ein Bestandteil dessen, was wir geworden sind. Ab 2026 werden wir seine Initialen auf den Motoren unserer Autos tragen. Der erste wird den Namen »DM01« tragen, der nächste »DM02« – und so weiter. So wird Dietrich immer im Herzen unserer Autos sein.

In unserer recht kurzen Geschichte haben wir eine Reihe unglaublicher Höhepunkte erlebt – aber auch Phasen, in denen wir nicht so erfolgreich waren. Unseren Ehrgeiz haben wir aber nie verloren. Wir haben uns immer wieder aufgerappelt und nie unser Ziel aus den Augen verloren: wieder an die Spitze zu kommen.

Das haben wir im Laufe unserer Geschichte auf verschiedene Arten geschafft. Als Max Verstappen im Jahr 2021, beim letzten Rennen der Saison in Abu Dhabi, entgegen aller Wahrscheinlichkeit in der letzten Runde seinen ersten Weltmeistertitel gewann, war das so ein großer Moment. Es war der intensivste Kampf in der Geschichte der Formel 1. Ein weiterer Moment, übrigens auch in Abu Dhabi, war der Titelgewinn von Sebastian Vettel im Jahr 2010, der erste Fahrertitel des Teams. Und wieder war es ein dramatischer Sieg gegen alle Widrigkeiten im letzten Rennen der Saison, ein weiterer Moment, den ich nie vergessen werde.

Ich war bei allen Rennen dabei – bei allen Siegen und bei allen Niederlagen –, und ich genieße jedes so sehr wie am ersten Tag. Die Formel 1 war schon immer mein Ziel und meine Motivation. Mein Ziel war von Anfang an, dort erfolgreich zu sein. Mit zunehmender Erfahrung lernt man, mit einigen der Emotionen umzugehen. Man wird reifer. Aber der Reiz der Rennen, die Leidenschaft und der Kampfgeist altern nie – für mich fühlt es sich heute noch so an wie vor 20 Jahren.

Ich bin mir absolut sicher, dass wir später im Leben, wenn wir auf das zurückblicken, was wir in unseren Jahren erreicht haben, alle sagen werden: »Junge, das war verdammt viel in kurzer Zeit.« Vor allem, wenn man sieht, wo wir im Vergleich mit den großen Namen und Teams in diesem Sport rein statistisch stehen. Das ist etwas, worauf jeder sehr stolz sein kann.

Wirklich aufregend ist jedoch das, was noch vor uns liegt. Das neue Motorenreglement im Jahr 2026 stellt uns vor eine gewaltige Aufgabe. Eine, an der das Team hinter den Kulissen rund um Red Bull Powertrains und unsere Partner von Ford schon fokussiert arbeiten.

Red Bull Racing wächst weiter. Und ich bin sicher, dass Dietrich von seinem Platz aus auf uns herabblickt und sich über das freut, was wir gemeinsam erreicht haben. Vielen Dank, Didi.

KAPITEL 1

»NO RISK, NO FUN«

2004

Christian Horner, Teamchef von Red Bull Racing, sitzt an einem Tisch im obersten Stockwerk des »Holzhauses« – dem größten Motorhome im Formel-1-Fahrerlager. Er ist umringt von Journalisten, die ihre Diktiergeräte auf dem Tisch ausbreiten, um seine Worte aufzuzeichnen. Sein Fahrer Max Verstappen hat gerade den Großen Preis von Österreich 2023 gewonnen.

Draußen auf einem Grünstreifen ist ein zweimotoriger Hubschrauber gelandet, in den VIP-Gäste einsteigen, die den Red Bull Ring schnell verlassen wollen. Das Geräusch der Motoren wird lauter, als der Pilot den Gashebel für den Abflug betätigt, und es ist fast unmöglich, Horners Antworten zu hören. Kaum ist der Helikopter abgehoben, wird es ruhiger und ein Kommentar ist deutlich zu hören, der den Geist von Red Bull Racing perfekt auf den Punkt bringt: »No risk, no fun«, antwortet Horner auf die Frage, warum das Team darauf gesetzt habe, Verstappen in der vorletzten Runde an die Box zu bringen – und das aus einer komfortablen Führung heraus. Verstappen lag zu diesem Zeitpunkt fast 25 Sekunden vor Charles Leclerc. Der Zeitverlust durch den Boxenstopp beträgt rund 20 Sekunden – mögliche Fehler der Boxencrew außer Acht gelassen. Dank der frischen Reifen konnte Verstappen jedoch die schnellste Rennrunde fahren und den Bonuspunkt dafür kassieren. Am Ende des Rennens hatte er immer noch knapp über fünf Sekunden Vorsprung vor Leclerc. Der riskante Plan war aufgegangen.

»Ein atemberaubendes Wochenende von Max«, sagte Horner. »Und das erste Mal, dass wir seit Dietrichs [Mateschitz'] Tod wieder hier [am Red Bull

Ring in Österreich] sind. Es war sehr ergreifend, bei dieser Gelegenheit eine solch großartige Teamleistung zu sehen. Wir haben uns entschieden, in der letzten Runde die schnellste Runde zu fahren, trotz des Risikos, das ein verpatzter Boxenstopp mit sich bringt. Und ich hatte Dietrichs Mantra ›No risk, no fun‹ im Hinterkopf.« Wenn ein Kommentar den Geist, für den Red Bull Racing steht, auf den Punkt bringt, dann ist es dieser.

Neue Formel-1-Teams starten selten bei null; sie machen eine Evolution durch. Das Personal, die Fabriken, die Ausrüstung und die Autos bleiben bestehen. Lediglich die Eigentümer wechseln. Doch am Deal, mit dem Dietrich Mateschitz am 15. November 2004 das angeschlagene Jaguar-Team kaufte, war etwas anders. Die Energydrink-Firma des österreichischen Milliardärs versprach, dem Sport, der bisher von Automobil-, Öl- und Zigarettenfirmen dominiert wurde, neue Frische zu verleihen.

Red Bull war eine spannende Marke, die mit den Eigentümer-Traditionen in der Formel 1 brach. Die Teams wurden in der Regel von einem Hersteller finanziert oder durch einen enormen Sponsorenpool unterstützt. Nichts davon traf auf Red Bull zu.

Dietrich Mateschitz wurde am 20. Mai 1944 in Sankt Marein im Mürztal geboren, einer Gemeinde in der Steiermark (Österreich). Seine Mutter stammte aus der Region, während die Familie seines Vaters aus Maribor (heute Slowenien) stammte. Seine Eltern waren beide Lehrer. Dietrich besuchte die Wirtschaftsuniversität Wien, damals »Universität für Welthandel« genannt, wo er 1972 ein Marketingstudium abschloss. Seinen ersten Job bekam er bei Unilever, wo er Waschmittel vermarktete. Danach wechselte er zum deutschen Kosmetikunternehmen Blendax, das heute dem amerikanischen multinationalen Konsumgüterkonzern Procter & Gamble gehört.

Eines der Produkte, für das Mateschitz Marketing machte, war Zahnpasta. Sie war es auch, die ihn nach Asien führte, wo er auf ein Getränk namens »Krating Daeng« stieß, dem die Einheimischen eine belebende Wirkung nachsagten. Der Journalist David Tremayne schreibt auf *F1.com*: »Er entdeckte das Getränk, weil es von einem Unternehmen vermarktet wurde, das zufällig auch die gleiche Zahnpastamarke vertreibt. Nachdem er Krating

Daeng selbst probiert hatte, stellte Mateschitz fest, dass es ihm bei seinem Jetlag half, und wurde neugierig.«

Das bei den thailändischen Arbeitern beliebte Krating Daeng wurde in den 70er-Jahren von Chaleo Yoovidhya, dem Eigentümer von T.C. Pharmaceutical, erfunden. Yoovidhya stammte aus einer armen thailändisch-chinesischen Familie und war mit seinem eigenen Pharmaunternehmen sehr erfolgreich. Als Mateschitz das Potenzial des Produktes auf dem westlichen Markt erkannte, vereinbarte er mit Yoovidhya ein Geschäft: Jeder sollte 500.000 Dollar investieren und im Gegenzug 49 Prozent der Geschäftsanteile erhalten. Die restlichen zwei Prozent gingen an den Sohn von Yoovidhya, sodass die Familie die Kontrolle behielt, während Mateschitz das Unternehmen leitete.

Das neue Unternehmen wurde 1984 als »Red Bull« gegründet – eine Übersetzung von »Krating Daeng« ins Englische. Mateschitz verbrachte drei Jahre damit, das Getränk an den europäischen Geschmack anzupassen, bevor er es 1987 in Österreich einführte. Das Image von Red Bull orientierte sich an Extremsportarten und konzentrierte sich darauf, mit dem Slogan »Red Bull verleiht Flügel« den belebenden Effekt auf Körper und Geist zu kommunizieren. Das Produkt wurde in erster Linie in österreichischen Skigebieten als Premium-Marke angeboten – ganz im Gegensatz zum ursprünglichen Krating Daeng, das preisgünstig blieb und in Bangkok hergestellt wurde. Im Lauf der kommenden Jahre wurde Red Bull auch im Rest Europas eingeführt, wo es in Nachtclubs auch als Mixgetränk mit Alkohol beliebt wurde.

Die Verbindung von Red Bull und dem Motorsport begann tatsächlich nicht erst mit dem Einstieg von Mateschitz in das Formel-1-Team in der Saison 2005. Die Wurzeln reichen zurück bis ins Jahr 1989. Damals steckte die Marke Red Bull zwar noch in den Kinderschuhen, doch Mateschitz schloss einen Sponsorenvertrag mit seinem österreichischen Landsmann Gerhard Berger ab, der damals für Ferrari fuhr.

Berger war eine Bereicherung für Red Bull und passte zur Marke. Er war extrem ehrgeizig, hatte aber eine lockere Art und jede Menge Charisma. Berger war eine Rückkehr zur guten, alten Zeit des Grand-Prix-Rennsports. Jemand, der die schnelllebige Welt der Formel 1 nicht allzu ernst nahm und, besonders wichtig, gerne Scherze machte. Einmal ließ er im Schlafzimmer seines Teamkollegen Ayrton Senna lebende Frösche frei. Ein anderes Mal warf er die Aktentasche des Brasilianers aus einem Hubschrauber – mitten im Flug. Berger wurde der erste von Red Bull gesponserte Rennfahrer im Rahmen des Red-Bull-Athletenprogramms – ein Vertrag, der sich als wegweisend entpuppen sollte. Mittlerweile umfasst dieser Pool rund 850 Sportlerinnen und Sportler in verschiedenen Disziplinen.

Ein anderer Österreicher, mit dem Mateschitz eine entscheidende Partnerschaft eingehen sollte, hatte den Vertrag mit Berger vermittelt: Helmut Marko. Marko wurde Mateschitz' rechte Hand im Motorsportgeschäft, fungierte als Berater für die Formel-1-Teams der Red Bull GmbH und leitete das Fahrerentwicklungsprogramm von Red Bull.

Marko wurde in Graz geboren und war Teil der verschworenen österreichischen Rennsportszene der frühen 70er-Jahre. Er war mit Jochen Rindt befreundet, der 1970 beim Training zum Großen Preis von Italien tödlich verunglückte und als einziger Fahrer posthum die Formel-1-Weltmeisterschaft gewann. Marko selbst bestritt in den Jahren 1971 und 1972 zehn Grands Prix, auch wenn er dabei keinen Punkt holte. Mehr Erfolg hatte er bei Langstreckenrennen. 1971 gewann er die 24 Stunden von Le Mans auf einem Martini Porsche 917K. Seine Rennfahrerkarriere endete jedoch 1972 beim Großen Preis von Frankreich in Clermont-Ferrand vorzeitig: Ronnie Peterson fuhr vor ihm und wirbelte mit seinem March 712G Ford einen Stein auf, der Markos Visier durchschlug, wodurch sein linkes Auge dauerhaft erblindete. Nach dem Ende seiner Fahrerkarriere wandte sich Marko zunächst dem Fahrermanagement zu, bevor er im Jahr 1989 sein eigenes Rennteam – RSM Marko – gründete, das unter anderem in der FIA Formel 3000 (heute Formel 2) antrat, der Einstiegsserie zur Formel 1.

Marko, der unter anderem Gerhard Bergers Manager gewesen war, kümmerte sich später um das Red Bull-Sponsoringgeschäft mit Mateschitz. Ein Jahrzehnt nach Bergers erstem Auftritt mit blau-silberner Dose, nämlich im Jahr 1999, erklärte sich Mateschitz bereit, RSM Marko zu sponsern. Das Team firmierte fortan als »Red Bull Junior Team«. In einem Interview mit Richard Williams vom britischen *Observer* im November 2010 betonte Marko, wie wichtig die gemeinsamen österreichischen Wurzeln für die Beziehung zu Mateschitz waren: »Ich komme aus Graz in der Steiermark und er aus dem Mürztal, 60 oder 70 Kilometer entfernt. Er war immer rennsportbegeistert. Als wir uns das erste Mal trafen, hatte er kein Budget, um irgendetwas zu unternehmen, aber Red Bull wurde immer größer und es schien vorbestimmt, dass wir zusammenkommen würden.«

Zwischen diesen beiden von Marko eingefädelten Deals hatte Mateschitz 1995 noch einen weiteren – weniger erfolgreichen – Vorstoß in die Formel 1 unternommen: Er ging eine Partnerschaft zwischen Red Bull und Sauber ein und erwarb einen Anteil am Sauber-F1-Team. Im Gegenzug war das Red Bull-Branding auf den Autos und Overalls der Fahrer zu sehen.

Sauber ist ein Motorsport-Engineering-Unternehmen aus der benachbarten Schweiz, das zahlreiche Rennteams in verschiedenen Serien hatte. Der vielleicht bedeutendste Moment der Partnerschaft zwischen Red Bull und Sauber war der Start von Kimi Räikkönen in der Formel 1 im Jahr 2001. Der Finne gehörte nicht zum Junior Team von Red Bull. Red Bull hatte gehofft, dass Sauber seinen gesponserten Schützling, den Brasilianer Enrique Bernoldi, auswählen würde. Sauber entschied sich jedoch für Räikkönen, und Bernoldi landete bei Arrows, einem kleinen britischen Team, das in den 70er-, 80er- und 90er-Jahren 394 Rennen ohne einen einzigen Sieg bestritt. Räikkönen, der später mit Ferrari den Formel-1-Titel 2007 gewinnen sollte, verhalf Sauber 2001 zum vierten Platz in der Konstrukteurswertung – jener Rangliste, die die Gesamtleistung der zehn Formel-1-Teams misst. Die Entscheidung von Sauber, Räikkönen Bernoldi vorzuziehen, hatte sich als richtig erwiesen. Doch für Red Bull markierte das den Beginn einer Klima-Krise zwischen Schweiz und Österreich und führte dazu, dass sie ihren Anteil am Team 2002 an die Credit Suisse verkauften.

Nun aber, im Jahr 2004, eröffnete Mateschitz ein neues Kapitel, das den Sport für immer verändern sollte. Mateschitz' Chance für den Einstieg in die Formel 1 hatte sich durch Ford ergeben, den damaligen Mutterkonzern von Jaguar, der sich schwertat, das Team erfolgreich zu machen. Nach einigen schlechten Geschäftsergebnissen drosselte Ford das Budget für Jaguars F1-Projekt. Zudem reifte langsam die Erkenntnis, dass es Jahre an Investitionen erfordern würde, bis das Team regelmäßig gewinnen konnte.

In Summe tat sich der Automobilriese also schwer, den Luxus seines F1-Engagements zu rechtfertigen. Vereinfacht gesagt: Ford war besorgt über das Risiko eines erfolglosen F1-Teams für die Bilanz und bot das Team im September 2004 öffentlich zum Verkauf an.

»Ford hat entschieden, dass es für keine seiner Marken mehr wirtschaftlich sinnvoll ist, in der Formel 1 anzutreten«, sagte Joe Greenwell, der Vorsitzende von Jaguar, damals. »Nachdem wir diese Entscheidung getroffen haben, konzentrieren wir uns darauf, die beste Zukunft für unser F1-Engagement und unsere Mitarbeiter in diesen Geschäftsbereichen zu sichern. Die Präsenz von Jaguar in der Formel 1 war eine wertvolle Plattform für Marketing und Markenbekanntheit, insbesondere außerhalb unserer Hauptmärkte USA und Großbritannien. Wir waren jedoch gemeinsam der Meinung, dass es für Jaguar Cars an der Zeit ist, sich zu 100 Prozent auf das Kerngeschäft zu konzentrieren.«

Der 15. November 2004 war der letzte Tag, an dem der Verkauf abgeschlossen werden konnte. Nach diesem Termin hätte ein neuer Käufer nicht mehr an der Formel-1-Saison 2005 teilnehmen dürfen. Wenn kein neuer Käufer gefunden würde, müssten laut Reglement einige der bestehenden Teams ein drittes Auto einsetzen, um die Startaufstellung zu füllen, was ihnen zusätzliche Kosten verursachen würde.

Jaguar war in der Saison 2000 in die Formel 1 eingestiegen, nachdem Ford das vom dreimaligen Weltmeister Sir Jackie Stewart gegründete Team »Stewart Grand Prix« gekauft und nach seiner Luxusautomarke benannt hatte. Doch trotz erheblicher Investitionen hatte Jaguar kein einziges Rennen gewonnen und beendete die Saison 2004 mit nur zehn Punkten auf dem siebten Platz in der Konstrukteurswertung. In insgesamt 85 Rennen hatte Jaguar gerade einmal 49 Punkte geholt, wobei zwei dritte Plätze in Monaco (2001) und Italien (2002) die besten Ergebnisse überhaupt waren.

»Es war kein wirklicher Schock für mich«, zitierte die BBC F1-Chef Bernie Ecclestone an dem Tag, an dem der Ford-Verkauf öffentlich wurde. »Sie konnten es sich nicht leisten, neben Teams wie Jordan am Ende des Feldes zu stehen.«

Ecclestones Äußerungen wurden von Richard Parry-Jones, dem Vizepräsidenten von Ford, bestätigt, der sich außerdem beschwerte, die Preisgelder würden nicht gleichmäßig unter allen Teams verteilt werden. »Die derzeitige Struktur der Formel 1 ermutigt kleinere Teilnehmer nicht zu Investitionen«, sagte Parry-Jones. »Ich denke, der Rückzug von Jaguar wird das Bewusstsein für die Notwendigkeit von Veränderungen schärfen.«

Nur wenige Stunden vor Ablauf der Frist für die Meldung zur Formel 1 gab Red Bull die Übernahme von Jaguar Racing offiziell bekannt. Die Pressemitteilungen, die den Last-Minute-Deal verkündeten, enthielten jedoch kaum finanzielle Details. Die BBC berichtete, Ford habe »einen symbolischen Betrag von 1 Dollar verlangt, wenn die neuen Eigentümer garantieren, in den nächsten drei Jahren 400 Millionen Dollar in das Team zu investieren«. Ford ging es in erster Linie darum, das Team zum Wohle der Belegschaft in gute Hände zu übergeben. Entscheidend war, dass auch die 340 Arbeitsplätze am Hauptsitz des Teams in Milton Keynes in der Grafschaft Buckinghamshire, auf halbem Weg zwischen London und Birmingham, sowie die kürzlich erworbenen und renovierten Testeinrichtungen samt Windkanal in den benachbarten Orten Bicester und Bedford erhalten blieben.

Am selben Tag gab Ford auch den Verkauf von Cosworth bekannt. Das Unternehmen, das die Motoren für das Jaguar-Racing-Team herstellte, ging an Kevin Kalkhoven und Gerald Forsythe, die Eigentümer der US-amerikanischen Champ-Car-Serie. Cosworth würde das nunmehrige Red Bull Racing Team in der Saison 2005 weiterhin mit Motoren beliefern. Im selben BBC-Artikel sagte Kalkhoven: »Wir sind fest entschlossen, die große F1-Tradition bei Cosworth fortzusetzen und dieses äußerst erfolgreiche Erbe in die Zukunft zu tragen.«

Die Motorsportwelt begrüßte den Red Bull-Deal im Allgemeinen. Der Verkauf des Jaguar-Teams war jedoch alles andere als einfach, vor allem nicht für jenen Mann, der damit beauftragt worden war: Tony Purnell, den Teamchef von Jaguar Racing.

Purnell hatte 2002 die Leitung des Jaguar-Teams übernommen, nachdem es unter seinen Vorgängern – Wolfgang Reitzle, Neil Ressler, Bobby Rahal und dann Niki Lauda – die Erwartungen nicht erfüllen konnte. Der Engländer hatte zuvor eine akademische Laufbahn in England und den Vereinigten Staaten eingeschlagen. Außerdem hatte er ein Unternehmen für Fahrzeug-

Telemetrie gegründet, das 1999 von Ford übernommen worden war. Sein Engagement für das F1-Team machte ihn zum logischen Lauda-Nachfolger, was sich bald als bittere Pille erwies, nachdem Ford beschlossen hatte, das Team zu verkaufen und Purnell mit dieser Aufgabe betraute.

»Ich erinnere mich noch sehr gut daran«, erinnert sich Purnell, der heute Gastprofessor an der Universität Cambridge ist, als wir bei einem Zoom-Anruf über die Ursprünge von Red Bull sprechen: »Es war wahrscheinlich das traumatischste Jahr in meinem Leben. Der R5 war ein halbwegs brauchbarer Rennwagen und es gab große Fortschritte, vor allem bei der Aerodynamik. Wir hatten den Bedford-Windkanal gekauft, was ein großer Schritt für das Team war, und wir waren voll einsatzfähig. Parry-Jones schien sehr glücklich zu sein, aber dann wurde ich Anfang 2004 zur Seite genommen und mir wurde gesagt, dass es sehr unwahrscheinlich sei, dass Ford mit dem Formel-1-Projekt fortfahren würde. Ich wurde zur Verschwiegenheit verpflichtet, aber aufgefordert, einen Käufer oder Partner für das Team zu suchen. Etwa sechs Monate lang musste ich im Stillen versuchen, einen Abnehmer zu finden. Ich schaute mich um und dachte, dass Red Bull am ehesten infrage käme, denn sie waren Miteigentümer von Sauber und hatten eine Vorstellung davon, was die Formel 1 mit sich bringt. Ich begann, mit ihnen zu verhandeln, und kam langsam voran. Mitte des Jahres waren wir so weit, dass wir eine Art Absichtserklärung zwischen Red Bull und Ford vereinbaren konnten. Beide Firmen würden 50 Prozent der Anteile halten, wobei Red Bull sich um das Auto und Ford um den Motor kümmern würde. Ich war wirklich begeistert davon, und ich erinnere mich, dass ich der Presse sagte, die Aussichten für das Team seien wirklich sehr gut. Wir waren so weit, dass wir eines der Windkanalmodelle in den Farben von Red Bull und Ford lackieren ließen. Ich habe dieses Modell immer noch; es steht im Engineering Department in Cambridge. Wir trafen uns irgendwo in der Nähe von Coventry, sie enthüllten das Modell mit einem kleinen Stofftuch, und das Geschäft war abgeschlossen.«

Der Freude über den Abschluss dieses Deals war jedoch nur von kurzer Dauer. »Etwa zwei Wochen später wurde ich nach Detroit beordert und musste in den fünften Stock, um den Ford-Vorstand zu treffen. In dem Moment, in dem ich den Raum betrat, konnte ich riechen, dass etwas nicht stimmte. Sie sagten im Wesentlichen: ›Hören Sie, wir haben über alles nachgedacht, und wir wollen nicht weitermachen.‹« Es schien, als wolle Ford komplett aussteigen und den 50-Prozent-Anteil nicht behalten. Purnell fährt fort: »Ich hatte die Aufgabe, bei Red Bull anzurufen und es ihnen zu sagen. Mein Ansprechpartner war Dany Bahar, zu diesem Zeitpunkt die rechte Hand von Mateschitz, und er war wenig erfreut. Er und ich hatten viele Stunden damit verbracht, diesen Deal zu vereinbaren. Dany erzählte es Dietrich, der sehr gelassen reagierte: ›Nun, weißt du, wenn es nicht passieren soll, dann soll es nicht passieren.‹ Ich war sehr, sehr traurig.«

Trotz seiner Enttäuschung versuchte Purnell, einen Käufer für Jaguar Racing zu finden, die Zukunft der Mitarbeiter hing immerhin davon ab. Ford habe potenzielle Angebote aus China und Russland abgelehnt, und er hoffte währenddessen immer noch, Red Bull wieder an den Verhandlungstisch zu locken – diesmal mit dem Ziel, sie als Vollkäufer und nicht als 50:50-Partner

Dietrich Mateschitz mit Team-Manager Tony Purnell bei Testfahrten im November 2004 in Barcelona. Im Cockpit: Vitantonio Liuzzi.

zu gewinnen. »Ich kehrte zu Red Bull zurück«, erzählt er, »aber die Beziehung zwischen mir, Dany und Dietrich war zerrüttet. Ich streckte ihnen immer wieder einen Ölzweig entgegen und brachte verschiedene Ideen ein. Eine davon war, dass sie zwei Teams kaufen sollten – Jordan und Jaguar –, weil es wirtschaftlich sinnvoll erschien. Am Ende habe ich jedenfalls viele Reisen nach Salzburg unternommen.« Der Firmensitz von Red Bull ist in Fuschl am See, in den Ausläufern der Alpen, eine 30-minütige Fahrt von der barocken Architektur und dem Pralinen-Charme Salzburgs entfernt. »Ich erinnere mich, dass ich einmal mit dem Auto dorthin gefahren bin, vor der Tür geparkt und verlangt habe, sie zu sehen«, so Purnell weiter. »Ich kann Ihnen gar nicht sagen, wie sehr ich mich bemüht habe. Es gab ein Treffen, bei dem Dietrich immer wieder auf den Tisch schlug und sagte: ›Tony, Tony, Tony, du musst das verstehen. Wir werden auf keinen Fall mehr als 60 Millionen Euro pro Jahr für das Abenteuer Formel 1 ausgeben.‹«

Purnells Hartnäckigkeit wurde belohnt – allerdings erst, nachdem Marko beim Kauf des Jaguar-Teams ein Wörtchen mitzureden hatte. »Normalerweise lässt sich Helmut nicht in die Karten schauen, denn er ist ein gewiefter Geschäftsmann«, sagt Purnell. »Aber dieses Mal sagte Helmut zu Dietrich: ›Das ist ein gutes Team. Es hat alle Voraussetzungen, die man braucht, um in der Formel 1 einen guten Job zu machen. Der Deal, den Ford vorschlägt, ist gut.‹ Es war zwar nicht das angekündigte Geschenk, aber es war immer noch ein Schnäppchen. Helmut erinnerte Dietrich, dass er schon sein ganzes Leben lang ein Formel-1-Team haben wollte und dass es nie eine bessere Gelegenheit als diese geben würde. Entweder er zog es durch oder machte einen Schlussstrich. An Dietrichs Reaktion erkannte ich, dass es beschlossene Sache war; ein bisschen kurzfristig, aber wir haben es über die Bühne gebracht. Wir unterschrieben in den frühen Morgenstunden bei den Anwälten von Red Bull. Seltsamerweise schickte mir sogar während dieser Zeit eine der Firmen, die Ford schon abgelehnt hatte, weiterhin Nachrichten, in denen sie versicherten, dass sie jedes Angebot überbieten würden. Aber Ford wollte den Red Bull-Deal, weil sie ein verlässlicher Partner waren.«

Nachdem der Deal abgeschlossen war, gingen sofort die Spekulationen los, wer für das Team fahren würde. Angesichts der großen Rolle, die er später in der Geschichte von Red Bull Racing spielen sollte, war es eine Ironie des Schicksals, dass Mark Webber Jaguar mit Saisonende verließ und zu Williams wechselte. Der Australier galt nach drei Saisonen in der Formel 1 als kommender Star. Allerdings hatte er mit der Zuverlässigkeit seiner Fahrzeuge zu kämpfen gehabt, sowohl bei Jaguar als auch bei seinem vorherigen Team Minardi. Er hatte die technische Entwicklung bei Jaguar vorangetrieben und seinen Teamkollegen, den ehemaligen Red Bull Junior Christian Klien, häufig überflügelt. Die Saison 2004 beendete er dennoch mit acht Ausfällen in 18 Rennen nur auf Platz 13 der Fahrerwertung.

Webbers Wechsel war schon lange vor der Übernahme durch Red Bull vereinbart worden. Ron Dennis, der Teamchef von McLaren, hatte bei Webber angefragt, ob er verfügbar sei. Der Vertrag mit Jaguar enthielt eine Reihe von Leistungsklauseln, die ihm einen vorzeitigen Ausstieg ermöglichten, falls es ein besseres Angebot gab. Solche Klauseln sind in Formel-1-Verträgen üblich und lassen beiden Seiten Spielraum bei der Vertragsgestaltung. So können die Teams zum Beispiel Verträge mit Fahrern kündigen, die keine guten Leistungen bringen.

Verständlicherweise fühlte sich Webber von Williams' Interesse geschmeichelt. In einem Artikel von Adam Cooper in *Autosport* im Juli 2004 stellte Webber klar, dass Sir Frank Williams schon seit 2003 mit ihm in Kontakt gestanden war, nachdem er erfahren hatte, dass sein Fahrer Juan Pablo Montoya, der seit 1997 bei seinem Team unter Vertrag stand, sich um einen Platz bei McLaren bemühte. Webber erinnert sich, wie er nach dem Großen Preis von Großbritannien 2003 erstmals einen Anruf von Williams erhielt, woraufhin sich die Gespräche »intensivierten«. Williams war ein etabliertes Team und hatte GP-Siegerautos – etwas, an das Webber nie zuvor herangekommen war. Webber sagte: »Frank war sehr interessiert, und ich auch. Wenn man von jemandem wie Frank oft angerufen wird, ist das schmeichelhaft.« Das war die Chance für Webber, seine Karriere auf die nächste Stufe zu heben und um Siege zu kämpfen.

Webber beendete die Saison bei Jaguar, danach endete sein Vertrag. Anschließend fuhr er zu Tests bei Williams und absolvierte ein Fitnesstraining mit Radsportler Lance Armstrong. Sein Abgang hinterließ eine Lücke im Fahreraufgebot von Red Bull Racing. Da Klien aufgrund seiner Beziehungen zu Red Bull wahrscheinlich seinen Platz behalten würde, richtete sich die Aufmerksamkeit auf den italienischen Youngster Vitantonio Liuzzi, der Red Bull 2004 zum Formel-3000-Titel geführt hatte. Auch der Deutsche Nick Heidfeld und der Brite Anthony Davidson waren im Rennen. Diese Entscheidung wurde jedoch vorerst aufgeschoben.

Eine Position, die nicht zur Debatte stand, war die des Teamchefs. Mateschitz bat Purnell, das neue Team in der Anfangsphase zu leiten, obwohl es dazu keinen offiziellen Kommentar gab – weder vom Österreicher noch von Ford.

Für Mateschitz war der Zeitpunkt des Kaufs perfekt. Im Jahr 2004 rangierte er in der Forbes-Liste der reichsten Menschen der Welt auf Platz 406 und wurde auf ein Vermögen von rund 1,4 Milliarden Dollar geschätzt. Im Jahr zuvor hatte er mit dem Kauf der Insel Laucala auf den Fidjis für Schlagzeilen gesorgt. Im Allgemeinen hielt sich Mateschitz aber eher zurück. Doch sein Unternehmen befand sich an einem Scheideweg.

Red Bull hatte einen weltweiten Marktanteil von 70 Prozent im Segment der Energydrinks, dessen Wert damals auf etwa 3 Milliarden Euro geschätzt wurde. Trotz begrenzter Produktpalette hatte Red Bull durch gekonntes Marketing, dezentralen Vertrieb und Sponsoring von Extremsportarten und Popkultur die Fantasie der Menschen beflügelt. Der offensichtliche Erfolg des Unternehmens weckte das Interesse von Giganten der Getränkeindustrie wie Coca-Cola und Pepsi, die ihrerseits Energydrinks auf den Markt bringen wollten. Red Bull musste reagieren, um die Nase vorn zu behalten, und nutzte Mateschitz' Leidenschaft für den Motorsport.

Aus Marketingperspektive ergab der Wechsel in die Königsklasse des Motorsports für Mateschitz absolut Sinn. Das Engagement versprach globales Wachstumspotenzial, bot aber gleichzeitig eine Anti-Establishment-Haltung, die auch das Produkt auszeichnete. Außerdem hatte er Gefallen daran gefunden. Nach anfänglicher Zurückhaltung fühlte er sich bald wohl und erzählte *Autosport* am Tag des Kaufs: »Unser Schritt, einen Formel-1-Rennstall vollständig zu übernehmen, ergibt für Red Bull wirtschaftlich Sinn. Wenn man dann noch die Möglichkeit sieht, direkt in einen Sport involviert zu sein, der mir persönlich sehr viel Freude bereitet, dann ist es leicht, zu verstehen, wie sehr ich mich über diesen Kauf freue. Es ist der logische und letzte Schritt in dem Prozess, den wir mit dem Red Bull Junior-Programm begonnen haben, indem wir junge Talente suchen, beraten und fördern, und zwar über die verschiedenen Rennserien vom Kartsport bis hin zur Spitze – der Formel 1.«

KAPITEL 2

EIN HORN(ER) FÜR DIE BULLEN

2005

In den Monaten nach der Übernahme von Jaguar Racing durch Red Bull schlug die anfängliche Erleichterung Purnells über die Rettung der Arbeitsplätze bald in Unsicherheit um. Er hatte eng mit seinem Geschäftsführer Dave Pitchforth zusammengearbeitet, um den Rennwagen für 2005 fertig zu bekommen: das erste blau-silberne Auto, das auf den Namen »RB1« getauft werden sollte, der erste Rennwagen von Red Bull Racing. Während Purnell über den Winter den Betrieb in der Fabrik überwachte, stellten er und Pitchforth schnell fest, dass sie mit einigen von Markos Ideen nicht einverstanden waren. Es kam zu Spannungen zwischen Milton Keynes und Salzburg.

Purnell sagt, er habe in jenen Monaten Ende 2004 gespürt, dass die Zusammenarbeit zwischen ihm, Pitchforth und Red Bull nicht funktionierte. »Die Beziehung hat sich nie vom Scheitern des 50:50-Deals erholt«, erzählt er mir. »Von der Übernahme waren wir begeistert. Damit war die Zukunft des Teams gesichert, das lag mir sehr am Herzen. Und sie luden mich ein, als Teamchef weiterzumachen. Aber Red Bull war eine Marketingfirma, und zwar eine wirklich gute Marketingfirma – aber sie wussten zu diesem Zeitpunkt nichts über Technik oder den Bau eines Rennwagens. Und sie verstanden nicht, wie man ein F1-Team leitet. Wir hatten einige echte Unstimmigkeiten. Eine war die Frage nach den Fahrern. Es wurden einige Namen genannt, von denen wir dachten, dass sie der Herausforderung nicht gewachsen waren. Aber das war nur ein kleiner Punkt. Das große Problem war, dass sie diese verrückten Ideen hatten, wie man ein Rennauto baut. Sie wollten, dass wir keine E-Mails benutzen, sondern nur Mobiltelefone. Es gab keinen Prozess. Wir hingegen waren der Meinung, dass Formel-1-Teams eine wirklich große Sache sind und eine Menge Disziplin und strenge Regeln brauchen. Vor allem aber ein klares Budget, mit dem man arbeiten kann. Red Bull hat einige Dinge getan, von denen ich und Dave gar nichts wussten, bis die Rechnungen eintrafen. Sie gaben enorme Summen für Dinge wie das Motorhome aus [das dreistöckige Fahrerlagergebäude aus Glas und Stahl, in dem Gäste bewirtet werden und in dem auch die Mitarbeiter ihre Mahlzeiten einnehmen können, wenn sie an der Rennstrecke sind], und das führte zu ernsten Spannungen.«

Außerdem wurden personelle Änderungen verlangt, die Purnell für inakzeptabel hielt. »Dave Pitchforth war der beste technische Manager, der mir je begegnet ist. Er war ein absoluter Megastar, der später einmal Präsident von Boeing Defence werden sollte. Marko mochte ihn nicht, weil er immer widersprach, wenn er der Meinung war, eine Maßnahme wäre falsch oder schlecht gehandhabt worden. Red Bull bat mich, ihn zu entlassen, was ich für völlig indiskutabel hielt. Ich war ziemlich wütend darüber, denn ich dachte, wir hätten etwas aufgebaut, mit dem man etwas erreichen konnte. Das Auto wurde in der ersten Saison komplett nach den Plänen von Jaguar gebaut, und es kam ziemlich gut aus der Box und fuhr in den ersten paar Rennen unter den ersten sechs. Ein großer Sprung nach vorn im Vergleich zum R5, dem Vorgängermodell. Aber sie haben nicht an uns geglaubt. Die Beziehung funktionierte nicht.«

Trotz der Warnzeichen war das Ende, als es kam, immer noch unerwartet. »Es gab keine Warnzeichen, dass sie uns entlassen würden. Es war ein Schock, als ich zur Arbeit kam und Marko mit einigen Anwälten am Schreibtisch vorfand.«

Purnells Abgang war brutal und schnell. Einige Jahre später nahm er in Frankreich an einer Zeremonie teil, bei der der ehemalige FIA-Präsident Max Mosley mit dem Orden der Ehrenlegion (Légion d'Honneur) ausgezeichnet wurde. Purnell erinnert sich, Mateschitz getroffen zu haben, der, wie er sagt, »sehr verlegen« über seine kurze Amtszeit bei Red Bull war, aber freundlich und gesprächsbereit. »Ich habe nie wirklich einen großen Groll gegen Dietrich verspürt«, sagt Purnell. »Er war ein fantastischer Geschäftsmann und sehr vernünftig. Er war immer stolz auf die Rendite, die er durch die Unterstützung von Skateboardern erzielte. Aber ich glaube, er litt unter dem Problem, das alle Menschen haben, wenn sie Benzin riechen: Sie werden als Geschäftsleute völlig irrational. Ich glaube nicht, dass der Einstieg in die Formel 1 unter diesem Gesichtspunkt zu ihm passte. Es fühlte sich für mich wie eine irrationale, gefühlsgeleitete, nicht geschäftliche Entscheidung an, selbst wenn es die Verwirklichung eines Kindheitstraums war. Die Ironie ist, dass sich die Entscheidung aus wirtschaftlicher Sicht als ziemlich gut für Red Bull erwies. Ich ziehe meinen Hut vor ihnen. Sie haben eine beeindruckende Arbeit geleistet.«

Christian Horner wurde am 7. Januar 2005 zum neuen Teamchef von Red Bull Racing ernannt. Mit 31 Jahren wurde er der jüngste Manager eines F1-Teams. Drei Monate vor dem ersten Rennen der Saison in Australien war Horner von der Leitung eines Formel-3000-Teams – jetzt Formel 2 genannt – zum F1-Teamchef aufgestiegen. Plötzlich maß er sich mit Größen wie Ron Dennis bei McLaren, Jean Todt bei Ferrari oder Flavio Briatore bei Renault. Und er bekam die Rücksichtslosigkeit der Formel 1 sofort ungefiltert zu spüren, wie er bei unserem Gespräch in seinem Büro bei Red Bull Racing in Milton Keynes erzählt:

»Es war vereinbart, dass ich auf dem Parkplatz warte, während [Red Bull-Manager] Dany Bahar ins Büro geht, um Purnell und Pitchforth zu treffen und sie zu feuern«, sagt Horner über seinen ersten Tag als Chef. »Und sie wurden angewiesen, das Gebäude sofort zu verlassen. Ich saß auf dem Parkplatz und sah, wie sie mit Pappkartons herauskamen, in denen ihre Sachen waren. Ich dachte mir: ›Die Formel 1 ist ziemlich brutal.‹ Und dann wurde ich hereingebracht und alle Mitarbeiter waren versammelt. Dany sagte: ›Oh, wir haben einen Wechsel im Management und hier ist euer neuer Teamchef!‹ Die einzige Person, die ich kannte, als ich durch die Gruppe ging, war Ole Schack, der jetzt der Frontmechaniker an Max Verstappens Auto ist. Unsere Wege hatten sich in der F3000 gekreuzt. Ich glaube, er war die einzige Person, die sich freute, mich zu sehen! Die Belegschaft war fassungslos. Sie hatten eine Menge Veränderungen durchgemacht. Ich erklärte, dass ich in den ersten Wochen hier sei, um zuzuhören und zu lernen. Aber ich stellte auch klar, dass das Ziel des Teams der Sieg sei. So einfach war das. Die Leute von Red Bull fuhren also zurück zum Flughafen, und ich ging nach oben ins Büro. Dort weinte eine Sekretärin, weil sie gerade ihren Chef verloren hatte. Ich setzte mich an den Schreibtisch, wo noch Weihnachtskarten lagen und eine halb ausgetrunkene Tasse Kaffee stand. Ich dachte mir: ›Wo sollen wir anfangen?‹ Also bat ich darum, alle leitenden Angestellten nacheinander zu sehen. Dabei war auch Graham Saunders, der Leiter der Produktion. Ich fragte: ›Würden Sie mich durch die Fabrik führen?‹ Ich war zuvor nur einmal dort gewesen. Also gab er mir eine Tour durch die Fabrik, damit ich sehen konnte, was dort passierte.«

Bei diesem ersten Rundgang wurde Horner schnell klar, dass das Team zwar Potenzial besaß, es ihm aber an Struktur und technischer Disziplin mangelte. Es gab keine wirkliche Vorstellung davon, was Red Bull erreichen wollte. Er hatte viel zu tun, und die Uhr tickte. Es waren nur noch zwei Monate Zeit bis zum ersten Rennen der Saison 2005. Horner musste schnell arbeiten, um seine neuen Kollegen kennenzulernen, und diese wiederum mussten sich mit dem Mann vertraut machen, der das Gesicht ihres Teams in der Öffentlichkeit werden sollte.

Horner, der heute durch seine Rolle bei Red Bull Racing und seine Auftritte in der Netflix-Serie *Drive to Survive* bekannt ist, wuchs bescheiden auf. Er wurde 1973 in Leamington Spa in England in eine Familie geboren, die in der Automobilbranche tätig war. Sein Großvater arbeitete bei der Standard Motor Company in Coventry als Einkaufsleiter, bevor er sein eigenes Unternehmen gründete. »Als Kind wollte ich unbedingt ein Kart haben, bloß um damit im Garten herumzufahren«, sagte Horner im Januar 2012 dem *Motorsport-Magazin*. »Und meine Mutter fand eines in der Lokalzeitung für 25 Pfund. Mit der Zeit konnte ich mir etwas Besseres besorgen und fuhr schließlich in einer Serie namens ›Junior Booster‹. 1991 bot Renault Stipendien an, um Kindern zu helfen, vom Kart in die Formel Renault aufzusteigen, und ich ergatterte eines. Ich gewann eine Meisterschaft, holte einige Polepositions und die F3-Teams riefen an. Also fuhr ich 1993 in der F3-Klasse B

Christian Horner im Januar 2005 vor dem Hauptquartier von Red Bull Racing in Milton Keynes.

mit Roly Vincinis P1 Engineering. Ich holte fünf Siege und wurde Zweiter in der Gesamtwertung.«

Er überredete seine Eltern, nach dem Abitur ein Jahr Pause machen zu dürfen, in der Hoffnung, eine Karriere im Rennsport zu starten. Der Deal war, dass er sich im Jahr darauf um einen Studienplatz bewerben würde, falls es mit dem Motorsport nicht klappen sollte. Nach eigenem Bekunden war er nie an einem Studium interessiert und behauptet, sich nicht einmal daran erinnern zu können, wo er sich beworben hatte. Aber die Chancen, es an die Spitze des Rennsports zu schaffen, waren schlecht. Auch in finanzieller Hinsicht: Heute schätzt man, dass es etwa 10 Millionen Euro kostet, sich durch die unteren Ligen bis in die Formel 1 vorzuarbeiten. Meist stammen diese Mittel von der Familie, einer Gruppe von Investoren, die ihr Geld zurückbekommen, wenn ihr Fahrer einen lukrativen F1-Vertrag erhält, oder von einem Sponsor – beispielsweise einem Autohersteller oder einer Firma in deren Dunstkreis. Horner musste Geld auftreiben, um die Teile – Kraftstoff, Reifen, Chassis – zu kaufen, um Rennen fahren zu können. Er wechselte 1994 mit Fortec in die internationale Britische F3-Serie. Ein Aufstieg, der ihn zwar bis auf zwei Ebenen unterhalb der Formel 1 heranbrachte, aber sein Budget erschöpfte.

Im folgenden Jahr war er entschlossen, seine Rennkarriere entscheidend voranzutreiben. Erklärtes Ziel war es, in die Formel 1 aufzusteigen, jedoch war er nicht in der Lage, einen Platz in einem führenden Formel-3000-Team (jetzt F2) zu finanzieren. Das hätte ihn einen letzten Schritt an die Formel 1 herangebracht. Damals wusste er es noch nicht, aber diese finanzielle Hürde sollte seinen Karriereweg vorbestimmen und zu einer zufälligen Begegnung mit einem gewissen Dr. Marko führen (Helmut Marko promovierte 1967 zum Doktor der Rechtswissenschaften). »Ich beschloss, ein F3000-Auto zu kaufen und selbst zu fahren, damit ich am Ende der Saison wenigstens noch das Auto hätte und etwas vorweisen konnte«, erinnert sich Horner in demselben Interview mit dem *Motorsport-Magazin*. »Es war ein bisschen mutig, aber ich dachte, ich probiere es aus. Ich verkaufte alles, was ich besaß, lieh mir so viel wie möglich von der Bank und von meinem Vater – der mir unter der Bedingung half, dass ich es ihm irgendwann zurückzahle. Ich war Teammanager, Geldeintreiber, Sekretär, Koch und Reinigungskraft, erledigte den ganzen Papierkram und kümmerte mich um allen sonstigen Ärger. Als Mechaniker hatten wir einen Teilzeitmitarbeiter, der im örtlichen Getränkemarkt Threshers arbeitete. Wir brauchten einen Trailer, und das beste Angebot fand ich in Österreich. Ich nahm einen Billigflug nach Graz, um ihn zu besichtigen. Der Besitzer, ein Typ namens Dr. Marko, von dem ich noch nie etwas gehört hatte, verhandelte hart, und ich sagte, ich würde ihn kaufen, wenn er ihn mir nach Calais bringen könnte. Als ich meinem Vater erzählte, dass ich das Geld einem völlig Fremden in Österreich per Handschlag gegeben und den Anhänger noch nicht einmal bekommen hatte, erklärte er mich für verrückt. Aber auf den Handschlag von Dr. Marko konnte man sich verlassen, denn der Trailer tauchte tatsächlich in Calais auf. Inzwischen hatte ich herausgefunden, dass es sich um den ehemaligen F1-Fahrer Helmut Marko handelte, der zwei F3000-Autos für Juan Pablo Montoya und Craig Lowndes betrieb. Also lernte ich ihn bald besser kennen.«

Horner gründete gemeinsam mit seinem Vater Garry 1997 das Team Arden – benannt nach der Gegend in Warwickshire, in der er geboren wurde. Sie arbeiteten mit einem knappen Budget, das keinen Spielraum für Fehler ließ. Horner konnte sich die Fahrzeugteile kaum leisten, von Ersatzteilen ganz zu schweigen. Im Falle eines Unfalls würde er sich entscheiden müssen, ob er seine Rechnungen bezahlte oder das Geld für den Wiederaufbau des Autos ausgab. Eine weitere Schwierigkeit bestand darin, dass er sowohl als Teamchef als auch als Fahrer fungierte. Er konnte es sich nicht leisten, für längere Zeit außer Gefecht zu sein. Und was vielleicht noch schwerer wog als all das, war die schmerzliche Erkenntnis, dass sein Talent nicht reichte, um mit den anderen Fahrern im Feld mitzuhalten – darunter Namen wie Juan Pablo Montoya und die Le-Mans-Legende Tom Kristensen. Diese Enttäuschung, nicht gut genug zu sein, ließ ihn am Boden zerstört zurück. Er zog sich 1998 aus dem Rennsport zurück und gab seinen Traum, in der Formel 1 zu fahren, auf. Trotzdem hatte sein Team viel Anerkennung gewonnen.

Arden hatte das Interesse von Dave Richards geweckt, dem Gründer und Manager von Prodrive – einer britischen Motorsport- und Maschinenbaugruppe mit Sitz in Banbury, Oxfordshire. Richards verfügte über große Erfahrung im Motorsport und hatte auch das erfolgreiche BAR F1-Team sowie das Subaru World Rally Team geleitet. Horner stimmte einer 50:50-Teilung des Teams mit Richards zu und erhielt im Gegenzug dringend benötigte Finanzmittel, was den Druck auf den jungen Teamchef verringerte.

Nach einer unspektakulären ersten gemeinsamen Saison kaufte Horner rechtzeitig für die Saison 2002 das Team vollständig zurück. Als Fahrerpaarung wählte er den tschechischen Rennfahrer Tomáš Enge und den Schweden Björn Wirdheim. Der Rückkauf zahlte sich aus: Arden war nicht nur konkurrenzfähig, sondern holte den Konstrukteurstitel, wobei Enge außerdem die Fahrerwertung gewann. In der folgenden Saison konnte Arden den F3000-Titel verteidigen. Diesmal sicherte sich Wirdheim den Fahrertitel (zweiter Fahrer des Teams war in dieser Saison der Amerikaner Townsend Bell).

Durch diesen Erfolg wurde Marko auf das Team aufmerksam. Er trat an Horner heran, um ihm den italienischen Fahrer Vitantonio Liuzzi für die Saison 2004 anzubieten, dessen Manager er war. Obwohl Liuzzis Leistungen in der Formel 3000 für das Junior Team von Red Bull eher durchschnittlich gewesen waren, traute Marko ihm viel zu. Für Horner war es ein weiteres Wagnis. Doch nach seinem Teamwechsel lieferte Liuzzi ab, gewann sieben von zehn Rennen, holte sich den F3000-Titel und Arden abermals die Konstrukteurswertung.

Drei Meistertitel als Teamchef waren ein überzeugendes Argument für einen Aufstieg Horners in die Formel 1. Wenn er es nicht als Fahrer schaffen würde, dann eben als Teamchef. Er erinnert sich an seine ersten Gespräche mit dem F1-Chef Bernie Ecclestone, der ihm helfen wollte, es in die Königsklasse des Motorsports zu schaffen. Ecclestone versuchte, Horner zum Kauf des Jordan-F1-Teams zu bewegen, aber die Übernahme gestaltete sich als schwierig. »Ich wollte das Arden-Team in die Formel 1 bringen. Bernie drängte mich und sagte: ›Wir brauchen neues, frisches Blut in der Formel 1. Ich will diesen Eddie Jordan loswerden, er treibt mich in den Wahnsinn – warum kaufst du nicht sein Team? Ich werde dir helfen‹«, berichtet Horner dem *High Performance Podcast*. »Also habe ich versucht, ein Geschäft zum Kauf des damaligen Jordan-Teams einzufädeln. Aber die Übernahme wurde immer komplizierter. Zur gleichen Zeit versuchte Red Bull, das damalige Jaguar-F1-Team zu erwerben. Sie kauften es im November 2004, und noch im selben Monat rief mich Helmut an und sagte: ›Dietrich würde dich gerne sehen.‹ Ich fuhr nach Salzburg, es war Anfang Dezember, und Dietrich sagte: ›Ich möchte das Management wechseln. Ich habe große Ambitionen mit diesem Team.‹ Das war so unwiderstehlich. Er sagte: ›Ich möchte, dass es anders wird, ich möchte, dass es eine andere Energie hat, wir werden nicht wie ein Konzern sein, wir werden die Dinge auf die Red Bull-Art machen. Und ich bin bereit, mit dir ein Risiko einzugehen.‹

Mit meinen 31 Jahren musste ich nicht lange darüber nachdenken. Dietrich sagte: ›Hör zu, weil ich dir in deinen jungen Jahren diese Chance gebe, zahle ich dir nur ein Grundgehalt. Aber für jeden Punkt, den du erzielst, gibt es einen üppigen Bonus. Jaguar hat letztes Jahr zehn Punkte geholt, wenn du also elf oder zwölf Punkte holst, wäre das schon ein Erfolg im ersten Jahr.‹ Im ersten Rennen erzielten wir neun Punkte. In der ersten Saison 34 Punkte. Gott sei Dank haben wir das geschafft, sonst hätte ich meine Hypothek nicht bezahlen können!«

Nach der Rekrutierung von Horner bei Red Bull Racing berichtete der Reuters-Journalist Alan Baldwin: »Horner wird Red Bull Racing gemeinsam mit einem neuen technischen Direktor leiten, dessen Ernennung innerhalb der nächsten Woche bekannt gegeben wird.« Es kursierten Meldungen, dass dafür der deutschsprachige Italiener Günther Steiner in die Formel 1 zurückkehren würde. Er war Geschäftsführer bei Jaguar Racing gewesen, als dort noch der Österreicher Niki Lauda das Team leitete. Später sollte Steiner Teamchef bei Haas werden (bis er im Januar 2024 entlassen wurde) und durch seine unverblümte Ausdrucksweise in der Netflix-Serie *Drive to Survive* Berühmtheit erlangen.

Red Bull Racing bestätigte Steiners Ernennung zum technischen Direktor am 13. Januar 2005. Nach den enormen Umwälzungen durch den Weggang von Purnell und Pitchforth erwies er sich als Ruhepol. Steiner hatte einen Motorsport-Engineering-Hintergrund und in der Rallye-WM an der Seite von Größen wie Colin McRae und Carlos Sainz gearbeitet. 2001 wechselte er in die Formel 1. Lauda hatte ihn abgeworben, und Ford machte ihn zum Geschäftsführer von Jaguar Racing. Steiner reorganisierte das Team damals schnell und reduzierte die Kosten. Weil es dem Team aber immer noch an Performance fehlte, entließ der US-Autogigant Lauda und Steiner im Jahr 2003.

Nach einiger Zeit bei Opel in der DTM kehrte Steiner also in das Werk in Milton Keynes zurück, das einst die Heimat von Jaguar gewesen und nun vom Red Bull Team übernommen worden war. Die Situation, die er hier nach zwei Jahren Abwesenheit vorfand, überraschte ihn. Geändert hatte sich nur wenig. Überall war noch die grüne Farbe von Jaguar zu sehen, und Sir Jackie Stewarts Sponsoring durch die Luxusuhrenmarke Rolex hatte dazu geführt, dass noch immer große Reproduktionen der berühmten Uhren an den Wänden hingen, die bei seiner Ankunft gerade entfernt wurden.

Steiner sollte ein wichtiges Bindeglied zwischen dem Werk in Milton Keynes und der Red Bull-Zentrale in Österreich werden. Ganz allgemein war es nützlich, dass er sowohl Deutsch als auch Englisch sprach, aber noch wichtiger war, dass er von seiner früheren Verbindung zu Red Bull profitierte, die bis in die Zeit zurückreichte, als er im Rallyesport tätig war. Bei einem Treffen des Teams im Hospitality-Gebäude auf der Rennstrecke Spa-Francorchamps an einem trüben Tag im Juli 2023 erzählt er mir, dass es für ihn eine logische Entscheidung war, zu seinen ehemaligen Teamkollegen zurückzukehren und mit Mateschitz und Marko an ihrem ehrgeizigen neuen F1-Projekt zu arbeiten. »Ich kannte Dietrich und Dr. Marko schon seit Langem«, berichtet er. »Ich traf Dietrich zum ersten Mal, als wir ein Rallye-Programm in Österreich mit Raimund Baumschlager, dem 14-fachen österreichischen Rallye-Meister, durchführten. Dietrich war bereits wohlhabend – nicht so, wie er es später geworden ist, aber sehr reich –, und er wollte sich in die Formel 1 einkaufen. Als sie mich fragten, war die Entscheidung nicht schwer: Ich lebte in England und arbeitete zu dieser Zeit in Deutschland – sie mussten mir den Deal nicht groß verkaufen. Doch als ich zurückkam, war alles seltsam. Nichts hatte sich verändert. Die Leute waren dieselben, die Einrichtung auch. In den zwei Jahren hatte sich nichts verändert. Es gab immer noch nur zwei Gebäude. Ich habe nicht viel darüber nachgedacht, und es war schön, wieder da zu sein. Ich hatte in den Jahren, in denen ich weg war, viel Kontakt mit dem Personal gehabt. Christian hatte eine Woche früher angefangen. Er war viel jünger und weniger reif, aber ich hatte keine Probleme, mit ihm zu arbeiten.«

Steiner war nicht der einzige Neuzugang im wachsenden Team von Red Bull Racing. Wenige Wochen vor der Beförderung von Horner und Steiner hatte man sich die Dienste des erfahrenen Rennfahrers David Coulthard gesichert. McLaren hatte den Schotten zugunsten des Kolumbianers Juan Pablo Montoya gehen lassen. Coulthard begann im Alter von elf Jahren seine Karriere im Kartsport und setzte sie über die britische Formel Ford und die Formel 3000 fort, wo er sich in denselben Kreisen wie Horner bewegt hatte. Seine Chance zum Durchbruch in der Formel 1 hatte er, als Williams ihm 1994 anbot, den tödlich verunglückten Ayrton Senna zu ersetzen. Seinen ersten F1-Sieg errang Coulthard 1995 beim Großen Preis von Portugal, bevor er für die Saison 1996 zu McLaren wechselte. Im Jahr 2001 wurde er hinter Michael Schumacher Zweiter in der Fahrerwertung, konnte aber 2002 und 2003 nicht an diesen Erfolg anknüpfen, was McLaren dazu veranlasste, sich neu aufzustellen. Das Angebot von Red Bull kam beiden Parteien entgegen. Für Coulthard bedeutete es eine Perspektive in der F1 mit wenig Druck. Red Bull Racing bekam dafür einen sehr erfahrenen Piloten, der wusste, wie die großen, erfolgreichen Teams arbeiten.

Coulthard unterzeichnete einen Einjahresvertrag, den Red Bull Racing am 17. Dezember 2004 offiziell machte. Er war damals 33 Jahre alt und hatte in seinen elf Jahren in der Formel 1 insgesamt 13 Rennen gewonnen. »Nachdem ich mit dem Teambesitzer Dietrich Mateschitz gesprochen hatte, war ich von den Zukunftsplänen von Red Bull Racing beeindruckt. Das ist definitiv ein spannendes neues Team«, sagte Coulthard damals der österreichischen Nachrichtenagentur APA.

Horner, der in die Gespräche mit Coulthard nicht eingeweiht gewesen war, freute sich, jemanden mit so viel Erfahrung im Cockpit zu haben. »Ich kannte David schon aus seiner Zeit im Kartsport«, erzählt er mir. »Wir hatten ein paar gemeinsame Sponsoren, als er in der Formel 3000, in der Formel 3 und in seinen ersten Jahren bei Williams fuhr. Ich hatte seine Karriere also genau verfolgt und wusste, wozu er fähig war. Wäre er nicht zu uns gekommen, hätte es das Ende seiner F1-Karriere sein können. Aber wir haben ihm die Verantwortung übergeben, der klare Anführer des Teams zu sein. Er hat die Messlatte hochgelegt und damit alle anderen auch auf ein höheres Niveau gebracht. Er war derjenige, der von einem Weltmeister-Team kam. Also war er derjenige, auf den ich mich am meisten stützen und fragen konnte: ›OK, wie ist das im Vergleich zu McLaren? Wie haben die das gemacht?‹ Ich konnte so viel von ihm lernen.«

Steiner stimmt Horners Einschätzung zu und ergänzt: »Wir hatten David im Team, und er wusste, was zu tun war und in welche Richtung wir gehen mussten. Er brachte Stabilität. Er war ein guter Rennfahrer und sehr respektiert, obwohl er kein Weltmeister war. Er hatte Erfahrung, und das half dem Team sehr.«

Es war die perfekte Herausforderung für Coulthard. Er war verletzt und gekränkt, dass McLaren ihn abgeschrieben hatte. Für ihn war es ein Neuanfang. Horners Ziel war einfach: dem Rennfahrer eine Verjüngungskur zu verpassen und sein Selbstvertrauen wiederherzustellen, in der Hoffnung, dass er in der Lage wäre, Red Bull Racing weiterzubringen. Das Team war nun komplett und bereit, voll durchzustarten.

KAPITEL 3

FLIEGENDER START

2005

Horner, Steiner und Coulthard waren nicht die einzigen Neuzugänge bei Red Bull Racing im Jahr 2005. Während sich das Team in aller Eile auf das erste Rennen der Saison im Albert Park in Melbourne am 6. März vorbereitete, wurden weitere wichtige Mitarbeiter an Bord geholt. Angesichts der Tatsache, dass es Jaguar nicht gelungen war, ein zuverlässiges Auto zu bauen, das um Polepositions und Siege kämpfen konnte, bestand Horners erste Aufgabe verständlicherweise darin, die Infrastruktur des Teams unter die Lupe zu nehmen. Er erkannte sehr schnell, wo die Schwachstellen lagen, und startete die Personalakquise. Auch die Mentalität im Team war nicht gut, und er musste die Kultur ändern. Er wollte, dass die Mannschaft lernte, wie Sieger zu denken. Deswegen suchte er im Fahrerlager gegnerischer Teams nach Personen, die das Team nicht nur durch ihr Können vorantreiben konnten, sondern auch die nötige positive Energie mitbrachten. Damit sie die Seiten wechselten, war er bereit, ihnen eine Beförderung anzubieten, wenn sie nur genug Vertrauen in das Projekt hätten.

Natürlich war es ein Glücksspiel. Der Niedergang Jaguars war noch präsent, und es gab keine Garantie dafür, dass Red Bull dem Projekt nicht einfach den Stecker ziehen würde, wenn es keine regelmäßigen Siege gäbe, so wie es Ford mit Jaguar Racing getan hatte. Die Fähigkeit von Horner, andere Menschen vom Team zu überzeugen, war jedoch ein wichtiger Faktor.

Und viele derjenigen, die sich zu diesem Zeitpunkt für Red Bull Racing entschieden, blieben dem Team jahrelang treu.

»Mark Smith war einer der ersten, der dazukam«, berichtet Horner. Er kam von Renault und hatte auch schon bei Jordan gearbeitet. Nun wurde er zum technischen Direktor befördert und arbeitete an der Seite von Steiner. »Dann war da noch Rob Marshall, der als Chefkonstrukteur zu uns kam. Auch er war vorher bei Renault. Das waren die beiden Männer, um die ich mich als erstes bemühte. Dann hatte ich das Gefühl, dass wir die Abteilungsverantwortlichen wechseln mussten. Ich bot den Leuten die Möglichkeit, sich zu beweisen. Also wurde Rob vom Leiter der mechanischen Konstruktion zum Chefkonstrukteur. Jonathan Wheatley war Chefmechaniker bei Renault, und ich gab ihm die Chance, als Teammanager zu uns zu kommen.« Zu den weiteren, die folgen sollten, gehörte Peter Prodromou, der als Leiter der Aerodynamik-Entwicklung arbeitete. Er war zuvor unter Adrian Newey bei McLaren. Auch Paul Monaghan kam nach Stationen bei Renault und Jordan zu Red Bull. Dann war da noch der Renningenieur Guillaume Rocquelin, bekannt als »Rocky«. Und später natürlich Newey selbst.

Ein weiterer Neuzugang – ebenfalls von Renault – war Kenny Handkammer. Handkammer war 25 Jahre in der Formel 1 gewesen und arbeitet heute in den USA im Bereich Global Technical Service and Operations für Lucid Motors, nachdem er kurz bei Tesla tätig gewesen war. Handkammer bediente 1994 beim Großen Preis von Deutschland in Hockenheim den vorderen Wagenheber bei Benetton, als ein Feuerball den Wagen von Jos Verstappen, dem Vater von Max, zu verschlingen drohte. Handkammer sollte seine F1-Karriere bei Red Bull Racing als Chefmechaniker beenden. »Kenny war ein Energiebündel«, beschreibt ihn Horner. »Eine absolute Naturgewalt und genau das, was wir in diesen frühen Tagen brauchten, denn er war ein Siegertyp.«

»Mark Smith ging zu Red Bull Racing und ich sprach mit ihm über den Wechsel. Er wollte wissen, ob ich auch Interesse hätte«, erinnert sich Handkammer. Wir telefonieren, nachdem wir trotz Zeitverschiebung zwischen den USA und Großbritannien einen Termin gefunden hatten. »Es war lustig, denn ich war bei Renault, und die wollten mich auch zum Chefmechaniker machen. Sie waren ein erfolgreiches Team und hatten gerade den Konstrukteurstitel gewonnen. Ich traf Mark in einem Pub namens ›Green Man‹ in der Nähe der Fabrik in Milton Keynes, wir sprachen über die Situation bei Red Bull Racing und ich entschloss mich zum Wechsel. Ich war bereits 18 Jahre lang in der Formel 1 und an einem Punkt angelangt, an dem ich einen Tapetenwechsel brauchte – oder ganz aus dem Sport aussteigen würde. Ich wollte etwas anderes ausprobieren, um zu sehen, ob ich einen kleinen Beitrag zum Erfolg eines anderen Teams leisten könnte. Das war es, was mich anspornte. Ich konnte am Aufbau eines Teams mitwirken. Es war, wie in den frühen Tagen bei Benetton, ein Neuanfang. Meine Kündigung kam bei Renault nicht gut an. Sie sagten mir, ich sei verrückt, das Team sei nie über den siebten Platz hinausgekommen [dreimal zwischen 2002 und 2004] und nur ein Haufen Verlierer. Und dann hat Flavio [Briatore] versucht, mich zum Bleiben zu überreden. Das war sehr nett, weil er das nicht bei vielen Leuten versuchte – aber ich bin trotzdem gegangen.«

Handkammers Erzählungen über die frühen Tage des Teams decken sich mit den Erinnerungen von Horner. Ihm wurde schnell klar, dass es einen Kulturwandel brauchte. »Es gab eine Menge Dinge, die sich ändern mussten«, sagt Handkammer, »denn die Mentalität war ziemlich schlecht. Einige der Mitarbeiter schienen sich mit dem siebten Platz zufriedenzugeben. Sie machten ihren Job, gingen nach Hause und kassierten ab. Es fehlte ihnen an Glauben und Optimismus. Einige von ihnen hatten keine gute Einstellung, und das musste sich ändern. Wir haben diese Leute ausgetauscht.«

Rückblickend bewertet Handkammer seine Entscheidung, zu Red Bull Racing zu wechseln, als »wahrscheinlich eine der besten Entscheidungen«, die er je getroffen habe. Aber wie verändert man eine Kultur in einem Team, das schlechte Leistungen bringt? »Es ging darum, eine Siegermentalität zu etablieren«, sagt er. »Man muss die Leute, mit denen man zusammenarbeitet, davon überzeugen, dass man nicht der Teufel ist, der das Team zerstören möchte. Es gab einige Leute, die im Team bleiben wollten, und diejenigen, die nicht wollten, gingen fast alle von selbst. Wir haben mehr Prozesse, andere Prozesse und bessere Prozesse eingeführt. Es ging darum, die operative Zusammenarbeit der Leute zu verbessern und eine Struktur zu schaffen. Man darf aber nicht vergessen, dass ich in der Formel 1 gearbeitet habe, als die Mechaniker an einem Freitag mindestens 20 Stunden arbeiteten – jeden

Freitag. Wir hätten wahrscheinlich noch länger gearbeitet, aber die Ausgangssperre hat uns daran gehindert. Wir mussten ein paar Stunden in einem Hotel verbringen. Es ging mir nur um die Herausforderung. Ich wollte dieser kreative Mensch sein, der über Nacht Teile im 3D-Drucker herstellt und sie dann am Auto anbringt. Wir verpassten das Frühstück, um am Auto zu arbeiten, damit wir schneller sind, und jeder hatte ein breites Lächeln im Gesicht.«

Die Kombination aus Neuzugängen, Ehrgeiz und den beträchtlichen Investitionen von Mateschitz machte Red Bull Racing zu einem Liebling der Medien. Einige bezeichneten das Team als »potenzielle Überraschung der Saison«. Eine Einschätzung, die Horner bei der Vorstellung des Autos im südspanischen Jerez Anfang Februar herunterspielte.

Die Präsentation des Fahrzeugs ist ein Meilenstein im Winterprogramm jedes Teams und eine wichtige Deadline für das Werk. Die Marketing- und Kommunikationsabteilungen fokussieren sich auf dieses Datum und bauen eine reichweitenstarke Kampagne auf. Sie überlegen, wie die Bilder der Präsentation die maximale Aufmerksamkeit erzielen können. Wegen des begrenzten Zeitrahmens und des Zustroms neuer Mitarbeiter war die Vorstellung des Red Bull Racing-Autos 2005 jedoch eher unscheinbar. Die Designer Mark Smith, Rob Taylor und Ben Agathangelou hatten den RB1 konstruiert mit der Aufgabe, die Visionen von Pitchforth und Purnell zu verwirklichen. Es handelte sich um ein von Jaguar entworfenes F1-Auto, mit einem 3-Liter-V10-Cosworth-TJ2005-Motor. Der Wagen war dunkelblau lackiert und hatte den Red Bull-Schriftzug auf den vorderen und hinteren Heckflügeln sowie auf den Seitenkästen. Außerdem trug er auf der Motorabdeckung hinter dem Lufteinlass das Bullen-Logo mit Sonne.

Die Enthüllung des RB1 an dem Ort, an dem die Testfahrten stattfanden, war im Vergleich zu einigen atemberaubenden Präsentationen, die es in der Geschichte dieses Sports gab, wenig beeindruckend. Aber die zurückhaltende Art passte dazu, dass Horner dem Team attestierte, noch in den Kinderschuhen zu stecken. »Wir wollen über uns hinauswachsen und jede Chance ergreifen, die sich uns bietet«, sagte er in einem BBC News-Artikel vom 7. Februar, dem Tag des Launchs: »Ich habe ein Auto und einen Motor von einem früheren Team geerbt, und in diesem Jahr werden wir das Fundament für die Zukunft legen. Wir fuhren in erster Linie, weil wir Aufnahmen für einen Film brauchten, den wir drehten. Sowohl Chassis eins als auch Chassis zwei drehten ein paar Runden bei nassen und gemischten Bedingungen. Und beide machten genau das, was wir erwartet hatten. Ich hatte keinen Einfluss auf dieses Auto, aber es sieht so aus, als hätten sie einen ziemlich guten Job gemacht. Ich bin sehr beeindruckt von dem, was ich bis jetzt gesehen habe. Das Team ist sehr motiviert, und es ist ein Wille vorhanden, mit dem ich mich identifizieren kann. Der Motor ist auf jeden Fall konkurrenzfähig. Eine zentrale Rolle wird in diesem Jahr natürlich die Zuverlässigkeit spielen. Bis zur Mitte des Jahres wird der Motor noch einen Schritt nach vorne machen. Es wird aber enorm schwierig, denn wir treten gegen sehr starke Gegner an.«

Das Fahreraufgebot war noch nicht komplett. Red Bull Racing musste abwägen, welcher der beiden von Red Bull gesponserten Fahrer – Christian Klien oder Tonio Liuzzi – an die Seite von Coulthard sollte. Alle drei Fahrer waren beim Launch anwesend. Coulthards Entscheidung, sich ein paar Bartstoppeln wachsen zu lassen, löste bei den Kommentatoren belustigte Reaktionen aus, als die Bilder veröffentlicht wurden. Vielleicht wollte er einen alternativen Look ausprobieren, um mit der Anti-Establishment-Einstellung von Red Bull übereinzustimmen? Horner erzählt, dass der Look die volle Unterstützung von Mateschitz erhielt, der Coulthard ermutigte, den Bart zu behalten. Es wurden auch Fotos von Klien und Liuzzi in den Rennanzügen des Teams mit der Presse geteilt. Beide wirkten darin etwas unsicher, da sie nicht wussten, wer von ihnen für das Team fahren würde. Nach dem ersten Testlauf, bei dem ein Auto auf Herz und Nieren geprüft wird, um zu sehen, ob alle Systeme richtig funktionieren, musste Horner entscheiden, wer das zweite Auto fahren würde. Er kannte Liuzzi besser, da er mit ihm in der Formel 3000 gefahren war, aber der Österreicher Klien war die erste Wahl für Red Bull.

»Mit David haben wir einen fantastischen, erfahrenen Piloten, der 13 Grands Prix gewonnen hat und 50-mal auf dem Podium stand«, erklärte Horner in demselben BBC-Artikel. »Er bringt einen großen Erfahrungsschatz in das Team ein. Er ist 33 Jahre alt, aber er hat noch viel zu geben, und im

Moment ist er unser größter Trumpf. Wir haben nächste Woche einen Test in Barcelona, und danach werden wir entscheiden. Christian und Tonio sind zwei junge Herausforderer. Christian wird von einem zweiten Jahr im Rennsport profitieren und Tonio war in der Formel 3000 hervorragend. Er ist zweifelsohne ein Star der Zukunft. Wir sind sehr zufrieden mit den Leuten, die wir haben.«

Die Testfahrten vor der Saison sind für die F1-Teams eine spannende Zeit. Sie sind zwar die beste Gelegenheit, einen ersten Blick auf die Konkurrenz zu werfen, aber in Wirklichkeit weiß man nie wirklich, wie stark die Gegner sind, bis das allererste Qualifying der Saison beginnt. Dann erst zeigen Autos und Fahrer ihren tatsächlichen Speed. Während in den letzten Jahren aufgrund der zunehmenden Popularität der Formel 1 sogar die Tests im Fernsehen übertragen wurden, konnten 2005 nur die Journalisten an der Strecke die Runden verfolgen.

Der Circuito de Jerez war eine beliebte Wahl für F1-Tests. Die Rennstrecke ist gut ausgestattet, da dort bereits die Grands Prix von Spanien und Europa stattfanden, und er liegt 90 Kilometer südlich von Sevilla. So entgehen die Teams dem rauen Winterwetter, bleiben aber in Europa, was aus logistischen Gründen praktisch ist, da hier alle F1-Teams ihren Sitz haben. Die Rundenzeiten sind als öffentlicher Indikator für die Leistung wenig hilfreich, da die Geschwindigkeit der Autos von ihrem Gewicht abhängt, das wiederum von der getankten Kraftstoffmenge beeinflusst ist – ein Wert, der außerhalb der eigenen Box unbekannt bleibt. Ein klarer Anhaltspunkt ist jedoch die Anzahl der Runden, die ein Team absolvieren kann, während die neuen Autos auf Anzeichen von mechanischen Problemen getestet werden.

Ermutigend war, dass Coulthard am ersten Tag 38 Runden schaffte, während Klien sogar 49 Runden drehte. Interessanterweise waren ihre Rundenzeiten sehr ähnlich, wobei Coulthard nur um 0,1 Sekunden schneller war als der Österreicher. Am zweiten Tag war es Klien, der 0,4 Sekunden schneller war als sein Teamkollege. Der dritte und vierte Testtag in Jerez waren es jedoch, die die Neugier der Anwesenden weckten. Denn Coulthard fuhr Zeiten, die für den sechsten bzw. vierten Platz im Tableau reichten. Die Tatsache, dass Klien für den ersten Test vor Liuzzi ausgewählt worden war, brachte ihn in die Poleposition für den Platz neben Coulthard. Der erste Testlauf von Liuzzi fand erst am 28. April statt, ebenfalls in Jerez, wo er spannenderweise eine schnellere Rundenzeit als Coulthard fuhr.

Die Fortschritte setzten sich auch beim zweiten Test in Barcelona Ende Februar fort. Diesmal war der Circuit de Catalunya, die Heimat des GP von Spanien, Schauplatz dreier problemloser Testtage, an denen das Team eine Grand-Prix-Distanz simulierte und sein Ersatzauto einem Shakedown unterzog. In der Pressemitteilung, die nach den positiven Testfahrten ausgeschickt wurde, äußerte sich Horner eindeutig optimistisch, auch wenn er offensichtlich versuchte, die Erwartungen niedrig zu halten: »Barcelona war ein weiterer positiver Test sowohl für das Team als auch für den neuen RB1. Während der drei Testtage haben wir eine beträchtliche Menge an Kilometern zurückgelegt und einen guten ersten Eindruck vom neuen Auto gewonnen. Es hat sich als recht zuverlässig erwiesen, und nach einem letzten Test in Silverstone am kommenden Montag freuen wir uns auf das erste Rennen von Red Bull Racing in Melbourne.« Steiner fügte an, dass sich »der RB1 als zuverlässig und technisch ausgereift erwiesen hat« und dass »wir alles in allem zuversichtlich nach Australien gehen können«. Das Team war bereit für die Reise nach Down Under, wobei Klien den Vorzug über Liuzzi für das Cockpit neben Coulthard erhalten hatte.

Es ist etwas Besonderes, wenn das erste Rennen einer Formel-1-Saison in Australien ausgetragen wird. Das liegt zum Teil daran, dass es aus europäischer Sicht den Charakter einer globalen Meisterschaft betont. Es gibt keine einfache Möglichkeit, nach Melbourne zu reisen. Egal für welches Drehkreuz einer Fluggesellschaft man sich entscheidet – Naher Osten oder Asien –, man muss immer noch über 26 Stunden Reisezeit einkalkulieren. Die An- und Abreise zu den Flughäfen ist da noch gar nicht inkludiert.

Albert Park liegt etwas außerhalb von Melbourne, in Richtung des belebten Badeortes St. Kilda, und ist ein beliebtes Ziel für alle, die in der Formel 1 arbeiten. Es hat etwas Befriedigendes, am Flughafen Tullamarine anzukommen und nach einem Winter im kalten Europa die Wärme im Gesicht zu spüren. Im Großen und Ganzen ist das Essen gut und der Kaffee noch besser. Angesichts des Marketinghintergrunds von Red Bull und der

Ambitionen von Mateschitz war es klar, dass das erste Rennen des Teams in der Formel 1 gebührend gefeiert werden musste. So war es nur logisch, dass Pink bei der Saisoneröffnung von Red Bull auftrat. Die Sängerin performte, flankiert von Coulthard, vor einem digitalen Bildschirm, der ein Video eines Autos auf einer Rennstrecke zeigte. Es war die angesagteste Party der Stadt. Das Konzert fand in den Docklands statt, wo 1300 Gäste und VIPs mit einem Champagner-Empfang verwöhnt wurden. Allein für die spektakuläre Lichtshow, die Red Bull ins Rampenlicht rücken sollte, wurden 50 Kilometer Stromkabel verlegt.

Die Party diente auch als Realitätscheck für Horner. Im Gespräch erinnert er sich an die Nervosität vor dem ersten Rennen. »Ich war noch nie so weit gereist wie nach Australien«, erzählt er. »Mir wurde schnell klar, dass das ein verdammt weiter Weg ist! Ich weiß noch, wie ich zum ersten Mal im Fahrerlager war und realisierte, worauf wir uns da eingelassen hatten. Es war diese große Party für den australischen Markt organisiert worden, Pink spielte, die Fahrer standen auf der Bühne, und plötzlich begann man zu begreifen, dass das hier sehr real ist und dass es ein ziemlich großer Schritt war im Vergleich zu dem, wo ich herkam. Aber es war immer noch ein Auto mit vier Rädern in einer Rennserie.«

Das Team hatte mit dem 22-jährigen Klien den jüngsten Fahrer im Feld, außerdem mit dem 31-jährigen Horner den jüngsten Teamchef. Die Pressemitteilung vor dem Rennen zitierte Coulthard, der in Australien bereits zweimal (1997 und 2003) gewonnen hatte, so: »Das ist der Beginn eines aufregenden Abenteuers für Red Bull Racing. Nach den vielversprechenden Wintertests freue ich mich auf mein Debüt und bin optimistisch für die kommende Saison.« Die Zitate von Horner aus derselben Mitteilung waren genauso nüchtern, obwohl er auf den frischen Wind anspielte, den Red Bull Racing in den Sport bringen wollte: »Dies ist natürlich ein bedeutendes Ereignis für Red Bull Racing, das an diesem Sonntag in die Formel 1 einsteigt. Wir haben uns in der zur Verfügung stehenden Zeit bestmöglich vorbereitet, und ich freue mich über die Anstrengungen und das Engagement des Teams. Hoffentlich werden die Menschen Red Bull Racing als ein Team wahrnehmen, das frische Ideen und einen neuen Geist in die Formel 1 bringt.«

Die Entscheidung des Teams, seine Türen zu öffnen und die Medien willkommen zu heißen, ging einigen der größeren Teams gegen den Strich, deren Politik eher war, Journalisten fernzuhalten.

Im Gegensatz zu heutigen F1-Wochenenden gab das erste Training damals den Teams die Chance, nicht nur ihre Autos zu testen, sondern auch ihre Rookie-Fahrer einzusetzen. So bekam nun Liuzzi seine Chance, nachdem er den Platz neben Coulthard an Klien verloren hatte. Er nutzte sie und legte einen fulminanten Start hin, indem er die erste Trainingseinheit des Jahres als Schnellster beendete. Liuzzi trat gegen andere Reservefahrer wie Pedro de la Rosa für McLaren, Ricardo Zonta für Toyota und Robert Doornbos für Jordan an und bewies, dass er seine Chance verdient hatte – zumindest anfänglich. Im zweiten Durchgang drehte er sich in Kurve drei und blieb im Kiesbett liegen. Zu seinem Leidwesen musste er aus seinem liegengeblieben Auto aussteigen und zu Fuß zurück in die Box des Teams stapfen, um dort auf den Rücktransport des Autos durch einen Tieflader zu warten.

Der Fokus richtete sich schnell auf das Qualifying, das in einem neuen Format stattfand. Zum dritten Mal innerhalb von fünf Jahren hatte die FIA – der Dachverband der Formel 1 – an den Regeln für die Startaufstellung herumgebastelt. Die Startposition ergab sich aus der Gesamtzeit zweier separater fliegender Runden. Teil eins fand am Samstagnachmittag und Teil zwei am Sonntagmorgen statt. Das neue System bedeutete, dass die Reihenfolge, mit der die Fahrer ihre gezeiteten Runden fuhren, beim Eröffnungsrennen genau umgekehrt zum letzten Rennen 2004, dem GP von Brasilien, war. Da die beiden an verschiedenen Tagen erzielten Rundenzeiten zur Ermittlung der Startaufstellung addiert wurden, war es für die Fans verwirrend und schwer zu verstehen. Glücklicherweise wurde das Konzept nach nur sechs Rennen zugunsten eines einfacheren Qualifying-Formats mit nur einer Session aufgegeben.

Ein heftiger Regenschauer setzte ein, als Sauber-Pilot Felipe Massa seine fliegende Runde auf einem Satz der damals verwendeten Rillenreifen begann – Reifen, die trotz ihrer Längsrillen im Nassen eine Katastrophe sind im Vergleich zu echten Regenreifen. Michael Schumacher im Ferrari hatte zwar Zeit, auf die Regenreifen von Bridgestone zu wechseln, seine Zeit reichte trotzdem nur für Platz 18. Das Red Bull Racing-Duo hatte hingegen das Glück, noch auf einer trockenen Strecke zu fahren, die außerdem durch den Gummiabrieb der vorherigen Fahrten mehr Grip bot. Coulthard qualifizierte sich als Fünfter, Klien als Sechster. Die McLaren-Fahrer Montoya (9.) und Räikkönen (10.), Ferrari-Pilot Rubens Barrichello (11.), Fernando Alonso von Renault (13.) und Ferrari-Star Schumacher (18.) hatten alle erwartet, um die Poleposition mitzufahren, und wurden bitter enttäuscht.

Beim Start zog Coulthard schnell an Mark Webber, der sich für Williams als Dritter qualifiziert hatte, vorbei. Er überholte den Australier schon in Kurve eins. An der Spitze lag Giancarlo Fisichella, der für Renault die Poleposition erobert hatte. Er hielt den Toyota von Jarno Trulli in Schach, während Coulthard im Kampf um den dritten Platz mit Webber steckte. In der 15. Runde kam es fast zu einer Berührung zwischen den beiden, woraufhin Webber ins Gras fuhr. Alonso und Barrichello erkämpften sich hinter Fisichella Platz zwei und drei. Irgendwie schaffte Coulthard es als Vierter vor Webbers Williams ins Ziel. Klien errang zu seiner Freude Platz sieben. Für einen kurzen Moment hatte es so ausgesehen, als ob Coulthard sogar auf dem Treppchen landen könnte. »Ein Podiumsplatz war heute machbar«, sagte er nach dem Rennen. »Das wäre ein perfekter Start für Red Bull Racing gewesen, und irgendwann fing ich an, ein wenig zu träumen, aber ich kann mich über den vierten Platz nicht beklagen. Das ist viel mehr, als wir erwartet haben. Da auch Christian in die Punkte gefahren ist, ist es ein fantastischer Start für Red Bull Racing.«

Horner gibt zu, dass sein Heimflug »angenehmer« war als der Weg nach Melbourne, denn das Team verließ Australien auf dem dritten Platz der Konstrukteurswertung. »Wir hatten ein wenig Glück«, gibt er zu, während er in seinem Büro in Milton Keynes sitzt, »denn wir mussten in der Reihenfolge des Qualifyings auf die Strecke und haben von den Bedingungen profitiert. Im Rennen lag DC [David Coulthard] über weite Strecken auf dem dritten Platz. Am Ende hatten wir einfach nicht genug Speed. Aber wir haben in unserem ersten Grand Prix überhaupt zwei Fahrer in die WM-Punkte gebracht. Das war ein großartiges Ergebnis für ein neues Team, das von niemandem ernst genommen wurde. Wir waren nur für ein Partyteam gehalten worden, und dann waren wir nur einen einzigen Platz vom Podium entfernt. Für uns fühlte sich das wie ein Sieg an. Ich weiß noch, wie DC nach dem Rennen in die Box zurückkam und ich ihn einfach umarmte. Ich glaube nicht, dass er jemals ein Team gesehen hat, das sich so über einen vierten Platz gefreut hat! Er kam von McLaren, wo man einen Sieg erwartete, aber dieses Ergebnis war ein klares Statement, das richtungsweisend sein sollte.«

Steiner blickt auf sein Gespräch mit Mateschitz kurz nach dem Zieleinlauf zurück: »Ich erinnere mich, dass ich nach dem Rennen mit Dietrich Mateschitz sprach und sagte, dass wir Glück hatten, und er sagte: ›Da stimme ich dir zu!‹ Wir hatten keine Erwartungen, wir haben nur versucht, ein Bein vor das andere zu setzen und hatten Glück. Das Auto fuhr problemlos, und wir haben Punkte gemacht. Es gab ein paar Zwischenfälle, die uns geholfen haben, aber es war auf jeden Fall ein guter Start in die Saison.«

Coulthard schaffte es in drei seiner nächsten vier Rennen in die Top Ten. Das Erreichen der Punkteränge war also kein Zufall, selbst wenn Klien ähnlich gute Ergebnisse versagt blieben. Nachdem er in Bahrain, beim dritten Rennen des Jahres, am Start stehen geblieben war, erhielt Liuzzi seinen Platz. Eine Entscheidung, die, wie Horner im Nachhinein einräumt, für keinen der beiden Fahrer funktionierte. Liuzzi schnitt nicht viel besser ab, und beide waren unzufrieden.

Als die Saison auf den GP von Monaco zusteuerte, interessierte sich niemand mehr für die Fahrer. Alles drehte sich um die Mechaniker – und das Motorhome. Red Bull Racing hatte eine Werbepartnerschaft mit George Lucas vereinbart. Der Hollywood-Regisseur wollte mit einer speziellen Aktion seinen neuen *Star Wars*-Film *Die Rache der Sith* bewerben. Monaco liegt nur wenige Kilometer von den berühmten Filmfestspielen in Cannes entfernt und bot Lucas eine ideale Gelegenheit. Die Mechaniker des Teams trugen die ikonischen weißen Stormtrooper-Outfits, und die Boliden wurden mit passenden Logos versehen. Charaktere aus dem Film besuchten die dreistöckige Energy Station, die Purnell so sehr kritisiert hatte und nun zum ersten Mal benutzt wurde. 25 Personen waren für den Aufbau und elf Lastwagen für den Transport nötig. Dazu dröhnte die Musik, anders als bei der Konkurrenz, die ganze Nacht.

Die Idee hinter der Energy Station war, eine selbstbewusste Außendarstellung zu bieten, die dem unkonventionellen Ruf des Energydrinks gerecht wurde und Lebensfreude symbolisierte. »Wir alle wissen, wozu Red Bull

Darth Vader und Stormtrooper besuchen die Red Bull Energy Station vor dem Großen Preis von Monaco im Jahr 2005. Der PR-Gag sorgt im F1-Fahrerlager für großes Aufsehen und weckt außerdem das Interesse von Adrian Newey.

fähig ist«, erklärt Steiner, als wir in seinem winzigen Büro im Motorhome des Haas-F1-Teams sitzen und uns im Vorfeld des Großen Preises von Belgien 2023 unterhalten. Er zappelt herum, einmal unterbricht ihn ein Mitarbeiter, um ihn nach dem Verbleib eines VIP-Gastes zu fragen. Seine Gedanken schweifen zurück ins Jahr 2005, in die Anfangszeit von Red Bull Racing. »Die Marketingideen von Herrn Mateschitz und das Geld, das er hineingesteckt hat, waren erstaunlich und hatten großen Einfluss«, fährt er fort. »Persönlich hat mich das Motorhome nicht überrascht. Denn er war kreativ, er hatte die Mittel dazu, und das Ganze diente einem Zweck: Aufmerksamkeit zu bekommen. Wir sprechen ja noch heute darüber. Er führte die Formel 1 in eine neue Marketingära und brach altes Denken auf. Die Formel 1 hatte Glück, dass Red Bull eingestiegen ist, denn sie haben viel für den Sport getan. Es ist vergleichbar mit dem, was Ron Dennis bei McLaren geleistet hat. Ron hat ein Rennteam in eine Unternehmensstruktur überführt. Dietrich hob es auf die nächste Stufe, indem er ein Motorhome als echtes B2C-Instrument [Business to Consumer] nutzte. Es war nicht nur ein glänzender Kristallpalast, es war mehr – es bewegte die Formel 1 und hob sie aufs nächste Level.«

Beim darauffolgenden Rennen, dem Großen Preis von Europa auf dem Nürburgring, verpasste Coulthard den ersten Podiumsplatz des Teams denkbar knapp. Zwischenzeitlich führte er sogar, wurde aber in der Boxengasse mit überhöhter Geschwindigkeit erwischt. Dafür bekam er eine Zeitstrafe, die ihn seinen Platz unter den ersten Drei kostete. Als er hastig versucht hatte, einen Minardi zu überholen, deaktivierte er den Geschwindigkeitsbegrenzer zu früh. »Es war ein unglaubliches Rennen«, fasst Horner den Tag zusammen. »Ich denke, der Minardi hat ihn abgelenkt und er hat den Geschwindigkeitsbegrenzer einen Moment zu früh losgelassen. Ohne diese Strafe wäre er auf dem Podium gelandet.« Sein vierter Platz sollte die letzte realistische Chance des Teams auf ein Podium in dieser Saison bleiben.

Trotz dieses kleinen Rückschlags sammelte Coulthard weiter Punkte. Ebenso wie der zurückkehrende Klien, der nach einem Doppelausfall Liuzzis in Spanien und Monaco wieder in der Gunst gestiegen war. Das von Mateschitz vorgegebene Ziel für Horner war es, die zehn Punkte von Jaguar Racing aus dem Vorjahr zu übertreffen. Tatsächlich beendete Red Bull Racing seine Debütsaison mit 34 Punkten, nur vier Zähler hinter BAR-Honda. In der Konstrukteurswertung landeten sie auf dem siebten Platz. Rein sportlich wartete man zwar immer noch auf den ersten Sieg, doch abseits der Rennstrecke konnte das Team am Ende des Jahres seinen bisher größten Erfolg feiern – mit der unerwarteten Abwerbung des F1-Designchefs Adrian Newey von McLaren.

KAPITEL 4

ZUM ERSTEN MAL AUF DEM TREPPCHEN

2006

Die Ernennung Neweys zum technischen Direktor von Red Bull Racing wurde am 8. November 2005 offiziell gemacht. In der dazugehörigen Pressemitteilung wurde Horner mit den Worten zitiert: »Das ist genau die richtige Botschaft, dass wir es mit unseren Zielen sehr ernst meinen. Adrian wollte unbedingt eine neue Herausforderung, und ich freue mich, dass es uns gelungen ist, ihn für uns zu gewinnen.«

Newey gilt als bester Formel-1-Designer aller Zeiten. Mit Bleistiften des Härtegrads 2B entwarf er für verschiedene Teams Autos, die WM-Titel und Rennen gewannen. Vor Red Bull Racing war er bei McLaren, wo man ihm gerade eben einen neuen Vertrag angeboten hatte. Das Team aus Woking hatte geglaubt, dass er langfristig bei ihnen bleiben würde. Nach der Bekanntgabe seines Abgangs erklärte McLaren per Presseaussendung: »Der Druck, für ein Spitzenteam in der Formel 1 zu arbeiten, ist sehr hoch, und wir wissen schon seit einiger Zeit, dass Adrian eine neue Herausforderung in einem kleineren Team sucht. Die Entscheidung, McLaren zu verlassen, erfolgte in gegenseitigem Einvernehmen, und wir wünschen ihm für die Zukunft alles Gute.«

Neweys Engagement war ein Meilenstein für Red Bull Racing. Die Hintergründe seines Wechsels sind recht aufschlussreich. Horner erinnert sich, dass ihr erstes Gespräch zustande kam, weil Newey beim GP von Monaco 2005 neugierig auf das Motorhome war. Der Rummel um die

Star Wars-Partnerschaft hatte den Designer angelockt. Mateschitz' aufsehenerregende Idee – und die »enorme Summe«, die sie nach Purnells Worten gekostet hatte – hatte sich auf höchst unerwartete Weise ausgezahlt.

»Zum ersten Mal begegnete ich Adrian vor der Energy Station in Monaco«, sagt Horner. »Er stand dort und schaute zu dieser neuen, imposanten Hospitality hoch und ich lud ihn auf einen Drink ein. Der *Star Wars*-Film kam ja gerade heraus, und sie wollten eine große Show in Monaco mit Vorführung abziehen. Ich fragte Adrian, ob er mit seiner Frau zur Premiere kommen wolle. Sie war bestimmt total sauer auf mich, weil ich sie zwang, sich einen dreistündigen *Star-Wars*-Film anzusehen! So fing es an. Er war einfach an dem interessiert, was wir taten. McLaren war ganz anders – man brauchte 15 verschiedene Ausweise, um hineinzukommen. Wir hatten keine Sponsoren, also wurde jeder hereingebeten. In der Energy Station gab es Neonlichter und laute Musik. Adrian nahm seinen Drink und ging zurück in die leichenhausähnliche Einrichtung von McLaren nebenan.«

Horner wandte sich an Coulthard, der Newey noch aus seiner Zeit bei McLaren kannte, um mehr über dessen Arbeitsweise zu erfahren. Coulthard hatte ein gutes Verhältnis zu ihm und wusste, wie man am besten zu ihm durchdrang. »Ich traf Adrian dann in Montréal beim GP von Kanada wieder«, erinnert sich Horner. »Ich sagte zu DC: ›Ich glaube wirklich, dass wir eine Chance haben, Adrian zu bekommen. Er ist an diesem Projekt interessiert.‹ DC sagte schnell: ›Nun, alle wichtigen Entscheidungen trifft seine Frau. Wir sollten mal zusammen essen gehen.‹«

Horner arrangierte ein Abendessen im Restaurant Bluebird im Londoner Stadtteil Chelsea. Er erzählt: »Je länger Adrian und ich uns unterhielten, desto mehr erkannten wir, was wir gemeinsam hatten: Wo er aufgewachsen ist, wo er zur Schule ging, war nicht weit entfernt von dort, wo ich aufgewachsen bin. Wir verstanden uns auf Anhieb. Wir sprachen nicht über Rennautos, sondern über unsere unterschiedlichen Karrierewege. Ich hatte großen Respekt vor ihm und den Autos, die er konstruiert hatte. Er hatte einen Wagen für Nigel Mansell entworfen, der mein Held war! Wir hatten ein wirklich nettes Abendessen und verstanden uns immer besser. Danach sprach ich mit Dietrich, und der sagte: ›Wir werden ihn nach Österreich holen und ihm die Welt von Red Bull zeigen.‹«

Mit der vollen Unterstützung von Mateschitz konnte Horner alle Hebel in Bewegung setzen, um Newey zum Wechsel zu bewegen. Die Ergebnisse auf der Strecke waren zwar gut, aber einen Konstrukteur mit Neweys Fähigkeiten ins Team zu holen, wäre eindeutig ein großer Coup gewesen. Und Horner wusste, dass er kurz davor war, ihn zu bekommen.

»Dietrich schickte sein Flugzeug, und wir flogen von Luton nach Salzburg. Weil er aber bei McLaren unter Vertrag stand, war seine damalige Frau Marigold paranoid. Sie wollte nicht, dass man ihn mit Red Bull sprechen sah. Also setzte sie ihm eine Mütze auf und gab ihm eine dunkle Brille. Gerade dass er nicht mit falschem Schnurrbart geflogen ist«, lacht Horner. »Als wir dann aus dem Flugzeug stiegen, sahen wir eine Gruppe japanischer F1-Fans, die alle ein Foto von ihm machen wollten. Adrian hatte seine Kappe vergessen, und Marigold machte sich Sorgen, dass McLaren-Boss Ron Dennis die Fotos sehen könnte …«

Horner erinnert sich, dass die Dinge noch surrealer wurden, als sie in Salzburg waren und Mateschitz sich mit ihnen in einem Hotel traf: »Er tauchte auf einer Harley Davidson auf und verschwand dann für eine Weile im Hotel. Dann kam er wieder heraus, aß mit allen ein Stück Apfelstrudel und erläuterte seine Vision für die Zukunft mit zwei Teams in der Formel 1. Dann sagte er: ›Bis später‹, schwang sich wie Easy Rider wieder auf sein Motorrad und fuhr davon. Das war's. Wir haben Adrian in ein Hotel gebracht und sind später mit einem Wasserflugzeug geflogen und auf einem See gelandet. Er hat das volle Programm bekommen. Da waren all diese Leute in Ruderbooten, die wir erst aus dem Weg schaffen mussten, um auf dem See landen zu können. Wir haben etwas gegessen und sind dann wieder abgehoben. An diesem Punkt habe ich ihn gefragt, ob er zu uns kommen wolle. Wir gingen alle zusammen aus, und ich hatte eine Gehaltsvorstellung im Kopf, die so verdammt weit unter dem lag, was dann Realität werden sollte. Also fragte ich ihn: ›Wie hoch müsste dein Gehalt sein, um dich zu Red Bull Racing zu holen?‹ Marigold antwortete: ›Nun, das bekommt Adrian bei McLaren,‹ und nannte mir die Summe. Ich fragte, ob er kommen würde, wenn wir etwas Ähnliches böten, und er sagte: ›Ich denke, ich wäre bereit für die Herausforderung.‹ Ich verließ also das Restaurant, um Dietrich anzurufen, und sagte: ›Dietrich, ich habe tolle Neuigkeiten: Adrian hat zugesagt.‹ Und er sagte: ›Das ist fantastisch. Das ist das Beste für unser Team. Das ist ein Gamechanger und ein echtes Signal.‹ Und dann sagte ich: ›Die schlechte Nachricht ist, dass es so viele Millionen pro Jahr sind …‹ Er sagte: ›Das ist obszön, schick ihn zurück ins Flugzeug, das ist lächerlich!‹ Zwei Minuten später zwängte ich mich zurück zu Adrian und überlegte, ob ich die Summe auf Boni aufteilen könnte, weil ich mir die Gelegenheit nicht entgehen lassen konnte. In dem Moment rief Dietrich zurück und sagte: ›Nein, das ist ein Wendepunkt fürs Team. Go for it.‹ Wow! Und das war's. Also feierten wir mit ein paar Drinks und gingen in einen Salzburger Nachtclub. Um zehn Uhr morgens bekam Adrian einen Rundflug in einem Alpha Jet. Er saß in diesem ehemaligen Militärflugzeug und der Pilot, Sigi, war gefühlt 87. Ich glaube, irgendwann flog Adrian mit Schallgeschwindigkeit kopfüber über Innsbruck und versuchte herauszufinden, wo der Notausgang war. Er stieg aus und war grün im Gesicht. Das war seine Einführung in die Welt von Red Bull.«

Neweys Akquirierung sorgte für Aufsehen im gesamten Fahrerlager: Red Bull Racing hatte sich den begehrtesten Designer der Branche gesichert. In der Tat sollte Newey den zukünftigen Erfolg des Teams maßgeblich prägen.

Ex-Chef Tony Purnell lobte die Verpflichtung als »Meisterleistung«, wies aber darauf hin, dass Newey bei McLaren hohe Budgets gewöhnt war: »Mehr als alles andere erhielt Adrian die nötigen Mittel. Seine Einstellung zu Geld ist unbekümmert. Er schaute den Leuten einfach in die Augen und sagte: ›Ich dachte, ihr wolltet gewinnen. Wenn ihr nicht gewinnen wollt, sollte ich nicht hier sein, also gebt die zusätzliche Million aus.‹ Das klingt, als würde ich das verurteilen, aber das tue ich nicht, ich bewundere es. Adrian war ein wichtiger Schritt, um Red Bull dazu zu bringen, Geld auszugeben. Er vertraut darauf, die besten Leute abzuwerben und genug Geld zu haben, um auf alles reagieren zu können. Und das funktioniert. Das ist die traditionelle Art, ein Formel-1-Team zu führen. Adrian hatte auch den besten Windkanal in der Formel 1.« Das war eine Anspielung auf den ehemaligen Windkanal des Teams, der auf dem alten Flugplatz der Royal Aircraft in

Bedford untergebracht und mit einer Vielzahl von Test-Equipment ausgestattet war. Zu Beginn der 2000er wurde er umfassend renoviert und stellte alle Windkanäle der Konkurrenz in den Schatten. »Er war ursprünglich im Kalten Krieg gebaut worden«, fügt Purnell hinzu. »Er gleicht einer Kathedrale und unterscheidet sich von allen anderen Windkanälen. Der Treibstoff, den Newey brauchte, war nicht Benzin, sondern Geld. Wenn man beides hat [das technische Genie von Newey und die Ressourcen], dann ist das eine mächtige Kombination.«

Trotz der Begeisterung, die Neweys Ankunft auslöste: Auf den RB2 für 2006 hatte er noch keinen Einfluss. Der wurde unter Steiners Leitung entwickelt. Tatsächlich verbrachte der Südtiroler in seiner ersten Saison kaum Zeit mit dem Designteam. Er verantwortete nur die ersten Rennen im Jahr 2006, dann wurde er zu einem anderen Projekt abgezogen, weil Red Bull parallel die Möglichkeiten in der NASCAR-Serie auslotete.

Leider war der RB2 ein ziemlicher Flop. Die Tests im Winter hatten die Befürchtungen des Teams bestätigt, dass der Wagen nicht nur langsamer war als erwartet, sondern auch unzuverlässig. Horner sagt, dass es wohl der einzige F1-Bolide war, der selbst auf der kalten Silverstone-Strecke überhitzen konnte. Als Newey dieses Auto sah, beschloss er, sich gleich auf den Wagen für das nächste Jahr zu konzentrieren.

Gesagt, getan: Newey zog einen Schlussstrich, stoppte die Entwicklung des RB2 und reservierte die gesamte Windkanalzeit für den RB3. Das führte zu unangenehmen Diskussionen zwischen Horner und dem Designteam, das hinter dem RB2 stand. Es war sein Job, dem Team zu sagen, dass die gesamte Entwicklung eingestellt wurde.

Zum Saisonauftakt in Bahrain fand im Ritz Carlton, einer wunderschönen Location in der Hauptstadt Manama, eine Red Bull Launch-Party statt, zu der Newey mit einem »extrem gewagten« T-Shirt erschien, wie Horner es beschreibt. Es wurde klar, dass Newey »die Rock'n'Roll-Mentalität von Red Bull bereits voll und ganz verinnerlicht hatte«. Überraschend kam das trotz seines ruhigen Auftretens nicht, wenn man wusste, dass der große Designer mit 16 Jahren von der Schule geflogen war – oder »gebeten wurde, nicht wiederzukommen«, wie er es ausdrückt. Er hatte an Autos herumgebastelt, sich bei einem Konzert in der Oberstufe betrunken, war dort auf das Mischpult gesprungen und hatte die Regler so weit aufgedreht, dass tatsächlich die Scheiben barsten. Vielleicht war sein Auftritt in Bahrain seine Art, Dampf abzulassen, bevor es in eine schwierige Saison ging, in der ein paar Punkte zusammengekratzt werden mussten.

Mit dem Saisonstart 2006 kam es zu einem weiteren Meilenstein bei der Verwirklichung von Mateschitz' Traum: Die Gründung eines zweiten Teams namens »Toro Rosso« – Red Bull auf Italienisch. Der Name wurde nicht ohne Grund gewählt. So wie Mateschitz für Red Bull Racing das angeschlagene Jaguar-Team gekauft hatte, erwarb er dieses Mal den strauchelnden Rennstall Minardi von dessen Besitzer Paul Stoddart.

Stoddart ist ein australischer Geschäftsmann, der bereits mit den F1-Teams Tyrrell, Arrows und Jordan gearbeitet hatte, bevor er 2001 Minardi übernahm. Wie Mateschitz Newey in Salzburg erklärt hatte, bevor er auf seiner Harley davongefahren war, wollte er zwei Teams in der Formel 1 haben. Minardi hatte seinen Sitz im norditalienischen Faenza. Der Plan war, dass sich das neue Team von Red Bull in der dortigen Fabrik ansiedelte, wobei Italienisch weiterhin Amtssprache bleiben sollte.

Team Nummer zwei sollte eine zusätzliche Aufstiegsmöglichkeit im Rahmen des Red Bull Junior-Programms sein, um auch innerhalb der Formel 1 ein Zubringerteam für Red Bull Racing zu haben. Der kleine Unterschied zum Red Bull Racing-Deal bestand darin, dass Mateschitz diesmal an seinen Freund Gerhard Berger herantrat, man sich auf eine 50:50-Partnerschaft verständigte und den ehemaligen F1-Piloten so an das Team band. Eine Konstellation, die bis zum November 2008 Bestand haben sollte, als Red Bull die vollständige Kontrolle übernahm.

Es war ein mutiger Deal, der die Konkurrenz überraschte. Minardi war schon seit 1985 in der Formel 1, hatte es aber in dieser Zeit kein einziges Mal aufs Podium geschafft. Die großen Teams in der Startaufstellung blickten eher spöttisch auf die Nachzügler herab, obwohl die Italiener eine beachtliche Fangemeinde hatten. Für Mateschitz war es eine weitere perfekte Gelegenheit, Erwartungen und festgefahrene Ansichten zu durchkreuzen. Als er damals nach seiner Entscheidung gefragt wurde, sagte Mateschitz laut Horner: »Es ist die Freude an der Herausforderung.«

Toro Rosso wurde getrennt von Red Bull Racing geführt. Das Team sollte seine eigene Identität entwickeln und ein eigenes Hauptquartier haben. Es gab jedoch eine bedeutende Überschneidung: Das italienische Team verwendete ein Chassis, das eine modifizierte Version des RB1 von Red Bull Racing aus dem Jahr 2005 war, der noch von Jaguar entwickelt worden war. Das Team verwendete außerdem die noch von Minardi angeschafften Motoren mit den Spezifikationen des Vorjahres – also 3-Liter-V10-Motor mit leicht eingeschränkter Leistung. Kleinere Teams hatten dafür eine Sondergenehmigung, weil die Anschaffung der neuen V8-Motoren zu teuer war. Horners Team fuhr mit brandneuen 2,4-Liter-V8-Motoren von Ferrari.

Horner erinnert sich, dass die ursprünglichen Pläne vorsahen, »eine Designlinie und eine Produktionsfirma in Milton Keynes ein Auto für beide Teams zu entwickeln. Das eine, Toro Rosso, sollte einen Renault-Motor erhalten. Das andere, Red Bull Racing, einen Ferrari-Motor.« Red Bull Applied Technologies würde zwei Teams beliefern.

Dieser Plan sorgte jedoch für große Aufregung und eine Reihe von Klagen gemäß des Concorde-Agreement – dem rechtlichen Rahmen, der die FIA, die Teams und die Eigentümer bindet. Die Mitbewerber waren verärgert, weil Toro Rosso kein eigenes Auto herstellte. Eine der wichtigsten F1-Regeln besagt, dass ein Team auch als Hersteller fungieren muss. Die kleineren Teams im Feld waren der Meinung, dass Toro Rosso praktisch ein kostenloses Chassis bekam – ein unfairer Vorteil ihnen gegenüber. Als Konsequenz wurde 2009 beschlossen, dass alle technologischen Verbindungen zwischen Toro Rosso und Red Bull Racing gekappt werden mussten und die Teams als zwei eigenständige Einheiten auftreten sollten. Das 2010er-Auto von Toro Rosso war das erste, das im eigenen Werk in Faenza, Italien, entwickelt und gebaut wurde.

In den ersten Rennen der Saison 2006 kämpften Alonso und Schumacher auf Renault, respektive Ferrari, um die Siege. Die einzigen Top-Ten-Platzierungen für Red Bull Racing zu Saisonbeginn waren der achte Platz von Coulthard in Australien und der achte Platz von Klien beim Auftaktrennen in Bahrain. Es zeichnete sich ab, dass es eine miserable Saison und ein Rückfall in die Jaguar-Tage werden würde, in denen es darum ging, am Ende nicht als Schlusslicht der Konstrukteurswertung dazustehen. Es war daher für alle eine große Überraschung, als Red Bull Racing seinen ersten Podiumsplatz erreichte – ausgerechnet beim GP von Monaco 2006.

Red Bull ging mit geringen Erwartungen nach Monte Carlo, nachdem das Auto in den ersten sechs Rennen der Saison entweder ausgefallen oder überhitzt war. Auf dem berühmten Stadtkurs ist es bekanntermaßen schwierig, im Rennen Plätze gutzumachen, weshalb das Qualifying auf dieser Strecke noch entscheidender ist. Doch bei der überschaubaren Performance des Autos standen die Zeichen schlecht. Das hielt den ehemaligen F1-Piloten und heutigen Kommentator Martin Brundle am Mittwoch vor dem Rennen beim Abendessen mit Horner nicht von einer kühnen Prophezeiung ab. Horner erinnert sich, dass Brundle sagte, Coulthard sei in Monaco – der Stadt, in der der schottische Rennfahrer lebte – immer gut gefahren, und sagte einen Platz auf dem Podest voraus. Horner antwortete: »Martin, wir werden nicht mal in der Nähe der Top Ten sein, vom Podium ganz zu schweigen.« Er schlug daraufhin eine Wette vor: Würde Coulthard es tatsächlich aufs Treppchen schaffen, würde er sich nackt ausziehen und in den neuen Swimmingpool springen, der an die gigantische Energy Station angebaut worden war. Der Bau wurde »Floating Home« genannt, weil er in Port Hercule schwamm, dem Hafen von Monaco. Der extravagante Swimmingpool war ein zusätzlicher Hospitality-Bereich, der nur 10 Kilometer entfernt im französischen Ort Beaulieu gebaut worden war. Anschließend zog man ihn schwimmend die Küste entlang bis nach Monaco, wo er an die Energy Station angedockt wurde.

Das Qualifying war ein Kopf-an-Kopf-Rennen, bei dem Schumacher und Alonso um die wichtige Poleposition kämpften. Im letzten Moment, als Alonso in einer fliegenden Runde schnellere Sektorenzeiten als Schumacher fuhr, rutschte der Deutsche mit seinem Ferrari in der letzten Kurve, genannt Rascasse, unerklärlicherweise in die Leitplanken. Der Fehler verursachte nur einen minimalen Schaden an seinem Auto, aber er reichte aus, um die anderen Autos auf der Strecke zu zwingen, Tempo rauszunehmen, sodass auch Alonso seinen entscheidenden Versuch abbrechen musste.

Im Interview danach sagte Schumacher, er habe »die Front verloren und sei rausgerutscht«, bevor er hinzufügte: »Ich war nicht sicher, was danach passierte, welche Fahrer noch auf der Strecke waren und so. Mir war es nicht klar. Am Ende habe ich mich bei den Jungs erkundigt, wie die Lage ist, wo wir gelandet sind … und sie sagten P1, also war ich froh, angesichts dessen, was geschehen war. Ich habe versucht, den Rückwärtsgang einzulegen, aber das klappte nicht, und ich wollte nicht blind reversieren, ohne zu wissen, wer um die Ecke kommt – danach starb der Motor ab.«

Alonso war offensichtlich verärgert. Auf die Frage von Byron Young vom *Mirror*, ob er nach diesem Vorfall weniger von Schumacher halte, sagte der Spanier: »Ich habe meine Meinung, aber ich werde sie hier nicht sagen.«

Ich habe einige Jahre mit Young zusammengearbeitet, bin gut mit ihm befreundet und kenne ihn als hartnäckigen Journalisten. Er wollte diesen fragwürdigen Unfall nicht unkommentiert stehen lassen. Er wandte sich an Schumacher und fragte ihn direkt: »Michael, glaubst du, dass du heute betrogen hast?« Schumachers Antwort war knapp: »Nein. Und ich weiß nicht, warum du so eine blöde Frage stellst. Ich muss sagen, das ist ziemlich hart. Wenn du selbst hier in Monaco fahren müsstest, würdest du diese Frage wahrscheinlich nicht stellen.«

Zu Schumachers Leidwesen wurde weiter nachgehakt, er wurde von der Rennleitung bestraft und musste ans Ende der Startaufstellung. Alonso landete auf der Pole. Ferrari war wütend, und Geschäftsführer Jean Todt zeigte sich geradezu angewidert vom Urteil.

Die Meinungen der Rennprofis waren eindeutig. »Das war das Billigste und Schmutzigste, was ich je in der Formel 1 gesehen habe. Er sollte die F1 verlassen und nach Hause gehen. Es war keinesfalls ein Fehler. Er hat das Auto abgestellt, um Alonso an einer schnellen Runde zu hindern«, analysierte Keke Rosberg, der Weltmeister von 1982, am 28. Mai auf der Website von BBC Sport.

Jenson Button, der in diesem Jahr für Honda fuhr, wird mit den Worten zitiert: »Jeder, der sich mit der Formel 1 auskennt, weiß, dass es Absicht war. Es war zu offensichtlich.« Das vielleicht brisanteste Zitat kam vom ehemaligen F1-Weltmeister Jacques Villeneuve: »Man kann nicht sieben WM-Titel gewinnen und so etwas tun. Das ist inakzeptabel. Das unterstreicht nur, dass auch seine früheren ähnlichen Aktionen – bei allem Vertrauensvorschuss, den er bekommen hat – immer klar motiviert waren. Ich hoffe sogar, dass es Absicht war. Denn wenn das ein Fehler war, sollte er nicht einmal eine

F1-Superlizenz haben. Ich weiß nicht, was einem durch den Kopf geht, wenn man so etwas macht, obwohl man weiß, dass die ganze Welt es sehen kann. Ich verstehe das nicht, das ist dumm. Er hätte das nicht tun müssen, er ist siebenfacher Weltmeister, er stand auf der Poleposition. Wozu war das gut? Die ganze Aktion lässt ihn nur schlecht aussehen. Das ist peinlich.«

In dem ganzen Tumult ging unter, dass auch Giancarlo Fisichella im Renault für das Blockieren von Coulthard eine Strafe erhielt und fünf Startplätze zurückgereiht wurde. Einige Stunden nach dem Qualifying hatte Coulthard so zwei Plätze gutgemacht und startete vom siebten Platz.

Während des Grand Prix fuhr Coulthard ein unspektakuläres Rennen, bis mehrere Autos vor ihm Probleme bekamen. Webber war der erste, der seinen Williams mit einem Auspuffproblem abstellen musste. Räikkönen war der Nächste, als sein McLaren Feuer fing und der Finne sich legendärerweise direkt auf seine Privatjacht zurückzog, statt sich in der Box des Teams zurückzumelden. Sauber-Pilot Villeneuve und Rubens Barrichello im Honda erhielten beide Zeitstrafen, was Toyota-Pilot Jarno Trulli auf den dritten und Coulthard auf den vierten Platz brachte. Red Bulls Mission Impossible gelang, als Trullis Toyota einen katastrophalen Hydraulikschaden erlitt, der das Auto auf dem Weg hoch zum Casino lahmlegte und Coulthard auf den dritten Platz katapultierte.

»Ich dachte, das Auto würde gleich in die Luft fliegen, oder es würde irgendein anderes Unglück passieren«, sagt Horner. »Aber David hat es geschafft – und wir haben ihn mit einem Superman-Cape auf das Podium geschickt! Er war so angezogen, weil wir, wie einst bei *Star Wars*, diesmal eine Partnerschaft mit dem Film *Superman Returns* hatten. Er ging in diesem roten Umhang auf das Podium, und es flatterte gegen all die Traditionen an. Kein anderes Team würde so etwas tun. Als er dort oben war, spielte mein Handy verrückt. Ich las eine SMS von jemandem, der früher für mich gearbeitet hatte, in der stand: ›Ich freue mich schon darauf, dich später ohne Wäsche zu sehen!‹ Ich fragte mich, wovon er sprach. Und dann fand ich heraus, dass Martin Brundle in der ITV-Berichterstattung erwähnt hatte, dass ›dieser dritte Platz Christian Horner einen Nacktsprung ins Schwimmbecken kosten wird‹, als er der Welt von unserer Wette erzählte! Ich wusste, dass ich die Wette einlösen musste, und plante, das spät in der Nacht zu tun, wenn niemand mehr da war. Aber als ich von der Box zur Energy Station zurückging, warteten alle auf diesen Moment. DC hatte sie angestachelt und gesagt: ›Christian muss da reinspringen.‹ Ich konnte auf keinen Fall vor dieser Menge ins Wasser springen, also sagte ich: ›Gib mir deinen verflixten Umhang‹, und schnappte mir sein Superman-Cape. Das verdeckte das Nötigste, und ich bin reingesprungen!«

Als die Saison ihrem Ende zuging, ersetzte der Niederländer Robert Doornbos den Österreicher Christian Klien für die letzten drei Rennen. Zu diesem Zeitpunkt hatte Red Bull Racing bereits einen neuen Fahrer für die Saison 2007 verpflichtet, der an der Seite von David Coulthard fahren sollte. Dieser Mann war einer von zwei neuen Fahrern, die für die Saison 2007 in der Familie von Red Bull/Toro Rosso begrüßt wurden. Und mit einem dieser beiden war das Team in Milton Keynes bestens vertraut.

David Coulthard feiert in einem Superman-Umhang seinen dritten Platz im GP von Monaco 2006. Als Horner danach seine Wette einlösen und nackt in den Swimmingpool springen muss, schnappt er sich zumindest den Umhang …

KAPITEL 5

ALS WEBBER KAM

2007

Bei der Zusammenstellung der Fahrerpaarung geht es darum, das richtige Gleichgewicht zu finden – das kann bedeuten, einen Spitzenfahrer mit einem konstanten und unkomplizierten Fahrer zu kombinieren, der immer dann, wenn es möglich ist, das Beste aus der Situation rausholt. Oder man setzt zwei unerfahrene Fahrer ein, um für Spannung und Entwicklung zu sorgen, wie es bei Toro Rosso der Fall war. Es geht darum, das richtige Maß an Konkurrenz zwischen den beiden Fahrern zu finden, ohne dass die Rivalität zu groß wird und Risse im Teamgefüge entstehen.

Die Formel 1 gilt als ultimativer Mannschaftssport, denn im Prinzip arbeiten Tausende Menschen daran, dass ihre beiden Autos so schnell wie möglich fahren können, und das funktioniert nur gemeinsam. Daher war es für Red Bull Racing nur logisch, Mark Webber als Coulthards Teamkollegen für die Saison 2007 nach Milton Keynes zurückzuholen. Der Australier kehrte also zu jenem Team zurück, das er zuvor bei seinem Wechsel zu Williams verlassen hatte.

Webbers Vertrag bei Williams wurde beendet, nachdem das Team beschlossen hatte, den Österreicher Alex Wurz an die Seite des Deutschen Nico Rosberg zu stellen. Red Bull Racing nutzte die Gelegenheit und gab am 7. August 2006 die Rückkehr von Webber und die Vertragsverlängerung mit Coulthard bekannt. Die Pressemitteilung zitierte Horner so: »David hat das Team weiterhin gut geführt und die Form gezeigt, die er schon 2005 hatte … Er hat Engagement, Motivation und Entschlossenheit gezeigt, in der Formel 1 auf höchstem Niveau zu fahren. Es war daher für beide Seiten eine leichte Entscheidung, die Zusammenarbeit für 2007 zu verlängern. Er ist immer noch einer der besten Fahrer im Feld, und wir sind froh, ihn im Team zu haben.« Die Entscheidung für Webber begründete Horner so: »Wir haben ihn aus einer Reihe von einfachen Gründen ausgewählt. Erstens verfügt er unbestritten über Geschwindigkeit und Talent, und zweitens strahlt er die nötige Entschlossenheit und Motivation aus, um erfolgreich zu sein. Wir starten in eine aufregende neue Phase in der kurzen Geschichte von Red Bull Racing, und Mark war ein naheliegender Kandidat für uns … Wir glauben, dass er und David ein schlagkräftiges Duo bilden und wir mit den beiden eine der stärksten Fahrerpaarungen im gesamten Feld haben werden.« Die Ankunft von Webber bedeutete, dass Klien mit Ende 2006 gehen musste. Nachdem er von Red Bull entlassen wurde, fand die F1-Karriere des Österreichers bald ein Ende, und er startete danach in anderen Rennserien.

Webbers Entscheidung für Red Bull Racing war eine vernünftige Wahl. Er kannte das Team aus erster Hand, nachdem er in Milton Keynes für Jaguar gefahren war. Nun kamen noch der Ehrgeiz und die finanziellen Mittel hinzu, die Mateschitz in den Rennstall einbrachte. In der Pressemitteilung dazu sagte Webber, es sei »fantastisch, zu Red Bull Racing zu kommen« und dass »es offensichtlich ist, dass das Team sehr hungrig auf nachhaltigen Erfolg ist«. Er erwähnt auch seine Entscheidung vor der Übernahme durch Red Bull Jaguar für Williams aufgegeben zu haben: »Nachdem ich Jaguar Racing Ende der Saison 2004 verlassen hatte und erfuhr, dass Herr Mateschitz das Team übernehmen würde, sagte ich, dass ich das Gefühl habe, das Team sei in sehr guten Händen und die Zukunft gesichert. Das Team scheint sehr realistisch zu sein und um die Herausforderung zu wissen, die vor ihm liegt.« Webber war 29 Jahre alt und stand an einem Scheideweg seiner Karriere. Er konnte in den Sportwagenbereich zurückkehren oder nach Milton Keynes, um seine F1-Karriere fortzusetzen. So hart wie er gearbeitet hatte, um in die Formel 1 zu kommen, war die Entscheidung wohl nicht schwer.

Webber ist einer der schillerndsten Charaktere der Formel 1, der nicht jene Anerkennung erhält, die seine Rennkarriere verdient hätte. Ein Interview mit ihm ist immer interessant und aufschlussreich und zeigt, warum er jetzt eine erfolgreiche Karriere als TV-Kommentator hat. Er wurde am 27. August 1976 in Queanbeyan geboren, einer australischen Kleinstadt in New South Wales in der Nähe von Canberra. Sein Vater Alan verdiente seinen bescheidenen Lebensunterhalt als Besitzer einer Tankstelle und eines Motorradgeschäftes – und er war ein großer F1-Fan. Im Kampf gegen die Zeitverschiebung weckte er seinen Sohn häufig auf, um mit ihm die Rennen auf der anderen Seite der Welt anzusehen, nur um dann selbst auf dem Sofa einzuschlafen.

Webber war ein talentierter Sportler, vertrat seine High School in Leichtathletik und Rugby und begeisterte sich für Schwimmen, Cricket und Australian Football. Auf der Farm seines Großvaters fuhr er auch gerne Geländemaschinen. Sein Vater, der einige jüngere Fahrer gesponsert hatte, riet ihm jedoch davon ab, damit Rennen zu fahren. Er hatte Angst um seinen Sohn, da es schon zu einigen Unfällen gekommen war. Stattdessen hielt er es für den jungen Mark für sicherer, Gokart zu fahren. So absolvierte er seine ersten Runden auf vier Rädern erst im Alter von etwa 13 Jahren – er war also deutlich älter als die meisten anderen Formel-1-Fahrer, wenn sie in den Kartsport einsteigen.

Mark verbesserte seine Fähigkeiten im Canberra Gokart Club und bei lokalen Rennen. Sein Vater finanzierte seine Karriere und 1991, als Mark 14 Jahre alt war, stieg er in die Juniorenklasse auf und gewann im folgenden Jahr die Meisterschaften des Australian Capital Territory und des Staates New South Wales. Im Jahr 1993 folgten weitere Titel, darunter die New South Wales Junior National Heavy Championship.

In der Saison 1994 stieg Webber in die australische Formel Ford ein. Er fuhr einen RF93 Van Diemen F1600, für den sein Vater irgendwie das Geld zusammengekratzt hatte. In seiner Debütsaison beendete er die Meisterschaft jedoch nicht in den Top Ten. Aber er lernte in diesem Jahr seine zukünftige Partnerin und persönliche Managerin Ann Neal kennen. Webbers Vater war nur bis zu einem gewissen Grad in der Lage, die Rennkarriere seines Sohnes zu finanzieren. Also wandte er sich an Neal, die Medienbeauftragte der australischen Formel Ford, um Sponsoren zu finden.

Webber und Neal schmiedeten einen ambitionierten Plan, um in die Formel 1 zu gelangen, der ihn zunächst nach Sydney und dann nach

Großbritannien führte. Dort macht er 1996 mit einem zweiten Platz in der britischen Formel Ford schnell auf sich aufmerksam – damals eine renommierte Serie für Einsitzer, die als entscheidender Schritt nach dem Kartsport galt.

In der folgenden Saison machte Webber einen weiteren Sprung nach oben in die anspruchsvolle britische Formel 3, wo hochkarätige Talente unterwegs waren. Im Jahr zuvor waren sowohl Juan Pablo Montoya als auch Christian Horner in dieser Serie gefahren. Webber startete für ein Team, das seinem australischen Landsmann Alan Docking gehörte, belegte den vierten Platz in der Gesamtwertung und wurde Rookie des Jahres. Der Erfolg hatte jedoch seinen Preis, denn die Kassen von Mark und seinem Vater waren leer. Und genau hier nahm sein Aufstieg in die Formel 1 eine entscheidende Wendung.

Ein Artikel in der November-Ausgabe 2010 des *Red Bulletin* – einem Lifestyle-Magazin von Red Bull – rollt auf, wie Neal und Webber von der australischen Rugby-Legende David Campese Unterstützung bekamen. Dieser hatte sich gerade aus dem Sport zurückgezogen und strebte eine Karriere im Athletenmanagement an. Campeses Versuche, Sponsoren für Webber zu finden, scheiterten jedoch. Er sagte: »Ich habe versucht, diesen Leuten zu erklären, wie wichtig die Finanzierung für einen Mann ist, der es im Motorsport schaffen will, aber es gab kein Interesse. Nichts. Ich erinnere mich, dass ich hinterher zu Mark sagte, das Wichtigste sei, sich an die Leute zu erinnern, die Nein gesagt haben. Und wenn du es geschafft hast und sie von dir profitieren wollen, dann sag ihnen, dass sie dir den Buckel runterrutschen sollen.« Das *Red Bulletin* schreibt, dass Campese daraufhin selbst 100.000 Pfund (umgerechnet etwa 116.000 Euro) zur Verfügung gestellt hätte, um Webbers Karriere voranzutreiben – die Webber inzwischen längst zurückgezahlt hat.

Mit der so gesicherten Finanzierung erarbeitete sich Webber allmählich den Ruf, ein schneller Rennfahrer mit sauberem Fahrstil zu sein. Außerdem hatte Webbers direkte Art Norbert Haug, den ehemaligen Vizepräsidenten von Mercedes-Benz Motorsport, beeindruckt. Haug bot Webber an, für das Team in der FIA-GT-Meisterschaft 1998 zu fahren. GT-Sportwagen haben – anders als die Einsitzer mit offenem Cockpit, die Webber bisher gefahren war – ein Dach. Er fuhr an der Seite der deutschen Tourenwagen-Legende

Bernd Schneider, der ihm als Mentor diente. Die beiden gewannen fünf Rennen, standen achtmal auf dem Podium und wurden Vizemeister hinter dem zweiten Mercedes-Team.

Webbers Entscheidung, Sportwagen zu fahren, brachte ihn jedoch nicht von seinem Ziel, der Formel 1, ab. Doch sein Ausflug in die Langstrecken-Szene hätte ihn jedoch fast das Leben gekostet. Während des Trainings für das 24-Stunden-Rennen von Le Mans im Jahr 1999 erlitt sein Mercedes einen schweren Aerodynamik-Defekt, der dazu führte, dass sich die Luft unter seinem Auto staute und mehr Auftrieb als Abtrieb erzeugte – mit katastrophalen Folgen. Zwischen den Kurven Mulsanne und Indianapolis schoss sein Auto in die Luft und überschlug sich mehrfach in großer Höhe, bevor es außerhalb der Begrenzungen und des Fangzauns (der Maschenzaun, durch den die Zuschauer zwar hindurchsehen können, der aber wichtig ist, um Trümmerteile aufzufangen) im Gebüsch zu Boden krachte. Es war einer der dramatischsten Unfälle, die man seit langem gesehen hatte. Im Dezember 2015 wurde er von Claire Balding von *BT Sport* zu dem Unfall befragt. Rückblickend sagte er: »Ich dachte, es sei alles vorbei. Über den Bäumen verlierst du jegliche Kontrolle. Die Windschutzscheibe dieser Autos ist sehr dünn und hält Äste und Bäume nicht auf. Es lief wie in Zeitlupe ab. Du denkst an deine Familie, du denkst, das ist gar nicht gut.«

Wie durch ein Wunder blieb Webber unverletzt. Doch der Unfall veranlasste ihn schließlich dazu, sich wieder den europäischen Einsitzer-Rennen zuzuwenden. Gemeinsam mit Neal beschloss er, an der internationalen Formel 3000 teilzunehmen. Webber sicherte sich einen Platz im Arrows-Team. Er beendete die Saison des Jahres 2000 auf dem dritten Platz, gewann in Silverstone und stand in Imola und Hockenheim auf dem Podium.

Im Jahr darauf wechselte der inzwischen 24-Jährige zu Super Nova Racing, einem F3000-Team, das dem Benetton-F1-Team angegliedert war. Neal und er rechneten sich damit die besten Chancen auf einen Aufstieg in die Formel 1 aus. Webber holte drei Siege und beendete die Saison auf dem zweiten Platz. Benetton-Chef Flavio Briatore hatte genug gesehen und war von Webbers Fähigkeiten so beeindruckt, dass er ihm für die Saison 2001 einen Platz als Reserve- und Testfahrer bei Benetton anbot. Er sollte helfen, das Auto für das erste Fahrerduo (Button und Fisichella) zu entwickeln.

Zwischen den Rennen sollte er den Wagen fahren und neue Teile wie zum Beispiel Front- und Heckflügel ausprobieren, nachdem sie im Windkanal getestet worden waren. Er würde auch für die Stammfahrer einspringen, sollte einer der beiden ausfallen.

Flavio Briatore war ein gewiefter Geschäftsmann, der in der Wirtschaft mehr zu Hause war als im Motorsport. Er hatte in seiner Heimat Italien eine bewegte Vergangenheit und wurde mehrfach wegen Betrugs angeklagt, konnte aber eine Gefängnisstrafe vermeiden. Seinen Weg in die Formel 1 fand er über Luciano Benetton, der das gleichnamige Modeunternehmen gegründet hatte. Dieser machte Briatore zum kaufmännischen Leiter seines Formel-1-Teams, Benetton Formula Limited Racing Team, das aus dem 1985 erworbenen Toleman-Team hervorging. Briatore wurde später Geschäftsführer und schließlich Teamchef.

Webber schloss sich der Managementfirma des Italieners an, und Briatore vermittelte ihm 2002 den Wechsel zum kleinen italienischen Team Minardi, das ständig um Punkte kämpfte und später von Mateschitz übernommen und zu Toro Rosso wurde. Dort ersetzte er Fernando Alonso und gab sein F1-Debüt beim GP von Australien in Melbourne, wo er es mit seinem untermotorisierten Minardi PS02-Asiatech entgegen allen Wahrscheinlichkeiten auf den fünften Platz schaffte. Ein Erfolg, den er nicht wiederholen konnte. Abgesehen von einem achten Platz beim Großen Preis von Frankreich litt er unter der mangelnden Zuverlässigkeit des Autos, die dem Team ständig Probleme machte.

Anschließend wechselte er zu Jaguar Racing, fuhr dort zwei Saisonen und ging danach zu Williams. Der Wechsel zum legendären Rennteam aus Oxfordshire brachte ihm zwar sein erstes Podium ein – den dritten Platz in Monaco 2005 – erfüllte aber trotzdem nicht seine Erwartungen. Der Reiz, für dieses traditionsreiche F1-Team zu fahren, verflog. Die Beziehung zerbrach, weil Williams Probleme hatte Sponsoren zu finden, und das Versprechen nicht erfüllen konnte, ein konkurrenzfähiges Auto zu haben. Zumindest hatte Webber sein fahrerisches Können unter Beweis gestellt und gezeigt, dass er einen F1-Platz verdiente.

Webber sagt, dass ein Treffen mit Mateschitz in Jerez und die Verlockung, mit Newey arbeiten zu können, wesentliche Faktoren für die Entscheidung waren, zu Red Bull Racing zu wechseln. »Natürlich war Adrian ein großer Anreiz«, sagt er, als wir im McLaren-Motorhome über seinen Weg in die Formel 1 sprechen, wo er gerade als Manager für Oscar Piastri arbeitet. »Als ich mehr und mehr Zeit mit Dietrich verbrachte, wurde mir klar, dass die Chancen, dass sich dieses Projekt in die richtige Richtung entwickeln würde, immer größer wurden. Es war großartig, ihn zu treffen. Ich bin selbst ein Sportfan, und unabhängig davon, was er mit mir, unserem Team und der Formel 1 gemacht hat, war auch das, was er für andere Sportarten getan hat, etwas Großartiges.«

Webber reflektiert auch die Entwicklung bei Williams, die ihn in die Enge getrieben habe: »Es waren harte Jahre bei Williams. Wir hatten große Ambitionen und hofften auf Erfolg. Aber dann wurde uns klar, dass wir in einer schwierigen Lage waren. BMW hatte uns verlassen und die technische Unterstützung eingestellt. Einige Sponsoren waren ebenfalls abgesprungen, was zu einem Mangel an Investitionen führte. Es waren ziemlich harte 24 Monate. Als Red Bull anfragte, dachte ich: ›Ich mag es nicht, ständig Teams zu wechseln.‹ Aber als ich nach Milton Keynes zurückkam, waren viele Leute von Jaguar noch da, und das war für mich sehr schön. Und als ich mir den Weg ansah, den sie eingeschlagen hatten, fiel es mir nicht schwer, mich damit anzufreunden.«

Laut Horner war die Verpflichtung von Webber ein Nebenprodukt seiner Gespräche mit Briatore über die Renault-Motoren für Red Bull Racing – eine Partnerschaft, die sich als entscheidend für den künftigen Erfolg des Teams erweisen sollte. Briatore, der das Benetton-F1-Team geleitet hatte, war übrigens nicht mehr nur Webbers Manager und Teamchef des Renault-Teams (nachdem der französische Autogigant das Benetton-Team im Jahr 2000 gekauft hatte), sondern auch Miteigentümer des Londoner Fußballvereins Queens Park Rangers.

»2006 lief es für Williams nicht gut«, sagt Horner. »Ich habe mit Flavio über einen Renault-Motor gesprochen – ich bin sogar zu den Spielen der Rangers gegangen, um ihn zu überzeugen, uns einen Renault-Motor zu geben – und da haben wir angefangen, über Mark zu sprechen. Niemand sonst war so sehr an ihm interessiert. Die anderen wollten Montoya, der bei McLaren fuhr, dort unglücklich war und sich verändern wollte. Aber ich schätzte Mark aus meiner F3000-Zeit, und wir einigten uns darauf, dass Williams ihn vorzeitig aus seinem Vertrag entlässt, damit wir ihn verpflichten konnten. Das war eine nette und unkomplizierte Sache. Es war ein Fall von ›so viel kostet es, lasst uns loslegen‹.«

Horner war nicht der Einzige, der sich über Webbers Wechsel zu Red Bull Racing freute. Mechaniker Kenny Handkammer erinnert sich, wie seine Ankunft dem ganzen Team Auftrieb gab. »Ich kenne Mark, seit er 21 Jahre alt war«, sagte er. »Als sowohl er als auch DC zum Team kamen, wussten sie, dass sich etwas ändern musste, und sie freuten sich darauf. In den ersten Jahren war es eine anstrengende, aber gute Erfahrung. Als sie dann mit Adrian im Team waren, begann der Glaube. Auf der Strecke war es nicht die beste Zeit, aber die Dinge verbesserten sich bald dramatisch, sodass wir 2009 fast den WM-Titel gewonnen hätten. Es ging darum, die richtigen Leute zusammenzubringen, den Glauben daran zu haben und einfach zu versuchen, dem Team zu helfen. Am Anfang hatten wir keine Lösungen, wir mussten uns alles im Laufe der Zeit erarbeiten.«

Erst in der Saison 2007 erhielt Red Bull Racing eine österreichische Rennlizenz. Hätte das Team in den ersten beiden Saisonen ein Rennen gewonnen, wäre auf dem Podium die britische Flagge gehisst und die britische Nationalhymne gespielt worden. Nun wurde den österreichischen Besitzverhältnissen Rechnung getragen. Es sollte jedoch noch eine Weile dauern, bis *Land der Berge, Land am Strome* bei einem Grand Prix gespielt werden würde.

Im Jahr 2007 gab es jedoch kaum Chancen auf einen Sieg, denn der RB3 erwies sich zwar als schnell, aber auch als schmerzhaft unzuverlässig. Neweys Design erlebte zum Saisonauftakt in Melbourne seine Jungfernfahrt. Webber beeindruckte mit einem siebten Platz in der Qualifikation. Im Rennen fiel er jedoch zurück und wurde 13., während Coulthard nach einer Kollision mit Wurz aus dem Rennen flog. Es war der erste von sieben Ausfällen für den schottischen Fahrer während der 17 Rennen der Saison, auch Webber schied bei sieben Grands Prix aus.

»Das Problem war, dass Adrian etwas entworfen hatte, das das Team noch nicht produzieren und liefern konnte. Die Zuverlässigkeit war einfach furchtbar. Aber man konnte sehen, dass die Basis des Autos funktionierte«, sagt Horner.

Einer der raren Höhepunkte war der Große Preis von Europa 2007. Der wurde auf dem Nürburgring ausgetragen, weil der Hockenheimring die Namensrechte für den »Großen Preis von Deutschland« besaß und es keine Einigung über eine gemeinsame Nutzung gab. Webber hatte sich als Sechster qualifiziert, während Coulthard als 20. ins Rennen gehen musste. Das Team hatte ihn im Q1, dem ersten Teil des Qualifyings, der die Startaufstellung für das Rennen am Sonntag bestimmte, zu spät auf die Strecke geschickt. Starker Regen in der Einführungsrunde des Rennens sorgte für Chaos und zwang viele Fahrer schnell zum Reifenwechsel an die Box, was die Positionierungen durcheinanderwirbelte. Irgendwann hatten sich die Bedingungen derart verschlechtert, dass Rennleiter Charlie Whiting gezwungen war, das Rennen abzubrechen. Neun Fahrer kamen nicht ins Ziel, weil sie sich drehten oder durch einen technischen Defekt ausschieden. Doch irgendwie hatte es Webber geschafft, sich aus dem Gemetzel herauszuhalten und als Dritter ins Ziel zu kommen – der zweite Podestplatz für das Team überhaupt.

Bei der Pressekonferenz nach dem Rennen war Webber erleichtert, was angesichts der hohen Unzuverlässigkeit, die sowohl ihn als auch Coulthard im Laufe der Saison geplagt hatte, nur verständlich ist. »Es ist eine verdammt große Erleichterung für das ganze Team und für mich«, sagte er. »In der Vergangenheit blieben uns gute Resultate verwehrt, was immer an der Vorbereitung liegt. Es liegt nicht am Glück, es liegt nicht an diesem oder jenem. Entschuldigungen interessieren niemanden, wir müssen die Ergebnisse schon selbst erzielen.« Auf die Frage des US-Journalisten Dan Knutson von *National Speed Sport News*, ob er befürchtet habe, in den letzten Runden wegen eines weiteren technischen Defekts auszufallen, antwortete Webber: »Es war absolut schrecklich, denn ich war nicht sehr zuversichtlich, um ehrlich zu sein. Unsere Bilanz ist ziemlich schlecht.« Er fügte hinzu: »Als wir unseren zweiten Stopp absolviert hatten und ich mit den Slick-Reifen auf einem komfortablen dritten Platz lag, dachte ich: ›Bleib einfach heil, bleib heil.‹«

Vielleicht war es das gesteigerte Selbstvertrauen? Vielleicht war es die Frustration über all die DNF (Did Not Finish – Nicht beendete Rennen) im Laufe der Saison? Jedenfalls hatte Horner bemerkt, dass sich zwischen seinen beiden Fahrern eine Rivalität entwickelte. »Das Verhältnis war gut«, sagt Horner. »Man konnte sehen, dass Mark sich als Spitzenfahrer etablieren wollte, genauso wie DC. Es herrschte eine gesunde Rivalität zwischen den beiden. Ich glaube, es war in Australien – auf jeden Fall bei einem der ersten Rennen des Jahres –, als DC jemanden dazu brachte, mitten in der Nacht an Marks Tür zu klopfen, nur um ein bisschen Unruhe zu stiften.«

Zwar halfen beide Fahrer dem Team sich weiterzuentwickeln, doch es war klar, dass ihre Konkurrenz zu Reibereien führen würde. Beim Großen Preis von China 2007 in Shanghai, wo Coulthard Achter und Webber Zehnter wurde, war es dann so weit. »Mark war über eine einzelne Runde enorm schnell«, so Horner weiter. »Aber ich erinnere mich, dass es gegen Ende des Jahres in China zwischen den beiden ein bisschen brenzlig wurde. DC beschloss, nicht auf die Anweisungen des Teams zu hören. Es war klar, dass Mark schneller war, und sie verfolgten unterschiedliche Rennstrategien. Irgendwann kam ein Punkt, an dem beide meine Ansagen über den Funk einfach ignorierten und sich ein hartes Rennen lieferten. Man konnte sehen, dass das böse enden würde. Ich weiß noch, dass ich den beiden nach dem Rennen eine gehörige Standpauke gehalten habe. DC war schockiert. Ich glaube, er hatte mich noch nie so aufgebracht gesehen. Sie hatten ein von Respekt geprägtes Verhältnis, standen sich 2007 aber sicher nicht nahe.«

Die Saison beendete Coulthard auf dem zehnten Platz in der Fahrerwertung, während Webber Zwölfter wurde. Das Team belegte in der Konstrukteurswertung den fünften Platz, musste aber insgesamt 14 Ausfälle verkraften. In nur vier Rennen kamen beide Autos ins Ziel.

Die unbeständigen Leistungen von Red Bull Racing waren jedoch nichts im Vergleich zu der Misere, in der das Schwesterteam Toro Rosso steckte. Mangelnde Zuverlässigkeit und Fahrerfehler waren das ganze Jahr über allgegenwärtig. Der Amerikaner Scott Speed wurde nach dem Großen Preis von Europa, wo er sich im Nassen gedreht hatte, ausgewechselt. Nach drei DNF in Folge war Speeds F1-Karriere am Ende – vor allem aber die Geduld von Teamchef Franz Tost – und er wurde aus dem Team entfernt. Sein Nachfolger sollte jedoch nicht nur die Zukunft von Toro Rosso, sondern auch die von Red Bull Racing maßgeblich mitgestalten.

Sebastian Vettel war noch ein Teenager, als er in einem einzigen Rennen bewies, dass er die Geschwindigkeit und das Talent für die Formel 1 hatte, indem er der jüngste Fahrer wurde, der je in den Punkterängen landete. Beim Großen Preis der USA 2007 war der junge Deutsche für den verletzten Robert Kubica bei Sauber-BMW eingesprungen und hatte als Achter einen Punkt geholt. Kubica hatte beim vorangegangenen GP in Kanada einen dramatischen Unfall bei sehr hoher Geschwindigkeit gehabt: Nach einer Berührung mit einem anderen Auto flog er durch die Luft und schlug in eine Betonmauer ein. Messungen ergaben, dass der Aufprall Spitzenbelastungen von 75 G verursachte. Bei der ersten Berührung der Leitplanken war Kubica mit über 299 km/h unterwegs. Nach einem kurzen Krankenhausaufenthalt in Montréal wurde Kubica wieder entlassen und wollte wie geplant in Indianapolis antreten. Allerdings muss ein verletzter Fahrer einen FIA-Fitnesstest absolvieren, – den Kubica nicht bestand. Sauber-Gründer Peter Sauber und BMWs Motorsport-Chef Mario Theissen mussten eine Entscheidung treffen: Sie konnten ihn entweder durch den Deutschen Timo Glock ersetzen, der 2004 vier Grands Prix für Jordan bestritten hatte, oder seinem Landsmann Vettel zum F1-Debüt verhelfen. Der war zwar erst 19 Jahre alt, hatte aber eine glanzvolle Karriere in den unteren Klassen hinter sich. Außerdem war er bereits mit den Abläufen des Teams vertraut, da er viele Testtage absolviert hatte.

Vettel hatte sich mit seiner minutiösen Präzision bestens ins Team integriert. Während andere Fahrer nach einer Testfahrt fluchtartig das Fahrerlager verlassen, verbrachte Vettel Stunden mit den Ingenieuren, um die Abläufe zu verfeinern und alle Daten im Detail zu studieren. Eine Praxis, die er von seinem Idol Michael Schumacher übernommen hatte und die er bis zu seinem Rücktritt beibehalten würde.

BMW entschied sich für Vettel, der seine Schnelligkeit im Abschlusstraining mit einem zweiten Platz hinter Alonso bald unter Beweis stellte und sich im Qualifying Startplatz sieben sicherte. Im Rennen hatte Vettel einen schlechten Start, machte in der ersten Kurve einen Fehler, fuhr über das Gras und fiel mehrere Plätze zurück. Doch er erholte sich vom schlechten

Rennbeginn und rettete mit dem achten Platz den letzten verfügbaren Punkt. Er war 19 Jahre und elf Monate alt und stellte einen neuen F1-Rekord auf. Sein Alter erwies sich laut Beat Zehnder, dem Teamchef von BMW Sauber, nur problematisch, als es um die Feierlichkeiten ging. In einem Interview mit Lawrence Barretto von *F1.com* aus dem Jahr 2022 erinnerte sich Zehnder: »Das musste gefeiert werden, also nahmen wir ihn mit ins Slippery Noodle, die älteste Blues-Bar in Indiana – manche sagen sogar in den USA. Aber er war zu jung, um hineinzukommen. Sie ließen ihn nicht rein, als sie seinen Ausweis sahen, er war ja noch keine 21 Jahre alt. Er hatte gerade einen WM-Punkt in seinem ersten Formel-1-Rennen geholt – und sie sagten ›keine Chance‹. Wir sind geblieben; er musste zurück ins Hotel!«

Vettels Leistungen in den USA und die sich verschlechternde Beziehung zu Scott Speed bei Toro Rosso veranlassten Marko zu einem Gespräch mit Theissen, um Vettel für Toro Rosso zu verpflichten. Red Bull hatte bereits eine Partnerschaft mit ihm, da er Teil des Nachwuchsprogramms war. Es gab noch einen weiteren Grund, warum Vettel BMW verließ: Trotz seines beeindruckenden Ergebnisses wollte BMW Kubica und Nick Heidfeld für die Saison 2008 behalten, da sich das Team auf dem Weg nach oben befand. Zu diesem Zeitpunkt konnte man nicht wissen, wie gut Vettel werden würde, und ein Engagement wurde noch als Risiko angesehen. Tatsache war, dass es bei BMW keinen Platz für ihn gab.

Toro Rosso bot jedoch Vettel die Möglichkeit, sofort in der Formel 1 zu fahren. Eine kluge Entscheidung, denn in einem kleineren Team konnte er in die Formel 1 aufsteigen, lernen und Fehler machen, ohne dabei unter dem Druck und der Kontrolle zu stehen, die bei den führenden F1-Teams herrschen.

Horners erste Erinnerungen an Vettel stammen aus dessen Zeit in der Formel 3 im Jahr 2005. Nach einer dominanten Meisterschaft in der Formel BMW ADAC im Jahr zuvor, in der er 18 Siege in 20 Rennen errungen hatte, fuhr Vettel nämlich für ASL Mücke Motorsport in der Formel-3-Euroserie. Am Ende der Saison belegte er als bester Rookie den fünften Platz und erhielt Angebote von Williams und Sauber zu einem F1-Test. Letztere verpflichteten ihn für die folgende Saison als Testfahrer, während er gleichzeitig an der Formel-3-Euroserie 2006, der Formel-Renault-3.5-Serie und dem Formel-3-Masters teilnahm.

»Als er in der Formel 3 unterwegs war, wurden wir wirklich auf ihn aufmerksam«, sagt Horner. »Red Bull hatte eine Art Tauziehen mit BMW um ihn. Schon vorher hatte ich ihn einmal getroffen, als er eines Tages in der Fabrik auftauchte. Er hatte seine Führerscheinprüfung bestanden und war Red Bull Junior-Fahrer. Er setzte sich in seinen BMW und fuhr den ganzen Weg von Deutschland nach Milton Keynes, um sich umzuschauen. Ich war ganz schön beeindruckt von diesem jungen Mann, der einfach so auftauchte und sagte: ›Hallo, ich bin Sebastian Vettel. Darf ich mich mal umsehen?‹ Er war sehr höflich, wir haben ihn herumgeführt, und er war sehr dankbar. Danach kam er jedes Mal, wenn er die Fabrik besuchte, mit Schachteln voller Schweizer Schokolade für die Sekretärinnen und Empfangsmitarbeiter.«

Ironischerweise geriet Vettel beim Großen Preis von Japan 2007 mit seinem zukünftigen Teamkollegen aneinander, als er mit Webber kollidierte. Vielleicht war dies der beste Vorgeschmack auf ihre Beziehung im Team, die turbulent werden und zu einigen öffentlichkeitswirksamen Auseinandersetzungen führen sollte. Vettel lag mit seinem Toro Rosso allen Widrigkeiten zum Trotz auf dem dritten Platz hinter Lewis Hamilton (McLaren) und Webber (Red Bull Racing), der erstmals in seiner Karriere auf dem Weg zu einem zweiten Platz war. Bis zur 46. Runde, als Vettel in das Heck des RB3 knallte und beide aus dem Rennen schoss.

Peinlich für den 20-Jährigen war vor allem, dass sich der Unfall ereignete, als beide wegen Starkregens hinter dem Safety-Car fuhren. Alan Baldwin von *Reuters* zitierte Webber anschließend mit den Worten: »Autos hinter dem Safety-Car zu rammen, ist natürlich ein absolutes No-Go. Er [Vettel] ist unter schlechten Bedingungen gut gefahren und hat es dann in der einfachen Situation vermasselt. Es war eindeutig mangelnde Erfahrung ... es ist wie immer in diesem Spiel: Kleine Fehler wirken sich manchmal gewaltig aus. Und dieser kleine Fehler wurde zu einer echten Katastrophe.« Vettel entschuldigte sich und sagte: »Es tut mir sehr leid für Mark. Ich hatte nicht die Absicht, ihn rauszuschmeißen. Am Ende können wir das Rennen nicht mehr zurückspulen ... Natürlich bin ich von mir selbst enttäuscht. Ich habe sein und mein Rennen zerstört.«

Horner erinnert sich an die Begegnung mit dem jungen Rennfahrer nach seiner Kollision mit Webber: »Nach dem Rennen landeten wir in einer schäbigen Kneipe in Tokio, wo es Schnäpse gab. Ich erinnere mich, dass Sebastian zu mir kam und sich für das, was passiert war, entschuldigte. Ich nehme an, Mark sah in ihm schon ein gewisses Risiko, denn Seb war ein junger Nachwuchspilot, der auf seinen Durchbruch wartete.«

Eine Woche später sah die Welt schon wieder ganz anders aus. Vettel belegte beim Großen Preis von China einen überraschenden vierten Platz, obwohl er von Platz 17 gestartet war. Schön langsam kam einiges ins Rollen.

KAPITEL 6

ALLES ÄNDERT SICH

2008

Das positive Ende der Saison 2007 hatte die Stimmung im Werk vor der Winterpause verbessert. Die Entwicklung von Neweys zweitem Red Bull Racing-Auto, dem RB4, war gut vorangekommen, und das Vertrauen in die Zuverlässigkeit des neuen Renault R27-2008-Motors war gestiegen. Der Bolide wurde am 16. Januar 2008 in Jerez präsentiert. Sowohl Horner als auch Newey trugen dicke Mäntel, als die offiziellen Fotos vor der Box des Teams aufgenommen wurden. Im Gegensatz zur Tristesse ihrer dunklen

Coulthard, Newey, Horner, der technische Direktor Geoff Willis, der Leiter der Motorenentwicklung Rob White und Webber (v.l.n.r.) mit dem neuen Red Bull-Boliden für 2008: dem RB4. Es sollte Coulthards letzte Saison in der F1 werden.

Mäntel und den Pfützen auf dem Boden stach die auffällige Lackierung geradezu aus der Finsternis hervor. Die Nadelstreifen des RB3 wurden über die dunkelblaue Karosserie verlängert, während das inzwischen ikonische leuchtende Gelb für die Nase und die Lufthutze beibehalten wurde.

Zumindest unter Journalisten kursiert die Überzeugung, dass ein Auto, das schnell aussieht, wenn es steht, auch auf der Rennstrecke gute Performance liefert – Adrians harmonischer Williams FW14 von 1992 und der McLaren MP4-20 von 2005 sind hierfür gute Beispiele. Auch die Lackierung half dem Auto, sich vom Rest des Feldes abzuheben. Einzigartig bei seiner Einführung war die markante lang gezogene Motorabdeckung, welche die Heckstabilität verbesserte und später als »Hai-Finne« bekannt wurde. Sie wurde zwar schnell zu einem Standard-Feature bei vielen Konkurrenten, trug aber dennoch maßgeblich dazu bei, dass der Wagen auffiel.

Das Auto selbst war eine Weiterentwicklung des Vorjahres, wobei das Team hoffte, die mangelhafte Zuverlässigkeit des RB3 endlich in den Griff bekommen zu haben. Dessen entscheidende Schwächen waren das Ergebnis eines inkohärenten technischen Prozesses gewesen – ein lästiges Relikt aus den Zeiten von Jaguar Racing. Das Team musste analysieren, warum Teile kaputt gingen, und die Fehler rechtzeitig für die Saison 2008 abstellen. Es sollte für Red Bull Racing die erste Gelegenheit sein, Neweys Designphilosophie in der gesamten Produktionskette umzusetzen. Das bedeutete einen reibungsloseren Übergang von einem Modell zum anderen als in den vergangenen Jahren. Zu Beginn hatte Red Bull Racing ein Design vom Vorgängerteam übernommen oder war aufgrund eines späten Motorwechsels unter Druck geraten.

Die Saison 2008 markierte also einen Neuanfang. Vom ersten Test an – ein problemloser Shakedown in Südspanien, der unmittelbar nach dem düster-tristen Fotoshooting stattfand – war der neugewonnene Wohlfühlfaktor spürbar. Auch während der Wintertests herrschte positive Stimmung. Die Zuverlässigkeit hatte sich deutlich verbessert, und das Team konnte sich auf einen Grund-Speed verlassen, den ihre Fahrer schon 2007 regelmäßig demonstriert hatten. Auch den Medien entgingen die soliden Leistungen bei den Wintertests nicht. Sie stuften Red Bull Racing als »Best of the Rest« hinter Ferrari und McLaren ein.

Während der zahlreichen Testfahrten vor der Saison kam auch Sebastian Vettel im RB4 zum Einsatz, nämlich als er in Barcelona für den verletzten David Coulthard einsprang. Der Schotte hatte sich einen Nerv im Nacken und in der Schulter eingeklemmt und brauchte Zeit zur Genesung. Vettel war die logische Wahl, schließlich war er ein Red Bull-Fahrer bei Toro Rosso. Bei seinem Einsatz am 19. Februar drehte er 109 Runden, wobei seine Bestzeit einen siebten Platz bedeutete. Webbers schnellste Zeit während seiner 58 Runden brachte ihn auf Platz 17.

Die Entscheidung, Vettel für den verletzten Coulthard einspringen zu lassen, ergab für Red Bull Racing, aber auch für Mateschitz, Sinn. In der vorangegangenen Saison hatte Vettel mal brilliert und mal Fehler gemacht. Aber einer der Grundpfeiler, die Mateschitz schon früh in der Geschichte des Teams gesetzt hatte, war stets sein Wunsch, eine Talentschmiede zu sein. Es war durchaus vorausschauend, einen gut ausgebildeten Ersatzfahrer in petto zu haben, für den Fall, dass Coulthard beschloss, seine Karriere zu beenden – und Vettel wusste das.

Trotz des Optimismus vor der Saison begann 2008 für Red Bull Racing denkbar schlecht. Beim Großen Preis von Australien schieden gleich beide Fahrer aus. Dabei war der Start vielversprechend. Webber war im Training schnell, erlitt im Qualifying aber einen Bremsdefekt und drehte sich auf seiner fliegenden Runde. So qualifizierte er sich nur als 15., Coulthard landete auf dem achten Startplatz.

Während des Rennens platzten alle Träume auf eine Wende zum Besseren. In der dritten Kurve der ersten Runde berührten sich Webber, Anthony Davidson, Jenson Button und Vettel, und alle vier mussten aufgeben. Für Coulthard war das Rennen nach einer Kollision mit Massa nach nur 25 Runden beendet. Der Brasilianer selbst schied nur drei Runden später mit einem Motorschaden aus.

Beim darauffolgenden Rennen in Malaysia musste Red Bull Racing bei der Rennkommission vorsprechen, nachdem Coulthards Auto im Training einen Aufhängungsschaden erlitten hatte. Die FIA war besorgt über die Sicherheit des RB4. Nach einer gründlichen Untersuchung erhielt das Team die Freigabe zur Rennteilnahme. Zwar begrüßte Red Bull Racing die Entscheidung, doch durch die Verzögerung mussten sie das zweite Training auslassen und verloren wichtige Zeit auf der Strecke, die sie gebraucht hätten, um das Auto ordentlich abzustimmen. Coulthard verpasste als Neunter die Punkteränge, Webber holte als Siebter zwei Punkte. Es war der Beginn einer Serie von Platzierungen in den WM-Punkterängen für den Australier: Siebter in Bahrain, Fünfter in Spanien, Siebter in der Türkei, Vierter in Monaco.

Coulthard hingegen kam nicht in Schwung. Er schied in Monte Carlo aus, während Vettel im Toro Rosso Fünfter wurde, obwohl er nur von Platz 19 aus gestartet war. Horner hatte genug gesehen, um zu wissen, dass er seine künftige Fahrerpaarung überdenken musste, und beschloss, mit Coulthard über ein mögliches Karriereende zu sprechen.

Newey am Start vor dem Großen Preis von Spanien im April 2008. Webber wird Fünfter, während Coulthard als Zwölfter ins Ziel kommt.

»DC hatte eine Phase seiner Karriere erreicht, in der es zu vielen Unfällen kam«, sagt Horner. »Ich habe beim GP von Kanada mit ihm gesprochen und gesagt: ›Lass uns beim Großen Preis von Großbritannien verkünden, dass du aufhörst und ein Botschafter für das Team wirst‹ – was er immer noch ist. Wir haben alles durchgesprochen und DC gefiel die Idee, dass die Bekanntgabe zu seinen Bedingungen geschehen würde. Jedenfalls geht er kurz vor dem ersten freien Training auf die Toilette und stößt auf Helmut [Marko]. Den hatte ich darüber informiert, was passieren würde und ihm den Plan erklärt. Er geht direkt auf DC zu und sagt: ›Also, du hörst in Silverstone auf und Vettel wird dich ersetzen.‹ DC kam aus der Toilette zurück in die Garage und sagte zu mir: ›Ich glaube, ich bin gerade gefeuert worden!‹ Ich erklärte ihm, dass das nicht der Fall sei und dass er bis zum Ende der Saison weitermachen würde.«

Ebenso ironisch wie passend war, dass Coulthard beim GP von Kanada Dritter wurde und damit seinen ersten Podiumsplatz seit dem Großen Preis von Monaco 2006 holte. In der Pressemitteilung nach dem Rennen sagte er, er sei »hocherfreut, ein Podium für das Team zu holen« und dass »die Strategie gut funktioniert hat und dass ich den Ingenieuren, Mechanikern und allen bei Red Bull für ihre harte Arbeit danken möchte«. Horner würdigte Coulthards Ergebnis »nach einem so schwierigen Start in das Jahr«.

Coulthards bevorstehender Rücktritt wurde zum schlechtestgehüteten Geheimnis des Sports. In einem Interview mit *Autosport* eine Woche vor dem Großen Preis von Großbritannien in Silverstone sagte er zu Simon Strang auf die Frage, ob das Rennen 2008 sein letzter Heim-GP sein würde, dass es »theoretisch so sein sollte«. Coulthard fügte hinzu: »Ich bin ein ziemlicher Realist. Wenn etwas passiert ist, oder eine Entscheidung getroffen wurde, oder was auch immer, denke ich nicht darüber nach, sondern mache einfach weiter.« Dann fügt er an: »Es wird natürlich ein Punkt kommen, an dem es nicht mehr so weitergeht.«

Als Coulthard am Donnerstag, dem 3. Juli, um 15 Uhr vor dem Rennen eine Pressekonferenz einberief, war allen Anwesenden klar, dass er nun die Nachricht offiziell bekannt geben würde. In der Erklärung von Coulthard hieß es: »Ich möchte heute meine Entscheidung bekannt geben, mich am Ende dieser Saison aus der Formel 1 zurückzuziehen. Ich werde dem Sport als Berater von Red Bull Racing erhalten bleiben und mich auf die Tests und die Entwicklung der Autos konzentrieren. Ich bin offen dafür, in Zukunft noch einmal in einer anderen Form des Motorsports zu starten, also hänge ich meinen Helm definitiv nicht an den Nagel.« So sollten noch die Arbeit im Rahmen der Formel-1-Berichterstattung der BBC und drei Jahre in der deutschen Tourenwagenserie DTM dazukommen.

Coulthard beendete eine 15-jährige F1-Karriere, im Laufe derer er 13 Siege und 62 Podiumsplätze errungen hatte. Er bedankte sich bei seinen Eltern für ihre Unterstützung und bei vielen anderen – darunter Mateschitz und Horner, »für den offenen und professionellen Führungsstil in Zusammenarbeit mit Helmut Marko«. Horner hatte mit seinem Fahrer eine enge Freundschaft geschlossen, was in diesem Sport ungewöhnlich ist, aber angesichts des geringen Altersunterschieds vielleicht verständlich. In einem *Reuters*-Artikel beschrieb Horner Coulthard als »vollendeten Profi« und fügte hinzu: »Er hat bewiesen, dass er ein echter Teamplayer ist. Das unterstreicht die Tatsache, dass er in seiner Karriere nur für zwei andere F1-Teams gefahren ist. Er holte unseren ersten Punkt, unser erstes Podium und war der erste unserer Fahrer, der einen Grand Prix anführte. Vor allem aber ist er ein Gentleman, und ich betrachte ihn als guten Freund. Mit seinem Rücktritt geht nicht nur seine Karriere als Grand-Prix-Fahrer zu Ende, sondern auch ein Kapitel in der Geschichte der Formel 1, wenn man bedenkt, welche Veränderungen der Sport in seiner Zeit durchlaufen hat.«

Leider dauerte Coulthards letzter Auftritt beim Großen Preis von Großbritannien weniger als eine Runde. Er kollidierte ausgerechnet mit Sebastian Vettel.

Nur zwei Wochen später, am 17. Juli 2008, bestätigte Red Bull Racing Vettels Aufstieg von Toro Rosso für die Saison 2009. Das Team gab die Nachricht am Vorabend des Großen Preises von Deutschland in Hockenheim bekannt. Dort bestätigten sie auch, dass Webber im Team bleiben würde. Vettel sollte also Coulthard ersetzen. In den Medien gab es zwar Gerüchte, man versuche sich mit Alonso auf einen Einjahresvertrag zu einigen, bevor der zu Beginn der Saison 2010 zu Ferrari wechseln würde – die sich aber als haltlos erweisen sollten.

»Wir sind hocherfreut, dass Sebastian im nächsten Jahr zu uns stoßen wird«, sagte Horner in der Pressemitteilung parallel zur offiziellen Ankündigung. »Nachdem David Coulthard vor zwei Wochen beim Großen Preis von Großbritannien seinen Rücktritt aus der Formel 1 bekannt gegeben hat, schien es nach reiflicher Überlegung nur natürlich, seinen Nachfolger hier bei Sebastians Heimrennen in Hockenheim bekannt zu geben. Da er bereits Teil der Red Bull-Familie ist, war es keine schwierige Entscheidung, Sebastian als Mark Webbers Teamkollegen zu wählen. Wir haben immer erklärt, dass es unser Ziel ist, das stärkste verfügbare Fahreraufgebot zu stellen – ein Anspruch, den Vettels Wahl erfüllt. Da er beim letzten Rennen erst 21 Jahre alt geworden ist und erst 17 Grand-Prix-Starts absolviert hat, hat er noch eine Lernkurve vor sich. Aber es ist klar, dass er über viel Können und Speed verfügt. Wir sind zuversichtlich, dass Red Bull Racing das Beste aus diesen Eigenschaften machen wird und glauben, dass wir mit Mark und Sebastian ein sehr konkurrenzfähiges Fahreraufgebot für 2009 haben.«

Vettel wurde nach seiner ausgezeichneten Saison bei Toro Rosso befördert. Aber als ich ihn frage, wie er überhaupt zu Red Bull gekommen ist, erzählt er eine wunderbare Anekdote über seine ersten Begegnungen mit Mateschitz und verrät, dass der Unternehmer ganz allein dafür verantwortlich war, dass er in die Formel 1 kam. »Mein allererstes Treffen mit Dietrich fand 2001 statt, als das Red Bull Junior Team ins Leben gerufen wurde«, berichtet er, als wir über die frühen Jahre sprechen. »Es war lustig, denn Helmut [Marko] sagte zu mir: ›Okay, du fährst Kart, also kannst du im internationalen Kartsport anfangen.‹ Und ich sagte zu ihm: ›Ja, also, ich komme gerade von der Europameisterschaft zurück, die ich gewonnen habe!‹, was er zu diesem Zeitpunkt noch nicht wusste. Aber mit Dietrich gab es nur ein flüchtiges Treffen. Das erste richtige Treffen fand 2007 statt. Ich war bei BMW, die keine wirklich klaren Aussagen machten. Dann wurde der Platz bei Toro Rosso frei. Wir verhandelten mit Helmut, Franz [Tost] und Gerhard [Berger], und sie sagten: ›Sollen wir ihm eine Chance geben? Ich weiß es nicht. Es ist ein Risiko …‹ Keiner hatte wirklich den Mut, eine Entscheidung zu treffen. Dann hat Dietrich mit der Faust auf den Tisch geschlagen und gesagt: ›Gebt dem Jungen eine Chance. Wenn er gut ist, ist er gut. Wenn nicht, dann nehmen wir jemand anderen. Gebt ihm eine Chance.‹« Niemand widersprach, und das war's. Er hat es möglich gemacht. Und der Rest ist, du weißt schon …«

In der Pressemitteilung über den Aufstieg zu Red Bull Racing zeigte sich Vettel sichtlich erfreut, dass Mateschitz ihm diese Chance gegeben hatte: »Ich bin sehr stolz darauf, zu Red Bull Racing zu wechseln. Es ist stets gut, früh Klarheit darüber zu haben, was man im nächsten Jahr machen wird. Als Fahrer will man immer fürs stärkste Team fahren, und Red Bull Racing hat in den letzten Jahren bewiesen, dass es großes Potenzial hat. Daher ist dies ein guter Schritt für mich. Ich gehöre schon seit Langem zur Red Bull-Familie und bin seit 2000 im Junior Team. Sie haben mich während meiner gesamten Karriere sehr unterstützt. Jetzt für das große Team von Red Bull Racing zu fahren, ist ein Traum, der in Erfüllung geht. Ich freue mich auf eine großartige Saison im nächsten Jahr, auch wenn ich noch viel über die Formel 1 lernen muss.«

Obwohl er Teil des Red Bull-Nachwuchsprogramms war, stieß der Wechsel von Vettel zum Spitzenteam bei einigen auf Widerstand – insbesondere bei Toro Rosso. Dort hätte man den Deutschen gerne behalten, nach der Entwicklung, die er in kurzer Zeit beim Team gemacht hatte. Viele im Schwesterteam waren der Meinung, dass es besser wäre, wenn er eine weitere Saison dort verbringen würde. Aber Red Bull war bereits überzeugt, dass er für den nächsten Schritt in seiner Karriere bereit war.

»Er war noch ein Kind«, sagt Horner. »Ein wirklich netter Kerl. Sehr frisch, sehr eifrig, aber auch anspruchsvoll. Er wusste, was er an Unterstützung wollte, und war sehr detailversessen. Er war clever: Er kannte die Leute im Team, die ihm helfen konnten, und er arbeitete sehr engagiert mit ihnen zusammen. Mark war innerhalb des Teams bereits sehr beliebt. Aber Sebastian begann, Zeit mit den Designern zu verbringen, er ging auf die Leute zu und hörte ihnen wirklich zu. Er besuchte auch die Fabrik, weil er wissen wollte, was dort vor sich ging. Es ging ihm um Details, Details, Details.«

Wenn noch irgendjemand Zweifel am Potenzial hatte, das Vettel in die Formel 1 mitbrachte, dann räumte er diese spätestens mit seinem Sieg beim Großen Preis von Italien 2008 in Monza aus, als er noch für Toro Rosso fuhr. Es war nicht nur ein bahnbrechender Moment für Vettel, da er den ersten

Die Scuderia Toro Rosso feiert: Dietrich Mateschitz, Sebastian Vettel, Teamchef Franz Tost und Dr. Helmut Marko (v.l.n.r.) nach dem ersten Sieg Vettels beim GP von Italien im September 2008. Sein Überraschungssieg sollte der Beginn einer glänzenden Karriere in der Formel 1 sein und ihn in der folgenden Saison zu Red Bull Racing führen.

Nach dem Sieg im Autodromo Nazionale di Monza wird Vettel von Teamkollegen im Fahrerlager in die Luft geworfen. Es war nicht nur Vettels erster Sieg, sondern auch der erste für Toro Rosso.

seiner 53 Siege in der Formel 1 errang, sondern auch für das Team Toro Rosso, das ebenfalls seinen ersten Sieg feierte. Vettel hatte sich bei nassen Bedingungen die Poleposition gesichert und führte das Rennen an, während Webber im Red Bull Racing lange Zeit auf Platz 3 lag. Allerdings drehte er sich und verpatzte damit ein sensationelles Ergebnis für Red Bull. Er beendete das Rennen auf dem achten Platz.

Mit seinem Sieg wurde Vettel zum jüngsten Fahrer, der jemals ein F1-Rennen gewonnen hat – er war gerade einmal 21 Jahre und 73 Tage alt. Ein beeindruckendes Ergebnis, vor allem wenn man bedenkt, dass der Toro Rosso einen Ferrari-Motor aus dem Jahr 2007 im Heck hatte. Das Ergebnis in Italien beflügelte Vettel für den Rest der Saison und er holte in Singapur, Japan und Brasilien Punkte. »Wir hatten ihn schnell unter Vertrag genommen«, sagt Horner, »und dann hat er das Rennen in Monza gewonnen. Das Chassis des Toro Rosso erwachte zum Leben, der Ferrari-Motor war ziemlich stark und Sebastian holte immer mehr aus dem Auto heraus.«

Während Vettel während der letzten Rennen mit Toro Rosso zu beeindrucken wusste, meinte es das Schicksal mit Red Bull Racing nicht ganz so gut. Webber konnte in der gesamten zweiten Saisonhälfte nur drei Punkte einfahren, Coulthard nur zwei, und zwar mit einem siebten Platz in Singapur. Beim Großen Preis von Brasilien, dem Saisonabschluss, fand Coulthards F1-Karriere mit einem Ausfall ein enttäuschendes Ende. Sein RB4 trat mit einer einmaligen Sonderlackierung in den Farben der Wohltätigkeitsorganisation Wings for Life an, um Bewusstsein für Rückenmarksverletzungen zu schaffen. Davids Rennen endete jedoch schon in der ersten Runde, als Nico Rosberg ihn hinten berührte und er sich drehte. Anschließend hatte er noch Kontakt mit Rosbergs Teamkollegen Kazuki Nakajima, wodurch die Aufhängung brach.

»Ich bin ziemlich enttäuscht. So wollte ich meine Karriere nicht beenden«, sagte Coulthard in der Pressekonferenz nach dem Rennen. »Ich bin vorsichtig in die erste Kurve eingefahren und habe viel Platz für das Auto auf der Innenseite gelassen, aber leider hat mich Rosberg in Kurve zwei touchiert, wodurch ich mich gedreht habe. Ich dachte, es wäre alles in Ordnung, aber dann fuhr mir Nakajima in die Front meines Autos und rasierte die vordere Ecke ab. Ich wollte nach meinem letzten Rennen eigentlich ein paar Donuts für die Zuschauer machen, wofür man normalerweise eine Strafe bekommt! Aber es hat nicht geklappt. Doch ich kann mich nicht beklagen. Ich hatte eine großartige Karriere, also danke an jeden, der mich unterstützt hat. Der Support aus der Boxengasse an diesem Wochenende war überwältigend. Es bedeutet mir sehr viel, dass so viele Leute sich die Zeit genommen haben, mir zu sagen: ›Schöne Karriere und viel Glück für die Zukunft!‹ Und obwohl ich keinen WM-Titel gewonnen habe, denke ich, dass es ein gutes Ende ist, wenn man auf diese Art abtreten kann.«

KAPITEL 7

EINE NEUE ÄRA

2009

Die neue Ära von Red Bull Racing – mit Vettel und Webber – erlitt in der Saison 2009 einen Dämpfer, noch bevor der erste Meter gefahren worden war. Im November verunglückte Webber bei seiner Charity-Veranstaltung in Tasmanien, bei der er sich unter anderem ein Bein brach. Ein Auto hatte Webber auf dem Rad in Port Arthur angefahren, wo er an der »Mark Webber Pure Tasmania Challenge« teilgenommen hatte – ein über 250 Kilometer langes Distanzrennen auf der australischen Insel, das aus Mountainbiken, Kajakfahren und Trekking besteht. Der 32-Jährige wurde ins Krankenhaus geflogen, wo er am rechten Bein operiert wurde.

»Mark ist guter Dinge«, berichtete der Direktor der Veranstaltung, Geoff Donohue, den Medien. »Sein Bein ist gebrochen, ansonsten geht es ihm wirklich gut. Er hat eine kleine Schürfwunde am linken Unterarm, aber die Untersuchungen waren unauffällig. Er wird definitiv mindestens drei Tage im Krankenhaus bleiben, sicher aber weniger als eine Woche. Ich habe mit ihm vor der Operation gesprochen, und er dachte schon wieder an seine Reha.«

Webbers Verletzung hatte erhebliche Auswirkungen auf den Testplan des Teams vor der Saison. Horner war sich der Schwere des Unfalls nicht bewusst, bis er seinen Fahrer persönlich traf. »Als er im Januar wieder in Großbritannien ankam, gingen wir essen«, erzählt er. »Und er kam nicht nur auf Krücken, sondern hatte auch seinen Arm in einer Schlinge. Er hat mir nicht gesagt, dass er sich auch das Schlüsselbein gebrochen hatte! Es stand auf der Kippe, ob er das Auto im ersten Rennen der Saison fahren können würde – er musste immer noch Eisbäder nehmen und hatte diese große Narbe an seinem Bein. Er war ein bisschen paranoid, weil er dachte, man würde ihn bitten, von einer Kiste zu springen und auf seinem kaputten Bein zu landen, um zu zeigen, dass er fit genug ist. Ehrlich gesagt, befand er sich immer noch in der Genesungsphase, und die Verletzung tat ihm immer noch weh. Er startete also sprichwörtlich am falschen Fuß in die erste Saison mit Seb. Dann kommt dieser hochmotivierte Teamkollege, und plötzlich hatte sich die Dynamik im Team komplett gedreht.«

Die Verletzung hinterließ in Webber ein neues Gefühl der Verwundbarkeit. Doch er hatte nicht nur mit einem neuen Teamkollegen zu kämpfen, sondern mit dem Brawn-GP-Team meldete sich ein überraschender neuer Titelanwärter fürs Rennen um die WM an. »Die Verletzung war definitiv nicht ideal«, erzählt er mir. »Ich habe einige Wintertests verpasst. Ich war immer stolz darauf, körperlich gut in Form zu sein. Das war damals nicht der Fall. Körperlich hatte ich definitiv Aufholbedarf. Ich bin noch nie in meinem Leben in einem Krankenhaus gelegen, also war es ziemlich traumatisch für mich. Die andere Sache war, dass Brawn aus der Kiste kam und ihr Auto eine Rakete war, der wir zumindest in der ersten Jahreshälfte nichts entgegenzusetzen hatten.«

Die Gründung von Brawn GP und ihr unglaublicher Weltmeistertitel 2009 ist eine der großen Geschichten der jüngeren Formel-1-Geschichte. Ähnlich wie der Ausstieg von Ford im Jahr 2004 aufgrund von finanziellem Druck war auch der Ausstieg von Honda aus der Formel 1 im Dezember 2008 eine Folge des weltweiten Einbruchs in der Automobilbranche gewesen. Geradezu unglaublich war, dass das Team mittels einer Übernahme durch sein Management unter der Leitung des ehemaligen Ferrari-Teamchefs Ross Brawn in letzter Minute am Leben erhalten werden konnte. Sie konnten ihre Piloten Jenson Button und Rubens Barrichello halten – vor allem aber hatten sie ein fertiges Auto, das noch mit den Ressourcen von Honda entwickelt worden war. Wie es das Schicksal wollte, erwies sich der Bolide bei den Vorsaisontests als blitzschnell.

Um den Sport attraktiver zu machen, kam es für die Saison 2009 zu umfangreichen Regeländerungen, die Newey gut ins Konzept passten. Er konnte größere Frontflügel konstruieren, Slick-Reifen sorgten für verbesserten Grip, und einige – aber nicht alle – Autos bezogen erstmals zusätzliche Leistung aus KERS, dem »Kinetic Energy Recovery System«. Doch einen Aspekt hatte Newey vielleicht übersehen: die »Doppeldiffusoren«, die bei den Brawn-, Williams- und Toyota-Autos aufgetaucht waren und mehr Abtrieb generierten. Trotz mehrerer Proteste der konkurrierenden Teams, die die Legalität der Konstruktion im Rahmen des neuen Reglements infrage stellten, ließ die FIA sie gelten. Den drei Teams, die sie hatten, verschafften sie einen Vorteil.

Trotz dieses Nachteils konnte sich Vettel beim Auftaktrennen in Melbourne, dem Großen Preis von Australien, nach einem Hydraulikdefekt im Training auf den dritten Startplatz kämpfen. Webber, der immer noch an seinen Verletzungen laborierte, qualifizierte sich als Zehnter, kam aber um zwei Plätze nach vor, nachdem beide Toyota wegen illegaler Heckflügel disqualifiziert worden waren.

Das Rennen selbst war für das Red Bull Racing-Duo gleichermaßen ereignisreich wie frustrierend. Gleich in der ersten Runde wurde Webber von Barrichello gerammt, der einen schlechten Start wiedergutmachen wollte. Dadurch geriet Webber ins Rutschen und touchierte erst Nick Heidfeld und dann Heikki Kovalainen. Der Schaden an Webbers Auto war beträchtlich, und er musste nach nur einer Runde an die Box, um zu reparieren, was auf die Schnelle möglich war, bevor er seinen angeschlagenen Boliden auf Platz zwölf ins Ziel schleppte.

Vettels Rennen verlief hingegen lange Zeit reibungslos. Er lag hinter Button auf Rang zwei, und bei seinem Debüt für das Team deutete alles auf einen Podiumsplatz hin. Doch drei Runden vor dem Ende machte er in der ersten Kurve einen Fehler, der Robert Kubica etwas Raum öffnete. Die beiden berührten sich und verloren ihre Frontflügel. Der aerodynamische Verlust wirkte sich auf beide aus. Kubica krachte untersteuernd in eine Mauer und musste das Rennen beenden, während Vettel seinerseits ebenfalls in eine Mauer einschlug und sein linkes Vorderrad in die falsche Richtung bog. Er kämpfte tapfer weiter und versuchte dennoch, einige Punkte zu retten. Aber seine Hoffnungen, den Grand Prix zu beenden, wurden schließlich zunichtegemacht. Der angeschlagene RB5 sah die Ziellinie nicht.

Der Versuch, das Rennen zu beenden, war von Anfang an zum Scheitern verurteilt und hatte außerdem ein Safety-Car-Finish zur Folge, weil Vettel

Adrian Newey und Christian Horner während des Trainings zum Großen Preis von Australien auf dem Albert Park Circuit in Melbourne, März 2009. Das Rennen endet für das Team enttäuschend: Webber wird 12. und Vettel 13.

Trümmerteile über die Strecke verteilte. Wenig überraschend betrachtete die Rennkommission den Vorfall mit Argusaugen. Nach einer Untersuchung im Anschluss an das Rennen befand sie Vettel für den Zusammenstoß mit Kubica für schuldig. Red Bull Racing erhielt eine Geldstrafe über 50.000 Dollar, weil das Team ihm erlaubt hatte, mit einem beschädigten Auto weiterzufahren, anstatt ihn per Funk daran zu hindern. Noch schlimmer war, dass Vettel für das nächste Rennen, den Großen Preis von Malaysia, in der Startaufstellung um zehn Plätze zurückversetzt wurde. Die Rennkommissare hatten jedenfalls ein Zeichen gesetzt.

Vettel entschuldigte sich nach dem Rennen in den Medien für seinen »dummen Rennunfall« und fügte hinzu: »Es tut mir leid für das Team und auch für Robert. Denn es bedeutete nicht nur das Ende meines Rennens, sondern auch seines.« Angesichts der drakonischen Strafe war es für Vettel beim GP von Malaysia schwierig, Punkte zu holen. Er hatte sich als Dritter qualifiziert, doch die Rückstufung bedeutete, dass er als 13. ins Rennen ging. Webber hingegen profitierte von der Strafe seines Teamkollegen und rückte in der Startaufstellung vom sechsten auf den fünften Platz vor.

Zu allem Überfluss suchte ein heftiges Gewitter das Rennen am Sonntag heim. Das führte dazu, dass es in Runde 31 (statt der geplanten 56 Runden) abgebrochen wurde. Da das Rennen nicht über die erforderliche Distanz von 42 Runden ging, wurden nur die halben Punkte an die ersten Acht vergeben. Dazu gehörte auch der sechstplatzierte Webber. Vettel hatte sich bis auf den achten Platz vorgekämpft, baute jedoch kurz vor dem Abbruch des Rennens einen Unfall und wurde als 15. gewertet. Der durchwachsene Start in die Saison hatte nur wenige Punkte, dafür aber viel Zeit im Büro der Rennkommission eingebracht. Doch es gab auch Positives: In den ersten beiden Rennen konnte das Team genügend vielversprechende Eindrücke sammeln, die bewiesen, dass genug Potenzial im Wagen steckte, sofern es abgerufen werden konnte. Dafür war allerdings ein sauberes, straf- und fehlerfreies Wochenende nötig. Und das kam schon beim nächsten Rennen: dem dritten GP der Saison – dem Großen Preis von China 2009.

Der erste Sieg von Red Bull Racing in der Formel 1 war zweifellos ein historischer Moment. Das Rennen in Shanghai war erst der 81. Formel-1-Grand-Prix, an dem das Team teilnahm. Es hatte in dieser Zeit die Erwartungen vieler übertroffen, wenn man bedenkt, dass es von den hinteren Plätzen bis an die Spitze vorgefahren war. Doch innerhalb von Red Bull Racing machte der Sieg in China jedenfalls Appetit auf mehr.

Dabei hatte das Rennwochenende für das Team mit einem Rückschlag begonnen: Eine gerissene Manschette an der Antriebswelle limitierte die Trainingszeit beider Fahrer. In einem Interview auf der Website von Red Bull Racing blickt Ole Schack auf den Sieg 2009 zurück. Er war damals Vettels Mechaniker für die Front des Autos und erzählt, dass die fehlende Zuverlässigkeit zwar die Mechaniker verunsichert hatte, Vettel jedoch ruhig geblieben war. »Seb hat im Abschlusstraining mit uns geplaudert und gesagt, dass sich das Auto wirklich gut anfühlt«, erzählt Schack. »Aber dieses kleine Problem hatte uns unsicher gemacht, und es sah so aus, als könnten wir das Potenzial nicht ausschöpfen. Alles, was Seb sehen konnte, wenn er in seine Außenspiegel schaute, war eine Menge besorgter Mechaniker, die sich hinten um das Auto drängten – aber er war nicht frustriert. Er war so ruhig, wie er nur sein konnte.«

Durch dieses Mechanikproblem landete der junge Deutsche in der ersten Qualifying-Session auf Platz 13, während Button und Barrichello in ihren Brawn-Autos erneut stark aussahen. Der RB5 drehte jedoch im zweiten Qualifying auf: Erst löste Webber Button auf Platz eins ab, dann fuhr Vettel eine

Der erste Sieg und die erste Poleposition für Red Bull Racing im 81. Rennen: Vettel gewinnt den Großen Preis von China 2009 vor seinem Teamkollegen Webber. Horner lässt sich zusammen mit seinen Fahrern die Champagner-Dusche auf dem Podium nicht nehmen – man beachte die zerbrochene Trophäe.

noch schnellere Zeit. Das Ergebnis ließ in der Box die Hoffnung auf die Poleposition aufkeimen. Im dritten Qualifying holte sich Webber vorübergehend die Poleposition, bevor Barrichello sie zurückeroberte – bis Vettel zu guter Letzt beide verdrängte. Bei seinem einzigen Versuch fuhr er die schnellste Zeit der Session. »Zwei Minuten vor Schluss lag er auf dem zehnten Platz und hatte noch keine Runde gedreht«, sagt Schack. »Und dann rauszufahren und sich vom Ende der Q3-Wertung an die Spitze zu katapultieren, war einfach unglaublich. Die ganze Box war völlig aus dem Häuschen. Ich weiß noch, dass ich sogar den kleinen Stift in meiner Uhr verloren habe, der das Armband fixiert. Ich habe so viel und so stark geklatscht, dass er einfach herausgesprungen ist!«

Das Rennen am Sonntag wurde zu einer Zitterpartie. Starker Regen machte es alles andere als einfach und warf sämtliche Strategien über den Haufen. Im Rennen konnte nur spontan auf unvorhersehbare Szenarien reagiert werden, und das Team absolvierte seine Boxenstopps mit Bravour. Vettel und Webber behielten die Nerven und konnten sensationell den ersten und zweiten Platz belegen.

»Ich weiß noch, wie ich am Sonntagmorgen die Vorhänge im Hotel öffnete, und es regnete in Strömen«, erinnert sich Horner auf der Website von Red Bull Racing. »Das Rennen wurde hinter dem Safety-Car gestartet, und Sébastian Buemi (Scuderia Toro Rosso) hätte Sebastian [Vettel] beinahe aus dem Rennen gekegelt – und das während der Safety-Car-Phase. Da hatten wir ganz schön Glück an diesem Tag. Sebastian hat es überstanden, und es war ein unglaubliches Gefühl, zu sehen, wie unsere Autos den ersten und zweiten Platz nach Hause brachten … die Freude und den Jubel in den Gesichtern aller zu sehen. Es war ein gigantischer Moment für das ganze Team, nicht nur das Rennen zu gewinnen, sondern gleich einen Doppelsieg einzufahren. Auch den Konstrukteurspokal in Empfang zu nehmen, obwohl er zerbrochen war und einer der Griffe fehlte, war eine große Sache! Das war der Durchbruch. Ich erinnere mich noch gut an das Gefühl, als ich in das Flugzeug stieg, noch immer nach Champagner roch und einfach dachte, dass dieser Sieg etwas ganz Besonderes war. Es war ein wirklich gutes Gefühl, als Formel-1-Sieger zurückzukehren, und wir wollten das auf jeden Fall noch öfter erleben.«

Die zerbrochene Trophäe war nicht die einzige Panne. Denn zur Feier des siegreichen Konstrukteurs wurde irrtümlich die britische Hymne *God Save the Queen* gespielt und nicht *Land der Berge, Land am Strome*, die österreichische Nationalhymne, wie es die Rennlizenz des Teams vorsieht. Der Sieg bedeutete aber zusätzlich, dass Newey mit einem dritten F1-Team Grand-Prix-Sieger geworden war.

Im *Independent* lobte der Journalist David Tremayne auch die Ankunft des ehemaligen technischen Direktors von Williams und BAR-Honda, Geoff Willis. Er bezeichnete ihn als »entscheidend für die Verbesserung der Zuverlässigkeit und die Entwicklung von Red Bull Racing zu einem ernsthaften Titelkandidaten«. Er fügte an, dass der Doppelsieg in Shanghai »den Ingenieuren im Werk in Milton Keynes ebenso zu verdanken ist wie dem Rennteam vor Ort in China«.

Webber zollte dem Team im Hintergrund ebenfalls Anerkennung. »Ihr habt keine Ahnung, was die Jungs gestern Abend durchgemacht haben«, sagte Webber. »Bei den Autos brachen die Antriebswellen nach nur drei Trainingsrunden. Sie haben gestern Abend im Werk gearbeitet, um dieses spezifische Problem zu verstehen, und sie haben eine Änderung vorgenommen, die sich als genial erwies. Es war etwas, das einer der Jungs aus unserer technischen Abteilung gemacht hat.«

Der Sieg erlaubte es auch Mateschitz, seine Investition in die Formel 1 zu feiern. Die deutlichen Verbesserungen waren zwar erfreulich, aber Vettels Sieg für Toro Rosso hatte den Druck auf das A-Team noch erhöht. Dieser Sieg minderte den Druck und ließ auch Gerüchte verstummen, wonach Mateschitz angesichts des ausbleibenden Erfolges ungeduldig geworden sei. Ironischerweise untermauerte dies auch Purnells Behauptung gegenüber Ford, dass es fünf Jahre dauern würde, bis das Team um Siege kämpfen könnte.

Die Ergebnisse waren auch im weiteren Verlauf der Saison stark. In Bahrain wurde Vettel Zweiter und in Spanien Vierter, während Webber in Barcelona Dritter wurde. Trotzdem stellte sich das Brawn-Duo als das schnellste heraus, da es den Vorteil des Diffusors an seinem Auto zu nutzen wusste. Bereits zum Monaco-GP Ende Mai hatte Newey seine eigene Interpretation davon für den RB5 entworfen: einen zweistufigen Diffusor, der

Champagner-Dusche fürs ganze Team nach dem Doppelsieg von Vettel vor Webber im Juni 2009 in Silverstone beim GP von Großbritannien.

hoffentlich den Vorteil der Brawn-Fahrer ausgleichen würde. Auch wenn der enge und kurvige Stadtkurs von Monte Carlo aufgrund der begrenzten aerodynamischen Möglichkeiten als schwieriges Testgelände galt und Vettel nach 15 Runden in Sainte-Dévote crashte, belegte Webber einen beachtlichen fünften Platz.

Der erste richtige Test für Neweys Design fand beim Großen Preis der Türkei statt, wo Vettel fulminant die Poleposition holte. Im Rennen entschied er sich jedoch für eine mutige Drei-Stopp-Strategie, um mehr Zeit auf frischen Reifen unterwegs zu sein, während andere Teams nur zwei Stopps machten. Am Ende belegte Webber den zweiten und Vettel hinter ihm den dritten Platz – sehr zum Verdruss des Deutschen.

Das Qualifying hatte bewiesen, dass die Geschwindigkeit des Wagens nun abrufbar war und ein weiterer Sieg in der Luft lag. Dieser sollte sich in

Silverstone, dem Austragungsort des britischen Grand Prix, weniger als 30 Autominuten vom Werk des Teams in Milton Keynes entfernt, einstellen. Wieder war Vettel siegreich, der neu gestaltete RB5 bei den kühleren Temperaturen nicht zu schlagen. Am Vortag hatte er schon die Poleposition erobert, und im Rennen holte er dann von Startplatz eins aus den Sieg, während Button im Brawn-Auto zu kämpfen hatte. Wie zum Drüberstreuen fuhr Vettel auch noch die schnellste Rennrunde und holte damit den Hattrick an Auszeichnungen.

Auch Webber fuhr stark, quetschte sich an einem defensiv überaus starken Barrichello vorbei und belegte den zweiten Platz: ein weiterer Doppelsieg! Dieser zweite Saisonsieg von Vettel bedeutete, dass er Barrichello in der Fahrerwertung nun bis auf zwei Punkte auf den Fersen war und nur mehr zwei Punkte Rückstand auf WM-Rang zwei hatte. Webber lag weitere 3,5 Punkte zurück. Und es wurde auch klar, dass Red Bull Racing Brawn im Kampf um den Konstrukteurstitel dicht auf den Fersen war.

Nachdem er seinen jüngeren Teamkollegen bereits zweimal hatte triumphieren sehen, war Webber beim Großen Preis von Deutschland, dem Rennen unmittelbar nach Silverstone, fest entschlossen, seine Durststrecke zu beenden. Er hatte sich beschwert, dass ihm die Chance auf den Sieg im vorherigen Rennen durch einen Fehler im Qualifying genommen worden war. Er war hinter dem langsamen Räikkönen hängengeblieben, der seine Ideallinie blockierte. »Ich hätte mir in meiner letzten Runde freie Bahn gewünscht«, sagte er. »Kimi hat, ich weiß auch nicht, vielleicht Wodka getrunken oder geträumt … Keine Ahnung, was zur Hölle er da gemacht hat. Er hätte auf der rechten Seite sein sollen, aber er war auf der Ideallinie und hat geträumt, und das hat meinen Rhythmus ruiniert.«

Der Große Preis von Deutschland bot ihm eine neue Chance, sein Schicksal in die eigene Hand zu nehmen. Er präsentierte sich in bestechender Form und holte sich im Qualifying seine erste Poleposition. Beim Rennstart am Sonntag setzte ihn Barrichello schwer unter Druck, und ihre Räder touchierten in der ersten Kurve, was Webber eine Durchfahrtsstrafe einbrachte. Unbeeindruckt davon kämpfte er sich anschließend durch das Feld zurück nach vorne und überquerte die Ziellinie mit über neun Sekunden Vorsprung auf Vettel. Er war damit der erste Australier seit fast

30 Jahren, der ein F1-Rennen gewann. Zuvor war das Alan Jones mit seinem Sieg beim Caesars Palace Grand Prix in Las Vegas 1981 gelungen.

»Es ist ein unglaublicher Tag«, sagte Webber nach dem Rennen in einem Gefühlsausbruch, der vielleicht zum Teil auch darauf zurückzuführen war, dass er immer noch mit seinem verletzten Bein zu kämpfen hatte. In Erinnerung an den Ratschlag von Sportlegende und Mentor David Campese hatte er außerdem einen kleinen Seitenhieb für diejenigen parat, die ihn zu Beginn seiner Rennkarriere nicht unterstützt hatten: »Nach Silverstone wollte ich unbedingt gewinnen, weil ich dachte, dass ich eine gute Chance hatte. Nach der gestrigen Poleposition wusste ich, dass ich eine gute Ausgangslage hatte, um das Rennen heute zu gewinnen. Das Einzige, was mir einen Strich durch die Rechnung hätte machen können, war der Regen. Aber selbst der hielt sich in Grenzen. Ich habe Rubens am Start komplett vom Radar verloren.

Webber feiert seinen ersten Sieg beim Großen Preis von Deutschland 2009, obwohl der Australier immer noch an einer Beinverletzung nach seinem Fahrradunfall leidet.

Ich dachte, er wäre ein bisschen weiter links, also bin ich nach rechts gefahren und habe ihn touchiert. Das ist normalerweise nicht meine Art, und ich bekam dafür eine Durchfahrtsstrafe, also musste ich wieder aufholen. Mein Ingenieur hat mich beruhigt, und ich habe so hart wie nötig gepusht. Es ist ein großartiger Tag nach einem schwierigen Winter. Sebastian hat bei den Wintertests gezeigt, was im Auto steckt. Das hat mich sehr motiviert, als ich unter Schmerzen an meiner Reha arbeitete. Ich hatte großartige Leute um mich herum, um mich von all den Verletzungen zu erholen. Auch das Team war unglaublich geduldig mit mir. Ich möchte Dietrich Mateschitz, Red Bull und allen bei Red Bull Racing dafür danken, was sie über den Winter für mich getan haben. Und bei allen Menschen in Australien, die mich während meiner Karriere unterstützt haben. Aber es gibt auch ein paar Leute, die an mir gezweifelt haben, darum hier auch ein Hallo an sie. Es ist einfach ein unglaublicher Tag für all die Menschen, die mir geholfen haben, dahin zu kommen, wo ich heute bin.«

Horner lobte die »brillante Teamleistung« und würdigte Webbers Entschlossenheit. Sein Fahrer habe »das ganze Wochenende über gekämpft und nach all den Schwierigkeiten, die er im Winter durchgemacht hat, bin ich absolut begeistert, dass er seinen ersten Sieg errungen hat. Er hat ihn sich redlich verdient.« Auch Vettel gratulierte seinem Teamkollegen zum Erfolg. Interessanterweise hatte dieses Mal er das Gefühl, der Sieg sei ihm entglitten, während die teaminterne Rivalität immer stärker wurde. »Ich würde lügen, wenn ich sagen würde, dass ich mit dem zweiten Platz sehr zufrieden bin. Denn natürlich wollte ich gewinnen. Aber gestern hat Mark einen besseren Job gemacht, und deshalb hat er den Sieg heute absolut verdient – es ist ein guter Kampf zwischen uns, also freue ich mich auf den nächsten.«

Wenn er jetzt auf seinen ersten Sieg zurückblickt, erinnert sich Webber, was für einen Erdrutsch er auslöste – nicht nur für seine Karriere, sondern auch, wie wichtig die aufeinanderfolgenden Siege für den Erfolg von Red Bull Racing waren. »Es war enorm«, sagt er, während er über seine erste Saison gegen Vettel nachdenkt. »Wirklich riesig. Ich hatte das Gefühl, dass in Silverstone etwas schiefgelaufen war. Ich hatte im Qualifying dieses kleine Missgeschick mit Kimi. Also musste ich aus der zweiten Reihe starten, und Seb gewann den britischen Grand Prix. Ich wusste, wir hatten ein Auto, mit dem wir das Rennen gewinnen könnten. Deshalb war ich ziemlich niedergeschlagen und frustriert, als ich beim britischen Grand Prix nicht den Sieg holte. In Deutschland habe ich noch mehr Gas gegeben und an diesem Wochenende alle Entscheidungen richtig getroffen. Ich habe nach dem Start eine Durchfahrtsstrafe bekommen, weil ich von der Linie abgekommen bin und mir fast in die Hose gemacht habe. Ich zog langsam wieder rüber und – ehrlich, beim Leben meiner Mutter – dachte ich noch: ›Wo ist Rubens?‹ Und in der nächsten Sekunde haben wir uns auch schon berührt. Ich glaube, wir haben uns beide zu Tode erschreckt – wir sind beide auseinandergezuckt, weil wir den anderen nicht an dieser Position erwartet haben. Ich habe eine Strafe bekommen, aber letztendlich war mein Grand Prix an diesem Tag einzigartig für mich. Alle anderen hatten einen guten Tag – all die Favoriten. Es gab keine Ausfälle, ich habe sie einfach alle geschnupft und das Rennen dominiert, worauf ich schon lange hingearbeitet habe. Da haben wir auch zum ersten Mal gemerkt, dass wir den Unterboden unseres Autos tatsächlich in den Griff bekommen hatten. Jetzt konnten wir mit den Brawns mithalten.«

Letztlich erwies sich der Vorsprung, den das Brawn-Duo zu Beginn der Saison aufgebaut hatte, für Red Bull als zu groß, um in den WM-Kampf noch entscheidend eingreifen zu können. Trotz der Siege von Vettel in Japan und Abu Dhabi und Webbers Sieg in Brasilien kosteten die zwei aufeinanderfolgenden Ausfälle für die Fahrer von Red Bull Racing zu viele Punkte. Vettel beendete weder den GP von Ungarn noch den GP von Europa in Valencia, während Webber bei den Rennen in Italien und Singapur aufgeben musste.

Button sicherte sich seinen einzigen WM-Titel mit elf Punkten Vorsprung vor Vettel, der die Saison als Zweiter in der Fahrerwertung beendete. Seit seinem Sieg in der Türkei, dem siebten Rennen der Saison und der ersten Gelegenheit für Red Bull Racing, den neuen Diffusor einzusetzen, hatte Button in dieser Saison keinen weiteren Sieg mehr errungen. Webber wurde Vierter, knapp hinter Barrichello – und das trotz seiner offensichtlichen Schmerzen und Probleme, die Nachwehen seines Unfalls aus dem letzten Winter waren. Nichtsdestotrotz hatte Red Bull Racing alle Erwartungen übertroffen und war in seiner erst fünften Saison Zweiter geworden. Das Team nahm Fahrt auf.

KAPITEL 8

VETTEL KRÖNT SICH

2010

Die Saison 2010 sollte für Red Bull Racing unvergesslich werden, denn das Team holte sich sowohl den Fahrer- als auch den Konstrukteurstitel. Es war ein nervenaufreibendes Jahr, das am Ende zwar eine Ära der Dominanz einleitete, aber auch eine Rivalität zwischen Webber und Vettel entfachte, die während ihrer gesamten Zeit als Teamkollegen anhalten sollte. Der Konkurrenzkampf spielte sich sowohl auf der Strecke als auch in der Presse ab und erschwerte zeitweise einiges innerhalb des Teams, machte aber die Saison für die Fans zu einem fesselnden Spektakel.

Wieder gab es ein neues technisches Regelwerk, das Newey auf Trab hielt. Eine radikale Änderung war das Verbot des Nachtankens während des Rennens. Diese Entscheidung wurde einerseits getroffen, um die logistischen Kosten für den Transport der zusätzlichen Ausrüstung zu senken, andererseits aber auch mit dem Ziel, den Sport spannender und für Zuschauer leichter verständlich zu machen. Infolgedessen wurden die Autos schwerer, um Platz für die größeren Treibstofftanks zu haben, deren Inhalt für die gesamte Renndistanz reichen musste. Vereinfacht gesagt, standen die Konstrukteure vor der Herausforderung, ihre Autos umzubauen, um das zusätzliche Volumen und Gewicht unterzubringen, ohne sie dabei aber langsamer zu machen.

Wie bei jeder Regeländerung kommt es darauf an, welche Teams die Grauzonen des Regelwerks ausloten und ein wenig um die Ecke denken, um maximale Leistung aus ihrem Paket zu holen und gleichzeitig den Buchstaben des Gesetzes Genüge zu tun. Hatte sich Newey im Vorjahr, als Red Bull Racing die Saison als Vizemeister hinter Brawn beendete, noch über sein Versäumnis geärgert, nicht selbst auf die Idee mit dem Doppeldiffusor gekommen zu sein, würde er denselben Fehler nicht noch einmal machen. Newey wusste, dass das Team 2009 eine gute Chance auf den Titel gehabt hätte, hätte man schon zu Saisonbeginn einen Doppeldiffusor gehabt. Jetzt konnte er das Rennauto völlig von null weg entwerfen und an Optimierungen tüfteln, statt Löcher zu stopfen und Problemlösungen zu improvisieren. In Milton Keynes war man zuversichtlich, dass Neweys Entwurf für den RB6 das Team an die Spitze bringen würde. Auch auf der operativen Seite war man in Milton Keynes im Vorteil. Red Bull Racing hatte die Kontinuität seines Schlüsselpersonals beibehalten, während es bei den Rivalen McLaren und Ferrari mehrere Wechsel gegeben hatte – vor allem hinter dem Lenkrad.

Bei der Präsentation am 10. Februar in Jerez, Spanien, setzte man definitiv kein Pokerface auf. »Dieses Auto ist eine Limousine. Auf der aerodynamischen Seite haben wir nur kleine aerodynamische Änderungen vorgenommen und uns nicht verrückt gemacht«, erklärte Webber den versammelten Journalisten und fügte hinzu: »Wie clever Adrian ist, zeigt, dass viele Leute unser Auto [im vergangenen Jahr] kopiert haben.«

Der RB6 war länger als der letztjährige Bolide, um den größeren Kraftstofftank unterzubringen. Aber die Hai-Finne an der Motorabdeckung behielt er. Webber fuhr fort: »Kontinuität ist eine sehr gute Sache, besonders wenn es um die Fahrer und ihre Ingenieure geht und darum, zu verstehen, was man braucht. Ich denke, das Team hat sehr eindeutige Erwartungen. Wir hatten im vergangenen Jahr eine großartige Saison und wollen keinen Schritt zurück machen. Wir haben uns hohe Ziele gesteckt.«

In der Presseberichterstattung vor Saisonbeginn gab es einige bemerkenswerte Geschichten zu erzählen, von denen einige legendär werden sollten. Die erste drehte sich um Vettels Landsmann Schumacher, der aus dem Ruhestand in die Formel 1 zurückkehrte, um für das neue Mercedes-Team zu fahren, das Brawn übernommen hatte. Der siebenfache Formel-1-Weltmeister war Vettels Kindheitsheld. Ihre Wege in die Formel 1 ähnelten sich.

Beide stammten aus bescheidenen Verhältnissen, schafften es an die Spitze des Sports, hielten dabei aber Familienwerte hoch. Eine weitere Gemeinsamkeit war die Akribie, die beide Fahrer von ihrem Team und von sich selbst erwarteten.

Mit Vettel hatten die deutschen Medien zu ihrer kollektiven Erleichterung einen Nachfolger für ihren Schumacher als den Formel-1-Helden ihres Landes gefunden. Andere hatten es in puncto Erfolg oder Attraktivität nicht annähernd mit ihm aufnehmen können. Vettel mit seinem Der-kleine-Junge-aus-Heppenheim-Charme war jemand, dem man zujubeln konnte. Die Geschichte schrieb sich von selbst.

In der Folge wurde Vettel in den Medien als »Baby Schumi« bezeichnet. Der etwas einfallslose Spitzname erhielt viel Platz in den Feuilletons, während die Presse darüber spekulierte, wie schnell Schumacher bei seinem Comeback mit den Silberpfeilen sein würde. Die Reporter sprachen den inzwischen 22-jährigen Vettel natürlich auf die Rückkehr seines sportlichen Idols an. Der drehte die Geschichte aber nach seinen vier Siegen in der vergangenen Saison schnell auf sich selbst. »Ich denke, es wird mehr Rivalen geben als nur Michael«, sagte er den Reportern in Jerez. »Mein Ziel ist es, Weltmeister zu werden.«

Der Haken an der Sache: Der andere Fahrer in der Red Bull-Box hatte genau dasselbe vor. Eine intensive Rivalität entwickelte sich, die der *Guardian* am 8. März 2010 in einem Artikel mit einem Zitat Webbers auf den Punkt brachte. Die Überschrift lautete nämlich: »Ich schlafe nicht schlechter, wenn ich an Vettel denke« – was beim Leser keinen Zweifel am Inhalt des Artikels ließ. Der war zwar eine Reflexion über das neue Reglement und die Wintertests sowie ein Ausblick auf die Saisoneröffnung in Bahrain, doch auf halber Strecke findet sich die Zeile, die dem für die Headline zuständigen Redakteur ins Auge gefallen war. Die vollständige Passage lautete: »Viele Leute sehen meinen Teamkollegen Sebastian Vettel als meinen größten Rivalen in diesem Jahr. Ich muss sagen, da draußen gibt es eine Menge schneller Fahrer und einige ziemlich gute Teams. Seb wird sicher schnell sein, keine Frage. Aber ich gehe nicht mit dem Gedanken an ihn ins Bett, sondern mit dem Gedanken an mich selbst und daran, so gut zu sein wie möglich, um für mich die bestmöglichen Ergebnisse zu erzielen.«

Im *Guardian* des darauffolgenden Tages beschrieb der Journalist Donald McRae eine erfrischende Anekdote über Vettels Aussagen bei den Wintertests, wo er erklärte, dass in dieser Saison weniger Interesse an ihm bestehe, »weil ein alter deutscher Kerl beschlossen hat, zurückzukommen. Er hält alle deutschen Journalisten auf Trab, und das ist gut für mich.« Der Artikel geht auf Schumachers Rückkehr ein und kommt dann auf die Rivalität zwischen Vettel und Webber zurück. »Ich denke, die spektakulärste Kombination sind Mark und ich. Denn jeder weiß, dass wir kein Problem haben«, wird Vettel zitiert. »Natürlich will ich ihn jedes Mal schlagen, und er will mich schlagen, aber wir kommen gut miteinander aus.« Der Artikel bezieht sich auf ihren Zwischenfall beim GP von Japan 2007, als Vettel für Toro Rosso gefahren war, und wiederholt Webbers Aussage danach: »Es sind Kinder – sie machen alles kaputt.« Vettel erklärte, dass er die Offenheit seines geradeheraus kommunizierenden Teamkollegen möge. »Nach dem Unfall in Japan war er sehr direkt«, sagte er. »Er war wütend und ich war wütend, aber danach tat es mir leid. Seitdem hatten wir nie wieder ein Problem.«

Als sich die Saison dem Eröffnungsrennen in Bahrain näherte, gab Webber Bob McKenzie vom *Daily Express* ein Interview, in dem er verriet, dass er zu Weihnachten fünf Kilo zu schwer war und hart daran gearbeitet hatte, sein Gewicht zu reduzieren. Er wog 80 Kilo, und es war ein ständiger Kampf, sein Gewicht zu halten, vor allem angesichts seiner Größe von knapp über 1,80 Meter. Das war ein erheblicher Nachteil gegenüber dem kleineren, leichteren Teamkollegen Vettel. Nichtsdestotrotz erklärte Webber: »Wenn Sebastian einer der Favoriten ist, dann muss ich wohl auch einer sein.« Und fügte hinzu: »Vielleicht bin ich ein kleines bisschen mehr Außenseiter, aber die Rolle steht mir.«

Der Saisonauftakt 2010 hatte viel zu bieten: Button und Hamilton gemeinsam bei McLaren; Schumachers Rückkehr in die Formel 1 an der Seite seines Landsmanns Rosberg bei Mercedes; die Frage, ob Red Bull Racing seine Form aus der Vorsaison bis zum ersten Grand Prix halten konnte. Vettel beantwortete die letztgenannte Frage in Bahrain ganz eindeutig, indem er die Poleposition holte. Der Deutsche lag mit seiner schnellen Runde eine volle Sekunde vor Hamilton, der sich als Vierter qualifizierte. Schumacher lag weitere 0,5 Sekunden zurück. Webbers schnellste Runde reichte nur für den fünften Startplatz. Im Rennen selbst erwischte Vettel einen exzellenten Start und schien an der Spitze leichtes Spiel zu haben, bis er nach etwa zwei Dritteln des Rennens langsamer wurde. Seine Rundenzeiten brachen beträchtlich ein. Alonso, Massa (beide Ferrari) und Hamilton (McLaren) zogen an ihm vorbei, und er musste seinen Platz auch noch gegen Rosberg im Mercedes verteidigen. Am Ende belegte er einen enttäuschenden vierten Platz, Webber überquerte die Ziellinie als Achter. Erst einige Tage später stellte sich heraus, dass die Ursache des Problems eine defekte Zündkerze gewesen war.

Beim darauffolgenden Rennen in Australien gab es noch mehr Pech und Enttäuschung. Nachdem sich Vettel und Webber als Erster bzw. Zweiter qualifiziert hatten, ging das Team wieder leer aus. Vettel drehte sich aufgrund eines Bremsdefekts und landete in Runde 26 im Kiesbett. Webber unterlief ein folgenschwerer Fehler, als er mit Hamilton aneinandergeriet. Während der McLaren-Pilot – der übrigens von der örtlichen Polizei verwarnt worden war, weil er am Freitagabend mit seinem Straßenauto die Räder durchdrehen hatte lassen – mit Alonso kämpfte, versuchte Webber, den Briten zu überholen. Dabei verpasste er jedoch den Bremspunkt, blockierte und rutschte in die Hinterreifen von Hamiltons Auto. Webber musste einen Boxenstopp einlegen, um einen neuen Frontflügel zu montieren, und wurde am Ende nur Neunter.

Nach dieser doppelten Enttäuschung ging es beim Großen Preis von Malaysia wieder bergauf. Webber holte sich eine brillante Poleposition, nachdem er sich im Nassen für den schnelleren Intermediate-Reifen entschieden hatte. Damit ließ er Rosberg und Vettel hinter sich, die sich auf P2 bzw. P3 qualifiziert hatten. Im Rennen am Sonntag zog Vettel schnell an Rosberg und Webber vorbei und konnte die Führung halten. Das Team holte den ersten Doppelsieg seit dem letzten Rennen der Saison 2009: Vettel vor Webber.

In der Medienrunde nach dem Rennen gab Webber zu, dass ihn ein Fehler am Start den Sieg gekostet hatte. »Der erste Teil des Rennens ist entscheidend«, sagte er. »Ich hatte kurz durchdrehende Räder und habe so Seb viel Windschatten gegeben … Der Spirit und die Chemie in unserem Team sind großartig, und wir haben gut gekämpft. Seb hatte das bessere Ende für sich, aber es hätte auch anders ausgehen können.« Auch Vettel lobte seinen Teamkollegen: »Es ist gut, dass wir gegeneinander kämpfen können, aber man sollte sich den Respekt bewahren. Und ich bin froh, dass wir das getan haben. Ich bin sicher, Mark würde das Gleiche tun wie ich.«

Nach ihrem Doppelsieg in Malaysia stand Vettel in China auf der Poleposition, Webber startete als Zweiter. Doch die schwierigen Bedingungen führten dazu, dass die beiden auf den Plätzen sechs und acht ins Ziel kamen. »Es war ein sehr chaotisches Rennen«, sagte Horner anschließend im Interview zu den Medien. »Beide Fahrer entschieden sich bei einsetzendem Regen für einen frühen Stopp. Unglücklicherweise traf Mark den vorderen Wagenheber und beschädigte seinen Frontflügel, was ihn ein wenig Zeit kostete. Ein sechster und achter Platz ist nicht das Ergebnis, das wir uns von den Startplätzen eins und zwei erhofft hatten. Aber unter chaotischen Bedingungen war das wie eine Lotterie.«

Anschließend wendete sich das Blatt, zumindest für Webber, mit Siegen in Spanien und Monaco. In Barcelona startete er von der Poleposition, und

Beim GP von Monaco 2010 feiert Webber seinen Sieg mit einem Sprung in den Pool der Red Bull Energy Station. Vettel, Zweiter hinter dem Australier, gesellt sich ebenfalls zu ihm ins Wasser.

Kenny Handkammer ging mit aufs Podium, um den Preis für den Konstrukteur entgegenzunehmen. »Heute war zweifellos ein besonderer Tag, und ich bin sehr glücklich, dass ich aus der Poleposition Kapital schlagen konnte«, sagte Webber nach dem Rennen. »Es fühlte sich wie der längste Grand Prix an, den ich je gefahren bin. Bei meinen anderen Siegen hatte ich mehr zu tun, da ich nicht immer in Führung lag. Aber heute ging es nur darum, die Rundenanzeige im Auge zu behalten. Und – mein Gott – das dauert ja ewig!« Webbers Sieg in Monaco war ähnlich beeindruckend. Er fuhr eine brillante Runde für die Poleposition und konnte dann, wie so oft auf der berüchtigt engen Strecke, seine Position das gesamte Rennen lang verteidigen und gewann den ikonischen GP an der Côte d'Azur. Durch seinen Sieg rückte Webber mit 78 Punkten an die Spitze der Fahrerwertung. Zwar war er punktgleich mit Vettel, doch wegen seiner zwei Siege wurde der Australier auf Platz eins geführt.

Die Risse in der Beziehung der beiden Teamkollegen wurden langsam sichtbar, doch der chaotische Große Preis der Türkei sollte endgültig unüberbrückbare Differenzen zwischen den beiden auslösen. Das Rennen ging seinem spannenden Finale entgegen, als die beiden in Runde 40 kollidierten. Das Team hatte Webber – der, wie bereits erwähnt, schwerer war als Vettel – angewiesen, in den Spritsparmodus zu wechseln, damit er die Renndistanz zu Ende fahren konnte. Das drosselte die Leistung seines Motors. Als er merkte, dass Vettel aufholte, bat er das Team darum, Vettel die gleiche Anweisung zu geben. Dies hätte bedeutet, dass Vettel als Puffer zwischen ihm und der Verfolgergruppe fungiert hätte, damit das Team seinen Vorsprung halten könnte. Webber hätte als Führender davon profitiert. Das Team lehnte seine Bitte jedoch ab, sodass sich Vettel auf der Gegengerade an Webber vorbeikämpfte. Als sich beide Rad an Rad der Kurve zwölf näherten, kam es zum Kontakt. Vettels Rad traf die Verkleidung von Webber und beide hoben ab.

Der Schaden erwies sich als fatal für Vettel, der sich drehte und Webber beinahe ein zweites Mal getroffen hätte. Webbers Frontflügel wurde bei der Aktion beschädigt, und er musste in die Box kommen, um sich einen neuen abzuholen. Letztendlich schaffte er es als Dritter ins Ziel. Die Kollision wurde im Fernsehen analysiert und Kommentator Martin Brundle gab klar Vettel die Verantwortung dafür. »Für mich zu 100 Prozent Vettels Schuld!«, sagte er. Coulthard, der als Co-Kommentator fungierte, war zunächst vorsichtig, seinen ehemaligen Teamkollegen zu verurteilen, bevor er sich dann doch meldete: »Ich denke, Mark hat seine Position gehalten. So unangenehm es ist, sich zwischen diesen beiden zu entscheiden, aber ich muss sagen, dass Seb da nicht hätte reinstechen dürfen.«

Vettel seinerseits war wütend und machte eine Geste, die andeutete, dass Webber verrückt sei, nachdem er aus seinem zerstörten Red Bull geklettert war. Über den Funk des Teams rief er: »Was zum Teufel machen wir hier?! Das ist eine dumme Aktion.« Dann fügte er wie ein bockiger Junge hinzu: »Ich gehe jetzt nach Hause.«

Neben den Reaktionen der Fahrer war es interessant zu beobachten, wie der normalerweise sehr ruhige Newey an der Boxenmauer saß, erst fassungslos die Arme ausbreitete und dann den Kopf in die Hände stützte, um zu verarbeiten, was er gerade gesehen hatte.

Es war klar, dass dieser Zusammenstoß einen Keil zwischen die Fahrer treiben würde. Was danach folgte, sollte die Spannungen nur noch weiter verstärken. Marko wurde von einem Fernsehteam zu dem Vorfall interviewt, und seine Meinung war aufschlussreich. »[Vettel] hatte bereits einen Vorsprung von mindestens zwei Metern. Es kam eine Kurve, und er konnte nicht bremsen, weil er wusste, was passieren würde.« Auf die Frage, ob er Webber einen Fehler unterstelle, wollte Marko keine Schuldzuweisung machen und fügte lediglich hinzu: »Die ganze Situation war unnötig.«

Der Vorfall in der Türkei zog die Aufmerksamkeit der Medien auf sich. Kollisionen sind in der Formel 1 durchaus üblich, aber zwischen zwei Teamkollegen sind sie selten. Und wenn sich die Gemüter erst einmal beruhigt haben, geht das Team normalerweise schnell zur Tagesordnung über. Doch dieses Mal schien sich der Groll zu halten. Horner befand sich in einer heiklen Lage. Anders als bei der Kollision in Japan, als die beiden für getrennte Teams fuhren, stand er jetzt als Teamchef in der Mitte und musste eine diplomatische Gratwanderung vollführen. »Sie hätten sich gegenseitig mehr Raum geben sollen«, sagte er nach dem Rennen. »Sebastian hatte auf diesem Reifen einen Geschwindigkeitsvorteil. Mark blieb auf seiner Linie und drängte ihn raus … Wir haben 28 Punkte verschenkt, das hätte ein

Doppelsieg sein müssen. Damit werden wir uns beschäftigen, bevor wir [zum nächsten Rennen] nach Kanada fliegen.«

Keiner der beiden Fahrer zeigte sich reumütig. Webber behauptete, Vettel sei ihm ins Auto gefahren, während Vettel weiterhin darauf beharrte, dass sein Kontrahent die Schuld trage. Webbers Meinung zu diesem Rennen hat sich in den vergangenen Jahren nicht geändert. Als wir uns im McLaren-Motorhome in Monza darüber unterhalten, ist das Thema für ihn immer noch nicht gegessen. Webber gibt zu, dass dies der »Beginn der Spannungen« zwischen den beiden war. »Ich werde nie vergessen, wie Flavio [Briatore] sagte: ›Du kannst Barcelona und Monaco nicht in Führung liegend verlassen [also nachdem du beide Rennen gewonnen hast]. Etwas wird sich ändern. So wird es nicht weitergehen«, erzählt Webber von dem Gespräch mit seinem Manager über den Start der Saison 2010. Und er lag goldrichtig. Dieses Rennen veränderte plötzlich alles.

Das Rennen in der Türkei mag der Auslöser gewesen sein, aber bei Webber hatte sich bereits vor der Kollision ein gewisser Unmut aufgebaut. Als wir uns unterhalten, erwähnt er, dass er das Gefühl hatte, neue Teile am Auto später als sein Rivale zu erhalten, also dass Vettel sie zuerst ausprobieren würde, bevor sie dann in Webbers Auto kämen. Die Produktionsabteilung eines F1-Teams kann nur eine bestimmte Anzahl von Teilen auf einmal herstellen. Im Laufe einer Saison wird der Wettlauf in der Entwicklung um Evolutionen am Auto genauso hart geführt wie das Rennen auf der Strecke. In der Vergangenheit haben F1-Teams Teile kurzfristig noch zu den Rennen gebracht, in einigen Fällen sogar mit Privatjets, um sie rechtzeitig zum Qualifying zu bringen, wenn sie glaubten, dass das neue Element einen wesentlichen Unterschied in der Rundenzeit ausmachen würde. Timing war also alles, und Webber wusste, wie er im Vorfeld des Türkei-GP feststellte, dass er »einige der Flügel zu spät bekam«. Dieses Thema sollte ein paar Rennen später wieder hochkochen.

Webber, der sich an die Kollision erinnert, ist nach wie vor der festen Überzeugung, dass Vettel den Rückstand in der Türkei nur deshalb aufholen konnte, weil er seinen Motor drosseln musste, um Sprit zu sparen, damit er bis zum Ende des Rennens reichen würde: »Der Spritverbrauch war so hoch, dass es eine Art Patt gab. Bis Vettel anfing, im Windschatten etwas Sprit zu sparen, also rief ich an [also benutzte den Teamfunk], um zu sagen, dass sie auch seinen Motor herunterdrehen sollten. Und dann kam er von innen, zog ziemlich stark nach rechts und wir berührten uns. Das war der Beginn der Spannungen, denke ich, und es war wirklich ungut für das Team, denn [bis zu diesem Zeitpunkt] hatte ich das Rennen voll unter Kontrolle.«

Die Spannungen lebten vor dem Großen Preis von Kanada wieder auf, obwohl Horner betonte, dass seine Fahrer gleich behandelt würden und es keine Bevorzugung gäbe. Das Zerwürfnis hatte die Medien aufgescheucht, die sich auf die Beziehung zwischen den beiden stürzten, wobei Horner zwischen den Fronten stand. Vermutlich um die Wogen zu glätten, bestätigte Red Bull Racing Webbers Platz neben Vettel per Einjahresvertrag für die folgende Saison. Webber – damals 33 Jahre alt – kommentierte: »Ich bin froh, in diesem Stadium meiner Karriere ein Jahr nach dem anderen anzugehen. Es ist allgemein bekannt, dass ich nicht daran interessiert bin, einfach zum Spaß in der Formel 1 zu bleiben.« Er war eindeutig der Meinung, dass er immer noch eine Chance auf den Titel hatte und nicht nur des Geldes wegen in diesem Sport bleiben wollte.

Beim Rennen in Montréal kostete eine Strafe wegen eines Getriebewechsels Webber den zweiten Platz in der Startaufstellung. Er wurde auf den siebten Platz zurückgereiht, was wiederum Vettel auf den zweiten Platz beförderte. Doch keiner der beiden Fahrer konnte um den Sieg mitfahren. Vettel wurde Vierter und Webber Fünfter. Noch dramatischer wurde es beim Großen Preis von Europa in Valencia, wo Webber ein weiteres Mal knapp mit dem Leben davonkam. Das Video seines Crashs mit 300 km/h – als sein RB6 nach einer Kollision mit Heikki Kovalainen hoch in die Luft aufstieg – ist Jahre später immer noch beängstigend. Webber hatte keine Kontrolle über den Wagen, der sich nach hinten überschlug, bevor er auf der Strecke aufknallte und in die Reifenstapel rutschte. Es war ein gewaltiger Aufprall, doch wie durch ein Wunder blieb Mark unverletzt. Nachdem sein Auto zum Stehen gekommen war, sprang er rasch aus dem Auto. Nicht nur, um sich selbst aus der Gefahrenzone zu bringen, sondern auch, um seiner Partnerin Ann und seinen Eltern, die das Rennen im Fernsehen verfolgten, zu signalisieren, dass es ihm gut ging. Vettel sicherte sich derweil den Sieg und rückte in der WM auf den dritten Platz hinter Hamilton und Button vor.

Der Große Preis von Großbritannien fand sechs Wochen nach der Kollision in der Türkei statt. Und wenn es noch Zweifel an der wachsenden Unzufriedenheit der beiden Fahrer gab, dann wurden sie samt und sonders beseitigt, als sie die Samthandschuhe bei der Pressekonferenz nach dem Qualifying in Silverstone auszogen. Den Fahrern von Red Bull Racing war es schon immer erlaubt, ihre Meinung zu artikulieren, selbst wenn es für die Kommunikationsabteilung unangenehm ist – ein erfrischender Umgang mit Sportstars, die ohne Maulkorb auskommen dürfen. Als Vettel also die Poleposition für das Rennen einfuhr, nachdem er als einziger den neuesten Frontflügel des Teams erhalten hatte, hielt sich Webber mit seinen Kommentaren nicht zurück. »Ich denke, das Team ist mit dem heutigen Ergebnis zufrieden«, schnauzte er, bevor er einen Schluck aus seinem Wasserglas nahm und es mit Nachdruck auf den Tisch knallte und so den Medien unmissverständlich mitteilte, was er dachte, während Vettel zu sprechen begann. Horner blieb nichts anderes übrig, als zu versuchen, die Gründe für die Entscheidung zu rechtfertigen, indem er erklärte, dass Vettel in der Meisterschaft besser platziert sei und die neuen Teile erhalten habe, um seine Titelchancen zu erhöhen. »Mark kennt die Art und Weise, wie wir als Team arbeiten«, sagte er. »Er weiß, dass keine böse Absicht und keine Manipulation dahinterstecken.«

Webber war sichtlich wütend und fest entschlossen, sich im Rennen nichts von seinem Teamkollegen gefallen zu lassen. Zu Beginn des Rennens machte Vettel Druck auf Webber in der Anfahrt zur Hochgeschwindigkeitskurve Copse Corner. Doch der Australier hielt seine Position und ließ sich nicht einschüchtern. Das zwang Vettel zu einem Zweikampf mit Hamilton. Die beiden berührten sich, wobei Vettel einen Reifenschaden erlitt. Webber sah als erster die Zielflagge und wurde von Horner über den Teamfunk beglückwünscht, als er die Ziellinie überquerte. »Gut gemacht, Mark, du hast den britischen Grand Prix gewonnen«, sagte Horner. Daraufhin gab sein siegreicher Fahrer trocken zurück: »Nicht schlecht für die Nummer Zwei im Team, cheers.«

Webber war im Medientermin nach dem Rennen immer noch sauer und sagte, er hätte keinen neuen Vertrag mit dem Team unterschrieben, wenn er das Gefühl gehabt hätte, dass mit zweierlei Maß gemessen würde. Dieses Mal kommunizierte er den Medien klar, dass die Teile auf seiner Seite der Box später eintrafen. »Gestern war wirklich eine einzigartige Situation«, sagte er. »Und es war das erste Mal, dass wir nur ein Teil hatten.« Mit anderen Worten, es gab nur ein neues Autoteil, das, wie er andeutete, an Vettel ging (normalerweise werden verbesserte Teile, wie zum Beispiel Frontflügel, paarweise produziert, damit beide Fahrer von den Designverbesserungen profitieren können). »Ich hätte niemals einen Vertrag für das nächste Jahr unterschrieben, wenn ich geahnt hätte, dass so der zukünftige Weg aussieht. Ich hatte in meiner Karriere schon einige Hürden zu überwinden, manchmal auch privat, und ich denke, man kann den Charakter eines Menschen daran messen, wie er sich von Rückschlägen erholt. Bei einigen Fahrern ist das der Fall, bei mir ein bisschen öfter als bei anderen.« Als er von den Medien gefragt wurde, ob er den Sieg als ausgleichende Gerechtigkeit empfinde, sagte er: »Ein Treffen mit dem Karma? Sicher.«

Als die Saison auf die Zielgerade zusteuerte, wechselten sich die beiden mit ihren Siegen ab, und Red Bull Racing konnte sich schon im vorletzten Rennen in Brasilien den Sieg in der Konstrukteurswertung sichern. Die Fahrer-WM ist der begehrteste Preis, aber der Konstrukteurstitel ist zentral für das Team. Denn je höher die Platzierung, desto mehr Preisgeld erhält das Team. Vettels Sieg und Webbers zweiter Platz sorgten dafür, dass Red Bull Racing beim Saisonfinale in Abu Dhabi nicht mehr eingeholt werden konnte. Es war ein wegweisendes Ergebnis nach einer schwierigen Saison.

»In nur sechs Jahren hat sich Red Bull von einem Team, das niemand ernst nahm und das alle bloß für ein Partyteam hielten, zum F1-Konstrukteursweltmeister 2010 entwickelt«, sagte Horner. »Wir waren besser als Teams, die viel mehr Erfahrung und Tradition haben als wir – wir haben es mit ihnen aufgenommen und gewonnen – dank des enormen Engagements jedes einzelnen Teammitglieds, der unglaublichen Unterstützung von Red Bull und der Vision und des unbeugsamen Engagements von Herrn Mateschitz.«

Horner hatte natürlich recht. Einen einzelnen Grand Prix zu gewinnen, ist eine Sache, aber konstant zu liefern und genügend Siege einzufahren, um den Konstrukteurstitel zu gewinnen – gegen Ferrari, McLaren, Mercedes, BMW und Williams –, war eine ganz andere Sache.

Das Ergebnis von São Paulo bedeutete, dass der Fahrertitel beim letzten Rennen der Saison in Abu Dhabi noch von drei Fahrern gewonnen werden konnte. Alonso im Ferrari führte die Meisterschaft mit 246 Punkten an, Webber lag bei 238, Vettel hatte 231. Im Vorfeld wurde vor allem über das Red Bull Racing-Paar spekuliert. Es ging darum, ob es den beiden erlaubt sein würde, ein Rennen ohne Teamorder zu fahren, und so nicht nur das eine Rennen, sondern die Fahrer-WM völlig frei zu entscheiden. Sowohl Horner als auch Mateschitz, die sich nur selten in der Presse äußerten, betonten, dass sie sich nicht in den Ausgang des Rennens einmischen würden. In einem Interview in *Autosport* vor dem Rennen sagte Mateschitz, er würde es vorziehen, wenn seine Fahrer »unter den richtigen Umständen« den Kürzeren gegen Alonso ziehen würden.

»Es kam für uns nie infrage, den Fahrern in die Quere zu kommen«, betonte er. »Ein zweiter Platz unter den korrekten Umständen ist vielleicht besser als ein Sieg aufgrund von Befehlen und Stallorder.« Es ist Mateschitz hoch anzurechnen, dass er Webbers Verdienst an der Konstrukteursmeisterschaft anerkannte und andeutete, dass er bereit wäre, ihm bei Bedarf zu helfen. »Wenn die Situation am Sonntag eintritt«, sagte er, »dann wissen alle, dass sie für das Team fahren. Wir hatten schon einige Gelegenheiten, bei denen es knapp war und nicht so gut ausging. Das Hauptziel ist, diese Fehler nicht zu wiederholen. Und den Rest werden wir sehen.«

Wie sich zeigte, spielte Vettel nicht die Rolle des zweiten Fahrers und benötigte auch keine Unterstützung von Webber. In einem atemberaubenden Finale errang er seinen ersten Weltmeistertitel. Der junge Deutsche holte im Qualifying die Poleposition, während Webber vom fünften Platz aus startete. Vettel verteidigte seinen ersten Platz und gewann das Rennen, womit er sich zum ersten Mal in dieser Saison überhaupt an die Spitze der Punktewertung setzte. Er holte den Titel mit vier Punkten Vorsprung auf Alonso, während Webber mit weiteren zehn Punkten Rückstand Dritter wurde. Für Webber war das hart, da Vettel erst in den letzten fünf Rennen mit drei Siegen und einem zweiten Platz mächtig aufgeholt hatte. Aber Abu Dhabi war zweifelsohne ein herausragender Sieg. Mit dem Gewinn des Titels krönte sich Vettel mit nur 23 Jahren und 134 Tagen zum jüngsten Formel-1-Weltmeister aller Zeiten.

Konstrukteurstitel für Red Bull Racing: Horner küsst nach dem Großen Preis von Abu Dhabi 2010 seinen Designchef Newey in der Box.

Michael Schumacher gratuliert Vettel nach seinem ersten F1-Weltmeistertitel beim GP von Abu Dhabi 2010. Später sollte Sebastian wie sein Idol für Ferrari fahren.

KAPITEL 9

DAS VOLLE PROGRAMM

2011

Die Nachwirkungen der turbulenten Saison 2010 lasteten schwer auf Red Bull Racing, insbesondere auf einem seiner Fahrer. Mark Webber hatte miterlebt, wie sein jüngerer Teamkollege jenen WM-Titel gewann, den er sich so sehr gewünscht hatte. Und nicht nur das: Argwohn und Misstrauen hatten sich in seine Gedankenwelt eingeschlichen, und es fiel ihm schwer, weiterzumachen. Der geradlinige Rennfahrer Webber war so sehr von der internen Politik vereinnahmt worden, dass er nun Mühe hatte, seine Beziehung zum Team zu pflegen. Er hatte einen solchen Tiefpunkt erreicht, dass er aufgrund des Drucks sogar seinen Rücktritt aus der Formel 1 in Erwägung zog.

Als ich ihn frage, wie nah er am Ende der Saison 2010 tatsächlich daran war, aufzuhören, erklärt er, dass er durch die unglaublichen Höhen und Tiefen während des Jahres in einen inneren Konflikt geraten war. »Es war eine Menge los, ganz sicher«, sagt er in seiner typischen, zurückhaltenden Art. »Ich habe alles getan, was in meiner Macht stand, um mich im Titelkampf zu halten, der bis zum letzten Rennen ging. Die anderen Fahrer hatten ihre wilden Momente während der Saison, und ich hatte sie in Valencia [der Crash bei plus-300-km/h] und in Korea [jener Unfall mit Rosberg, der sein Rennen beendete, bei dem Webber im Nassen den Grip verlor, sich drehte, nach dem Einschlag in die Mauer zurück auf die Strecke rollte und den Deutschen berührte, was beide nach nur 18 Runden aus dem Rennen zwang]. Das war das erste Mal in diesem Jahr, dass ich das Auto tatsächlich um 360 Grad gedreht habe! Es war ein intensives Jahr, bei dem es darum ging, immer am Drücker zu bleiben.« Er will nicht verraten, wie nahe er dran war, den Sport zu verlassen. Aber er erzählt, dass es seine Beziehung zu Mateschitz war, die ihm die Kraft gab, weiterzumachen. »Letztendlich war er der Boss«, sagt Webber. »Ich habe also versucht, mit ihm so viel wie möglich in Kontakt zu bleiben, so transparent wie möglich zu sein und ihm zu sagen, wie ich mich im Team fühle. Sebastian und Helmut hatten ein sehr, sehr enges Verhältnis zueinander, und ich hatte das nicht. Heute komme ich gut mit ihnen aus. Als ich dort Rennen fuhr, gab es natürlich Konfliktpunkte. Und für Christian war der Umgang damit noch neu.«

Webbers Schwierigkeiten waren nicht nur in seiner Beziehung zum Team begründet. Sein Buch *Up Front: A Season to Remember* erschien im Winter 2010 in Australien. Darin schildert er, dass er auch mit einer Verletzung zu kämpfen hatte, die er vor seinen Kollegen verheimlichte. Webber hatte sich kurz nach dem Großen Preis von Singapur im September 2010 bei einem Mountainbike-Unfall die Schulter gebrochen. Ein paar Tage später sollte er in Japan antreten. Doch wegen starken Regens wurde das Qualifying abgesagt und auf den Sonntag verlegt, was ihm einen zusätzlichen Tag zur Erholung und die Zufuhr von noch mehr Schmerzmitteln ermöglichte. »Ich fuhr mit einem guten Freund von mir«, schreibt Webber in dem Buch. »Plötzlich stürzte er vor mir und ich konnte nur noch über ihn drüber brettern. Suzuka ist eine brutale Strecke, deshalb war es ein Segen, dass mir das japanische Wetter am Samstag einen Tag Pause bescherte. Und auch eine Spritze vor dem Rennen half.«

Die einzigen Personen, die von der Verletzung wussten, waren sein Fitnesstrainer und der leitende Arzt der Formel 1, Dr. Gary Hartstein. Die Details wurden sogar vor Horner geheim gehalten. Webber fuhr mit Kortison-Spritzen, die es ihm ermöglichten, nach seinem Rad-Unfall an Rennen teilzunehmen. Natürlich lässt sich nicht mit Bestimmtheit sagen, ob sich die Verletzung auf die Ergebnisse der letzten vier Rennen der Saison auswirkte, bei denen er einige entscheidende Punkte verpasste. Aber schon der Fahrradunfall in Tasmanien hatte seine Beweglichkeit eingeschränkt. »Es war einfach frustrierend, weil der ursprüngliche Eingriff, den ich nach dem Unfall hatte, nicht ganz reibungslos verlief«, erzählt mir Webber. »Es gab ein paar Probleme, die wir gerne behoben hätten, aber während der Saison war das nicht möglich. Also hatte ich Schmerzen, während ich versuchte, die Belastung des Beins so gering wie möglich zu halten. Es beeinträchtigte auch mein Training und folglich meine Möglichkeiten, mein Gewicht niedrig zu halten: Immerhin war Sebastian acht Kilo leichter als ich.«

Während der Testfahrten vor der Saison wurde einer der Gründe für Webbers Entscheidung deutlich, in der Formel 1 zu bleiben. Der diesjährige Bolide, der RB7, sollte sich als herausragend erweisen und eines der dominantesten F1-Autos aller Zeiten werden. Es war auch das erste Auto von Red Bull Racing, das die volle Unterstützung von Motorenpartner Renault genoss: Man war faktisch zum Werksteam des französischen Autogiganten geworden. Red Bull Racing hatte endlich die volle technische Unterstützung von Renault, die das Team wie schon in der Vergangenheit mit Motoren versorgten. Webber wusste, dass der Hauptvorteil eines Werksteams darin bestand, dass Red Bull Racing die neuesten und theoretisch besten verfügbaren Teile erhielt. In der Vergangenheit wurden einige Motorenhersteller beschuldigt, Aggregate zu liefern, die nicht den neuesten Spezifikationen entsprachen, was natürlich ein Nachteil war. Zusätzlich bedeutete der Werksstatus, dass die Konstrukteure von Red Bull Racing nun viel effizienter arbeiten konnten. Denn sie hatten den Vorteil, Gewicht und Abmessungen des Motors schon lange im Voraus zu kennen. So war die Integration des Motors in das Chassis ein viel reibungsloserer Prozess.

Auch auf Vettels Seite der Box liefen die Dinge recht gut. Vor der neuen Saison war ihm ein neuer Vertrag mit Red Bull Racing angeboten worden, der ihm einen Verbleib im Team bis zum Ende der Saison 2014 sichern sollte. Gerüchten zufolge beinhaltete der Vertrag eine Vervierfachung seines Gehalts und hatte einen Wert von rund 9 Millionen Dollar pro Jahr. Mit der Bekanntgabe des Vertrags wehrte Red Bull Racing einerseits das Interesse der Konkurrenz an dem jüngsten F1-Weltmeister ab, und es war andererseits auch ein starkes internes Statement für das Team. Horner verriet, dass Vettel seine Bedingungen mit Mateschitz selbst ausgehandelt hatte, anstatt einen Agenten oder Manager zu schicken.

»Sebs Vertrag hatte noch eine Weile Gültigkeit, aber wir waren beide der Meinung, dass die Zukunft geklärt werden sollte, und er hat sich recht schnell geeinigt«, sagte Horner, als er den neuen Vertrag offiziell bestätigte. »Er fühlt sich im Team wohl, denn er war schon in der Juniorenzeit bei Red Bull. Ich bin mir sicher, dass er viele Anfragen bekommen hat, und deshalb haben wir versucht, die Spekulationen für die kommende Saison zu stoppen. Sicherlich haben McLaren und Ferrari Interesse an ihm gezeigt, aber sie sind im Moment langfristig an ihre jeweiligen Fahrer gebunden. Jedes Team mit ernsthaften Ambitionen würde Seb haben wollen. Es ist sehr ungewöhnlich und erfrischend in der heutigen Zeit, dass er seine eigenen Verhandlungen führt. Er macht sein eigenes Ding; er ist sein eigener Chef.«

Mit der Vertragsverlängerung für Vettel und einer neuen Vereinbarung für Newey sicherte sich Red Bull Racing seine Schlüsselspieler. Dazu äußerte sich Horner: »Hoffentlich wird Red Bull das letzte Formel-1-Team sein, für das Adrian arbeitet. Er hat wieder Spaß am Rennsport und es gibt keine Anzeichen dafür, dass seine Leidenschaft nachlässt.«

Während andere großzügige Vertragsverlängerungen bekamen, musste Webber warten. Fairerweise muss man sagen, dass sein laufender Vertrag erst ein halbes Jahr zuvor verlängert worden war und bis zum 35. Lebensjahr gelten würde. Für Red Bull Racing war es sinnvoll, sich alle Türen offen zu halten. Horner ging sehr pragmatisch mit der Tatsache um, dass sich seine beiden Fahrer in unterschiedlichen Stadien ihrer Karriere befanden. »Mit 34 Jahren fängt Mark nicht gerade erst an«, sagte er. »Er hat fast 160 Grand Prix absolviert. Wenn die Zeit für Mark gekommen ist und er immer noch die Motivation und den Willen hat und konkurrenzfähig ist, dann ist es logisch, über eine Vertragsverlängerung zu sprechen. Aber es ist sowohl für ihn als auch für uns zu früh, diese Gespräche zu führen. Mark weiß, dass dieses Jahr für ihn wichtig wird und er die gleiche Unterstützung bekommt. Und er weiß auch, dass er nicht mehr am Anfang seiner Karriere steht. Er ist clever genug, um das selbst zu wissen, ohne dass ich ihm das erklären muss.«

Webbers Misere machte ihn zu einem idealen Ziel für die Medien. Seine direkte Art hatte ihn bei der Presse bereits beliebt gemacht. Außerdem wandten sich die Journalisten häufig an die älteren Fahrer, um sie nach ihrer Meinung über den Sport zu fragen. Die jüngeren Fahrer waren oft zu schüchtern, um die gewünschten Antworten zu geben. Webber scheute sich nicht, die Dinge so zu benennen, wie er sie sah – und es gab tatsächlich eine Reihe von Gesprächsthemen im Vorfeld der neuen Saison, wie zum Beispiel das politisch brisante Rennen in Bahrain im Jahr 2011. Im Land erhob sich der Arabische Frühling und Anti-Regierungs-Proteste folgten. In einer Reihe von Interviews, unter anderem in *Autosport*, hatte Webber deutlich gemacht, dass er sich mit der Aussicht auf ein Rennen dort »nicht wohl fühlte«.

Webber wurde auch nach seiner Einschätzung zu den Saisonvorbereitungen befragt. Er hielt sich nicht zurück. Es war für ihn sinnvoll, in einer Zeit, in der er Verbündete brauchte, offen mit den Medien umzugehen. Und so gab er gerne launige Antworten. In einem Interview mit dem *Evening Standard* in London erklärte Webber, wie er für seine Diät die »Ricky-Hatton-Methode« anwandte – benannt nach dem ehemaligen Boxer, dessen Gewicht zwischen den Kämpfen erheblich zunahm. »Fünf Wochen lang habe ich mich entspannt, und wenn ich Lust hatte, Würstchen zu essen, habe ich sie mir reingehauen«, sagte er. »Es war einfach gut, diese Auszeit zu nehmen, denn das habe ich schon lange nicht mehr getan. Normalerweise bin ich nicht gut darin, nichts zu tun, aber nach zwei wirklich harten Wintern, in denen ich entweder mit Krücken ging oder operiert wurde, war das notwendig. Ich habe mich erholt und fühle mich bereit.« Und dann erklärte er in der *Times*, dass er »gerne der Außenseiter ist, der ein bisschen in den Seilen hängt«. Vielleicht war das nur ein Zufall, aber die Analogien zum Boxen machen deutlich, dass er immer noch Lust auf einen Kampf hatte und sich auf eine weitere Saison im Schwergewicht vorbereitete.

Vettel hingegen war gegenüber den Medien eher zurückhaltend. In seinen Interviews ging es vor allem darum, die Erwartungen herunterzuspielen. Aber es gab auch Anflüge von Humor, als er verriet, dass er so etwas wie ein Anglophiler sei, der die britische Kultur liebe, vor allem ihre Comedy und Musik. Er zitierte oft Zeilen aus *Little Britain* oder von Monty Python, und er interessierte sich sehr für die Beatles. Trotzdem wurde er medial im Allgemeinen von seinem Teamkollegen in den Schatten gestellt. Vettel war ein vorsichtiger Typ und es kamen eher defensive Aussagen wie: »Ich habe zwar die Nummer eins auf meinem Auto, aber das ist vom letzten Jahr und macht mich dieses Jahr nicht schneller.«

Mit zwei Polepositions und zwei Siegen bei den ersten beiden Rennen in Australien und Malaysia gelang Vettel ein perfekter Start in seine Titelverteidigung. Webber hingegen konnte in Melbourne nur den fünften und in Sepang den vierten Platz erreichen. Als das dritte Rennen in China anstand, kochte Webber vor Wut, als er nach einem katastrophalen Qualifying schon im ersten Segment ausgeschieden war und sich bloß als 18. qualifiziert hatte, während Vettel erneut auf der Poleposition stand. Webber war durch ein elektrisches Problem im Training aus dem Tritt geraten und schimpfte über die Entscheidung des Teams, ihn nicht früh genug auf die Strecke zu schicken, um ihm genügend Zeit zu geben, seine Reifen aufzuwärmen, damit sie das nötige Maß an Grip erreichten. Doch mehr als das: Das Team hatte ihm nicht nur zu wenig Zeit gegeben, die harte Reifenmischung ins perfekte Temperaturfenster zu bringen. Weiche Reifen haben zwar eine kürzere Lebensdauer, bauen aber schneller Grip auf. Die haltbaren harten Reifen benötigen eine längere Aufwärmphase für die schnellste Runde.

Webber hielt sich nicht zurück und sagte: »Wenn ein Spitzenteam in Q1 ausscheidet, wissen es im Nachhinein alle besser. ›Scheiße, wir hätten dies oder das tun sollen.‹ Das Timing war das Problem, nicht der Reifen.«

Im Rennen selbst wurde seine schlechte Laune durch eine brillante und mutige Aufholjagd gemildert, die ihn vom 18. auf den dritten Platz brachte. Vettel wurde Zweiter hinter dem McLaren von Hamilton. Nach dem Rennen zeigte Webber nur allzu deutlich, dass er sich darüber freute, dass sein Teamkollege nicht wieder gewonnen hatte. »Glückwunsch an Lewis. Es war gut, dass endlich jemand …«, sagte er, bevor er sich selbst davon abhielt, in ein Fettnäpfchen zu treten. »Natürlich ist Seb im selben Team wie ich, aber er hat einen phänomenalen Lauf, und wir kämpfen hier alle zusammen um Siege«, fuhr er hastig fort. »Es ist in gewisser Weise schade, dass McLaren gewonnen hat, aber wir dürfen Seb auch nicht enteilen lassen.«

Angesichts der angespannten Lage im Team war die Vorbereitung auf den Großen Preis der Türkei besonders interessant. Die Strecke vor den Toren Istanbuls war in der vergangenen Saison Schauplatz des explosiven Aufeinandertreffens der beiden gewesen, und eine Rückkehr würde diese Wunde wieder aufreißen. Horner spielte die Bedeutung der Rückkehr in den Istanbul Park und des ersten europäischen Rennens der Saison herunter. »Natürlich ist das, was letztes Jahr passiert ist, passiert«, sagte er vor dem Rennen. »Wir haben unsere Lehren daraus gezogen und freuen uns darauf, wieder nach Istanbul zu kommen.«

Doch aller Unkenrufe über die Rückkehr zum Trotz gab es im Rennen kaum Kontroversen. Denn Vettel und Webber qualifizierten sich auf den Plätzen eins und zwei der Startaufstellung, die sie auch in die gleichen Podiumsplätze verwandelten. Vettel hatte nun 93 Punkte und damit 34 Punkte Vorsprung auf Hamilton in der Fahrerwertung, während Red Bull Racing in der Konstrukteurswertung 43 Punkte Vorsprung hatte.

Vettel war einfach nicht zu stoppen und siegte auch in Spanien. Auf dem Weg zurück an die Box sang er im Teamradio den *Crazy-Frog*-Song. Es folgte der Sieg in Monaco, womit er fünf Siege in sechs Rennen errungen hatte. Aber das war alles andere als ein einfacher Sieg. Das Rennen war chaotisch und fesselnd, weil es zwei Safety-Car-Phasen gab. Die zweite kam zehn Runden vor Schluss, als Jaime Alguersuari von Toro Rosso mit Vitaly Petrov von Renault kollidierte und das Rennen kurzzeitig unterbrochen wurde. Die Folge war eine Safety-Car-Phase, in der die Fahrer hinter dem Pace-Car herfuhren, bevor sie die letzten fünf Runden frei fahren konnten. Sowohl Alonso im Ferrari als auch Button im McLaren setzten Vettel unter Druck. Er behielt aber die Nerven und gewann seinen ersten Grand Prix von Monaco. Das Rennen hatte sich als Thriller erwiesen – ungewöhnlich für diese Strecke, denn aufgrund der engen Straßen wird die Veranstaltung eher zu einer Prozession als zu einem Rennen, da es an Überholmöglichkeiten mangelt. Aber dieses Rennen war anders als frühere; es war wirklich spannend. Die einzige Konstante war ein Red Bull-Sieger, was angesichts ihrer Dominanz nicht überraschte. Vettel führte die Meisterschaft nun mit 58 Punkten Vorsprung auf Hamilton an; fast hatte man das Gefühl, dass der Wettbewerb für alle anderen schon vorbei war.

Vettels Erfolg stand im Gegensatz zu Webbers Unfähigkeit, 2011 in die Gänge zu kommen. In den ersten sechs Rennen, in denen sein Teamkollege dominiert hatte, konnte er nur zwei Podiumsplätze erringen. Sein Vertrag lief noch bis zum Ende der Saison, doch angesichts des Erfolges von Red Bull Racing war sein Cockpit hoch begehrt. Es war klar, dass sich andere Fahrer darum bemühen würden, sollte sich die Chance ergeben.

Dennoch war es eine Überraschung, als Hamilton beim GP von Kanada ganz öffentlich auf das Team zuging. Der McLaren-Mann ging in den Hospitality-Bereich von Red Bull Racing und suchte persönlich das Gespräch mit Horner. Das entbehrte nicht einer gewissen Ironie. Schließlich hatte er das Team im März in Melbourne mit den Worten herabgewürdigt: »Red Bull ist kein Hersteller, sondern eine Getränkefirma.« An dieser Stelle sollte man erklären, dass es zwar üblich ist, dass Teamchefs gegenseitig ihre Motorhomes und Hospitalities betreten, es aber selten ist, dass ein Fahrer dies tut – vor allem nicht ohne vorherige Absprache. Zusätzlich hatte Hamilton den ungewöhnlichen Schritt unternommen, die Firma XIX Entertainment des Künstlermanagers Simon Fuller als sein Management einzusetzen. Hamilton und Horner unterhielten sich kurz für 15 Minuten. Aber eigentlich war sein Auftritt beim großen McLaren-Rivalen dazu gedacht, beim Team aus Woking die Alarmglocken schrillen zu lassen.

Hamilton stand dort noch bis zum Ende der Saison 2012 unter Vertrag. Aber die Tatsache, dass er seinen 2008 gewonnenen Weltmeistertitel nicht wiederholen konnte, belastete ihn schwer. Er hatte das Gefühl, dass er regelmäßiger hätte gewinnen müssen. Red Bull Racing hatte seine Neugier geweckt, und es war interessant zu beobachten, wie dies seine Wahrnehmung des Teams und Vettels in den kommenden Jahren prägen würde. Hamilton war es sich selbst schuldig, sich nach einem Cockpit bei Konkurrenz-Teams umzusehen. Das mögliche Interesse eines anderen Herstellers würde ihm selbstverständlich auch bei anstehenden Vertragsverhandlungen helfen. Dabei ging es nicht unbedingt nur ums Gehalt. Für F1-Fahrer zählen in Verträgen mehr als Vertragsdauer und Geld. Der langwierigste Teil der Verhandlungen bezieht sich oft auf die Anzahl der Medien- und Sponsorentage, die ein Fahrer pro Jahr absolvieren muss. Ein weiterer wichtiger Teil ist die Flexibilität, eigene private Werbeverträge abschließen zu dürfen. Dies war bei McLaren nur begrenzt möglich, da das Unternehmen eine strenge Politik verfolgte, wenn es um Sponsoren ging – sie mussten genau zur Unternehmenskultur passen.

Ironischerweise touchierten sich Webber und Hamilton im kanadischen Rennen – einem vierstündigen Epos, das durch Regen verzögert und von

Button gewonnen wurde, nachdem Vettel in Führung liegend in der letzten Runde einen Fehler gemacht hatte.

Die turbulente Beziehung der beiden Red Bull Racing-Piloten sollte beim Großen Preis von Großbritannien wieder aufflammen. Webber ignorierte die Anweisung des Teams, nicht zu versuchen, Vettel zu überholen. Mehrmals wies ihn das Team an, seine Position hinter dem Deutschen zu halten. Aber er versuchte dennoch, seinen Teamkollegen in den letzten Runden zu überholen, scheiterte jedoch und wurde Dritter. Dass er die Anweisungen des Teams über den Funk konsequent ignorierte, heizte die Spekulationen darüber an, dass Hamilton ihn in der kommenden Saison ablösen könnte.

Horner äußerte sich offen und mit deutlichen Worten über das Verhalten des 34-Jährigen: »Ich bin überrascht, dass Mark die Order nicht respektiert hat. Das Team ist das Wichtigste und kein Einzelner ist wichtiger. Es ergibt keinen Sinn, ihnen zu erlauben, wieder zu kämpfen. Wir haben riskiert, 33 Punkte zu verschenken, als wir unsere Fahrer gegeneinander fahren ließen. Wie wir bereits gesehen haben, kann das schlimme Folgen haben.«

Auch Webber sprach Klartext und stellte sich seinem Vergehen, indem er sagte, er habe die Anweisung absichtlich ignoriert, weil er hoffte, dass der spätere Sieger, Ferrari-Pilot Alonso, die Zielflagge nicht sehen würde. Er war wütend, dass er den Befehl überhaupt erhalten hatte; sein Gesicht war in der Pressekonferenz nach dem Rennen wie versteinert. Horner hatte gesagt, dass sein Fahrer mit der Entscheidung des Teams »einverstanden« sein sollte – aber das war eindeutig nicht der Fall. »Ich bin damit nicht einverstanden, nein«, schimpfte Webber. »Wenn Fernando in der letzten Runde ausgeschieden wäre, hätten wir um den Sieg gekämpft. Ich habe bis zum Schluss gekämpft. Ich habe das Team ignoriert, weil ich versuchen wollte, eine bessere Platzierung zu erreichen. Seb hat sein Bestes gegeben, ich habe mein Bestes gegeben. Ich wollte einfach nur bis zum Ende fahren. Aber vier oder fünf Runden vor Schluss fingen sie an, mit mir über das Halten meiner Position zu reden. Natürlich wollen sie die Punkte, aber ich muss auch versuchen, ein paar Punkte für mich zu holen.«

Horner räumte ein, dass die erneuten Spannungen zwischen seinen rivalisierenden Fahrern weitere interne Maßnahmen notwendig machen würden, und fügte hinzu: »Wir hätten ziemlich dumm ausgesehen, wenn sie kollidiert wären. Unsere Fahrer sind jetzt Erster und Zweiter in der WM, und wir werden nichts tun, um das zu gefährden. Ich kann Marks Frust verstehen, aber wenn es andersherum gewesen wäre, wäre die Entscheidung die gleiche gewesen. Ich habe es vor den Ingenieuren und all den Mitarbeitern, die so viel Arbeit in beide Autos stecken, gesagt, dass das Wichtigste ist, ein Teamergebnis zu erzielen, und zwar für all die Menschen, die so viel Arbeit in diese beiden Autos gesteckt haben.«

Während Webber wütend war, glänzte Vettel weiterhin. Es wurde deutlich, dass er de facto zum Nummer-eins-Fahrer geworden war, sollte das Team jemals gezwungen sein, eine Stallorder auszusprechen. Er gewann drei Rennen in Folge in Belgien, Italien und Singapur und stand in allen drei Rennen auf der Poleposition. Dank seiner Punkteausbeute konnte er in Japan den Fahrertitel sichern – und zwar so souverän, dass ihm schon vier Rennen vor Schluss der Titel nicht mehr zu nehmen war. Ein dritter Platz in Suzuka hinter Button und Alonso brachte ihm genug Punkte für den vorzeitigen Gewinn seines zweiten WM-Titels ein. Er konnte nicht mehr eingeholt werden. Im Laufe der Saison hatte er neun Siege geholt und war viermal Zweiter geworden. Der 24-Jährige war der jüngste Fahrer, der zwei Titel in Folge gewann und damit den Rekord von Alonso aus dem Jahr 2006 um fast ein Jahr unterbot. »Wir hatten ein fantastisches Jahr, und das Gute daran ist, dass es noch nicht vorbei ist«, sagte er nach dem Rennen. »Wir haben uns in eine sehr, sehr starke Position gebracht, und es ist großartig, dass wir das Ziel, das wir uns zu Beginn des Jahres gesetzt haben, bereits erreicht haben.« Er bedankte sich auch kurz bei Webber.

Beim folgenden Rennen in Korea sicherte sich das Team die Konstrukteurs-WM. Vettels Sieg und Webbers dritter Platz hinter Hamilton sorgten dafür, dass das Team drei Rennen vor Schluss 140 Punkte Vorsprung auf McLaren hatte. »Zwei Konstrukteurs- und zwei Fahrermeisterschaften zu gewinnen, ist für einen Getränkehersteller gar nicht schlecht, oder?«, sagte Horner nach dem Rennen – eine klare Anspielung auf Hamiltons Kommentar zu Beginn der Saison. Hamilton gab später zu, dass er sich geirrt hatte, als er Red Bull Racing abschätzig behandelte. Im Jahr 2022 sagte er: »Ich glaube, ich habe vor Jahren etwas darüber gesagt, dass sie eine Getränke-

Verdienter Champagner-Schluck aus dem Siegerpokal: Poleposition, Start-Ziel-Sieg und schnellste Runde für Vettel beim GP von Indien 2011.

firma sind und solche Sachen. Aber sie haben mich eines Besseren belehrt, und alle anderen auch. Sie haben einen großartigen Job gemacht.«

Vettel gewann auch in Indien, doch seine makellose Bilanz wurde beim vorletzten Rennen des Jahres in Abu Dhabi getrübt. Er hatte die Poleposition erobert, doch ein Reifenschaden in der ersten Runde zwang ihn, das Auto abzustellen, und er kam nicht ins Ziel. Das abrupte Ende verhinderte, dass er Schumachers Rekord von 13 Siegen in einer Saison einstellen konnte. Webbers vierter Platz bedeutete, dass Abu Dhabi 2011 das einzige Rennen in dieser Saison war, in dem keiner der beiden Fahrer einen Podiumsplatz erreichte.

Beim letzten Rennen des Jahres konnte Webber die Frustration und den Ärger eines ganzen Jahres rauslassen. Er war mit dem Versprechen in die Saison gegangen, um den Titel zu kämpfen. Er konnte aber nicht mit den Ergebnissen seines Teamkollegen mithalten, der eine sensationelle und dominante Saison fuhr. Webber musste sich mit Podiumsplätzen, Polepositions und schnellsten Rennrunden begnügen. Ein Sieg war ihm bis zum Finale in Brasilien verwehrt geblieben. Es war wohl ausgleichende Gerechtigkeit, dass er am letzten Tag der Saison in São Paulo die Zielflagge als Erster sah. Ausnahmsweise hatte Vettel Probleme mit der Zuverlässigkeit, denn ein Getriebeproblem bremste ihn ein und ermöglichte es Webber, ihn in Runde 30 zu überholen und das Rennen zu gewinnen, während Vettel Zweiter wurde.

Im Ziel bedankte sich Webber bei seiner Glücksfee: »Ich hatte das Glück des Tüchtigen. Es wäre schön gewesen, das Rennen gegen Seb über die volle Distanz zu fahren, aber er hatte ein Problem. Diesen Sieg nehme ich auf jeden Fall mit, denn ich hatte Pech, oder wie auch immer man es nennen will. Es ist ein wichtiger Sieg für mich und das Team, und wir können die Saison mit einem Höhepunkt beenden.«

Durch den Sieg sicherte er seinen dritten Platz in der Fahrerwertung ab. Er lag zwölf Punkte hinter Button – allerdings mit einem satten Rückstand von 134 Punkten auf Champion Vettel. Horner gab gern zu, dass der Sieg in Brasilien eine Genugtuung nach einer schwierigen Saison für Webber war, und fügte hinzu: »Mark hat ein hartes Jahr hinter sich, aber er hat den Kopf nicht hängen lassen. Er wollte das Jahr, in dem er gegen einen Piloten in der Form seines Lebens gefahren ist, mit einem Highlight beenden. Und das hat er geschafft. Ich bin sicher, dass er nächstes Jahr stärker zurückkommen wird.«

Der Doppelsieg des Duos brachte das Team auf 27 Podiumsplätze in der Saison und damit auf ein noch nie dagewesenes Level an Dominanz. Alles hatte perfekt zusammengepasst. Ja, Vettel hatte den Löwenanteil des Erfolges, und Webber war da, um die übrig gebliebenen Punkte aufzusammeln, aber sie hatten dies auch dank der Zuverlässigkeit von Renault getan, was diese Saison fast mühelos erscheinen ließ.

KAPITEL 10

TRIPLE-CHAMPIONS

2012

Wer glaubte, dass Vettels Erfolg im Jahr 2011 den Sport angesichts seiner schieren Dominanz vorhersehbar oder gar langweilig gemacht hatte, wurde zum Start in die Saison 2012 eines Besseren belehrt. Sieben verschiedene Sieger in den ersten sieben Rennen: Das war der Ton, in dem die Saison 2012 begann. Die Ausgeglichenheit sollte bis zum letzten Rennen des Jahres bestehen bleiben und dafür sorgen, dass diese Saison bis zum Schluss spannend bleiben würde. Es ist immer ein guter Gradmesser für die Popularität einer Sportart, wenn man hört, dass sich Leute in der Öffentlichkeit darüber unterhalten. Ich erinnere mich, wie ich damals im Supermarkt ein Gespräch mitbekam, in dem jemand seinen Freund fragte: »Hast du das Rennen vom letzten Sonntag gesehen?« Das zeigte, dass die Leute am Wochenende ihre Fernseher einschalteten, um zu sehen, wer gewinnen würde, und das war 2012 ganz sicher der Fall.

Die Formel 1 war in Hochform. Die knappen Abstände im gesamten Starterfeld waren das Ergebnis von Stabilität im Reglement. Die Regeln waren in den letzten Jahren nicht grundlegend geändert worden. Das ermöglichte es den anderen Teams, die sich zuvor schwergetan hatten, Red Bulls Lösungen zu übernehmen und ähnliche Autos zu bauen, mit denen sie konkurrenzfähig waren. Diese Leistungsdichte führte zu einer optimistischen Stimmung im Fahrerlager. Viele Teams hatten das Gefühl, sie könnten in diesem Jahr um den Sieg kämpfen. Es war eine fast einzigartige Situation für die Formel 1, wenn man bedenkt, wie viele Saisonen zuvor von einzelnen Teams dominiert worden waren.

Horner hatte sich großen Respekt für seine Fähigkeit erworben, die Beziehung zwischen Vettel und Webber zu managen. Letzterer war mit einem laufenden Vertrag für eine weitere Saison ausgestattet worden. Vettel jedoch war der Star der Show. Sein zweiter WM-Titel ließ seinen Stern in der Weltöffentlichkeit noch höher steigen. Wann immer ein Sportler ein weiteres Tor schießt, einen Touchdown erzielt oder ein Rennen gewinnt, wird sein Leben normalerweise unweigerlich öffentlicher. Das war bei Vettel jedoch nicht der Fall. Er verteidigte während seiner gesamten F1-Karriere sein Recht auf ein Privatleben. Das ging so weit, dass seine Frau und seine Kinder bei Rennen nicht ins Fahrerlager kamen, weil sie dort im Mittelpunkt der Aufmerksamkeit gestanden und fotografiert worden wären. Stattdessen schauten sie mit seinen Freunden und seiner Familie auf den Tribünen zu. Dort mischten sie sich unter die Menge, und die Sitznachbarn wussten nicht, dass die Person neben ihnen ihren Vater oder Ehemann anfeuerte.

Ich traf Vettel vor der Saison 2012 in Jerez, wo wir uns im Motorhome des Teams verabredet hatten – einer kleineren Version der Energy Station, die für F1-Tests und einige MotoGP-Rennen genutzt wurde. Ich hatte seine langjährige Kommunikationsmanagerin Britta Roeske zu einem Interview überredet, das anschließend in der *Sun* erschien. Angesichts seiner Zurückhaltung in der Öffentlichkeit ist es bemerkenswert, dass Vettel vor Kurzem in Deutschland einen Fernsehspot für die Shampoo-Marke Head & Shoulders gedreht hatte. Er scherzte mit mir darüber, dass er in dem Spot sein Hemd anbehielt – im Gegensatz zu Button, der es in einem ähnlichen Spot in Großbritannien ausgezogen hatte. »Natürlich wurde ich ein bisschen veräppelt, weil ich den Spot gemacht habe«, sagte er. »Es ist eine Sache, ihn zu filmen, aber mich selbst im Fernsehen zu sehen, ist immer ein bisschen komisch. Aber wenigstens habe ich mein Hemd nicht ausgezogen!«

Vettel erzählte in diesem Interview auch, dass er seinen Fußballverein Eintracht Frankfurt gelegentlich immer noch von der Tribüne aus verfolgt, anstatt in einer VIP-Loge Platz zu nehmen. Als ich das Motorhome nach dem Interview verließ, wurde mir bewusst, wie bodenständig er war. Er war erst 24 Jahre alt, ein zweifacher Weltmeister, der um die ganze Welt reiste und überall bewundert wurde – aber seine Werte waren gleichgeblieben. »Das Beste an meinen Freunden ist, dass sie mich immer noch so sehen, wie sie es immer getan haben«, sagte er am Ende unseres Gesprächs. »Für sie hat sich nichts geändert, obwohl ich ein zweifacher F1-Weltmeister bin und mehr Geld verdiene. Wenn wir zusammen ausgehen, können wir uns gut amüsieren. Ich bin immer noch derselbe Mensch, und das muss man auch sein. So bleibt man auf dem Boden. Das Leben ist hektisch genug.« Einen weiteren Einblick in seine Persönlichkeit gab er, als er verriet, dass er seinen WM-Pokal zu Hause auf dem Küchentisch stehen habe, direkt neben einer Packung Cornflakes.

Die neue Saison begann in Melbourne. Horner setzte darauf, dass Webber seine Durststrecke mit einem Sieg beim Heimrennen beenden würde, und lobte die Art und Weise, wie der 35-Jährige über den Winter abgenommen und hart trainiert hatte, nachdem er die Folgen seiner Radunfälle endgültig überwunden hatte. »Ich glaube, dass Mark in diesem Jahr ein Titelanwärter sein wird«, sagte Horner im Vorfeld des Rennens. »Er ist leichter und fitter zurückgekommen als je zuvor. Er hat hart an seinem Gewicht gearbeitet. Im Vergleich zu Sebastian, der per se ein paar Kilo leichter ist, hatte er diesbezüglich immer einen gewissen Nachteil. Er hat hart gearbeitet, um diesen Unterschied zu verringern, und war in seiner Ernährung äußerst diszipliniert.«

Außerdem äußerte sich Horner zu den Gerüchten um Hamiltons Zukunft. Der britische Fahrer näherte sich dem Ende seines McLaren-Vertrags, der zu Jahresende auslaufen würde. »Es ist schwierig, sich Lewis in unserem Team vorzustellen«, sagte er. »Er fühlt sich in dem Umfeld, in dem er ist, wohl, und andererseits sind wir mit unseren beiden Fahrern zufrieden. Außerdem haben wir die Entscheidung getroffen, in die Jugend zu investieren. Wir haben mit Jean-Éric Vergne und Daniel Ricciardo zwei aufregende junge Fahrer – beide sind sehr talentiert und verdienen diese Chance. Es wird spannend zu beobachten sein, wie sie sich im Laufe des Jahres weiterentwickeln. Wir werden also eher nach internen als nach externen Lösungen suchen.«

Das erste Rennen gewann Jenson Button auf McLaren. Vettel, der seinen RB8 auf den Namen »Abbey« getauft hatte – in den beiden Jahren zuvor hatte er »Kinky Kylie« und »Luscious Liz« zu Ruhm und Ehre gefahren und nie einen Grund für die Namenstaufen genannt – wurde Zweiter. Hamilton im anderen McLaren landete vor Webber auf Platz drei.

In Malaysia war Vettel wütend auf den indischen HRT-Piloten Narain Karthikeyan. Der kam ihm bei einem Überrundungsmanöver in die Quere und fügte ihm einen Reifenschaden zu, der ihn auf Platz elf zurückwarf. Vettel bezeichnete den Kollegen als »Idioten«, da er ihn Punkte gekostet hatte. Webber wurde erneut Vierter und verfehlte das Podium knapp. Der mexikanische Fahrer Sergio »Checo« Pérez, der später zu Red Bull Racing wechseln sollte, wurde überraschend Zweiter für Sauber.

Weitere durchwachsene Ergebnisse gab es in China. Webber und Vettel belegten auf dem Shanghai International Circuit die Plätze vier und fünf – genau jene Plätze, die sie zu diesem Zeitpunkt in der WM-Fahrerwertung innehatten.

Der nächste Lauf in Bahrain wurde von regierungsfeindlichen Protesten überschattet. Einige Teams gerieten gar in einen Schusswechsel zwischen Polizei und Demonstranten mit Tränengas und Benzinbomben.

Nach seinem Sieg reflektierte Vettel, wie ihnen zu Saisonbeginn die Flügel gestutzt worden waren. Aber nun sei er erleichtert, seinen ersten Sieg der Saison geholt zu haben: »Natürlich hätten wir uns zu Beginn der Meisterschaft eine bessere Ausgangslage erarbeiten müssen. Wir haben erst vier Rennen absolviert, und ich bin nicht zufrieden mit dem aktuellen Stand der Dinge. Aber das Auto hat großes Potenzial. Man muss sich die Zeit nehmen, verschiedene Dinge auszuprobieren und sehen, was am besten funktioniert.«

Obwohl Red Bull Racing das Fahrerfeld zu diesem Zeitpunkt ganz und gar nicht dominierte, argwöhnten einige Rivalen, der RB8 könne nicht völlig legal sein. Es ist ein offenes Geheimnis im Fahrerlager, dass jedes Team einen »Spionagefotografen« beschäftigt, der nicht nur vorab angeforderte Meet & Greets oder Social-Media-Kampagnen, sondern auch die Autos der Rivalen fotografieren soll. Während des Großteils eines Rennwochenendes bleiben die F1-Autos in ihren jeweiligen Boxen, die für die gegnerischen Teams tabu sind. Die einzige Zeit, in der die Konkurrenten wirklich sehen können, womit sie es zu tun haben, ist daher, wenn die Autos auf der Strecke sind. Die Spionagefotografen sind dann zur Stelle, um die gegnerischen Teams abzulichten – meist mit dem Auftrag, ein bestimmtes Teil zu fotografieren, zum Beispiel das Detail eines Heckflügels. Das Bild schicken sie dann live an den Kommandostand in der Boxengasse oder direkt an die Konstrukteure in der Fabrik. Die Idee dahinter ist, immer auf der Höhe des Entwicklungsstands zu sein.

Das bedeutet aber auch, dass die Teams ihrerseits penibel von ihren Konkurrenten unter die Lupe genommen werden. Der Große Preis von Monaco 2012 war ein Beispiel dafür. Es war das erste Mal in dieser Saison, dass Horner und sein Designteam von den Stewards vorgeladen wurden, um ihre Interpretationen des Regelwerks zu erklären. Für Red Bull Racing war dies der Beginn eines stärker werdenden Gefühls, von offizieller Seite eingebremst zu werden. Das wirkte sich besonders auf Newey aus, der seine Arbeit rechtfertigen musste. In Monte Carlo konzentrierte man sich auf einen neuen Schlitz am Boden des Autos, der beim GP von Bahrain aufgetaucht war. Die Konkurrenten wurden misstrauisch und forderten die FIA auf, ihn zu untersuchen. Bei der Vorladung konnte Red Bull Racing erfolgreich argumentieren, dass das Design die FIA-Abnahme in Bahrain bestanden hatte und daher legal war. Diese Abnahme soll sicherstellen, dass alle Autos dem Reglement entsprechen, also zum Beispiel den Anforderungen wie Größe, Gewicht oder struktureller Integrität Genüge tun. In Monaco verteidigte man sich erfolgreich gegen die Vorwürfe. Allerdings veröffentlichte die FIA vor dem nächsten Rennen in Kanada eine Klarstellung, in der besagter Slot für illegal erklärt wurde.

Der schwelende Streit mit den Rennkommissaren nahm Webber den Glanz seines Sieges in Monaco. In der Fahrerwertung lag er auf dem zweiten Platz gleichauf mit Vettel, nur drei Punkte hinter dem Ferrari-Piloten Fernando Alonso. Horner lobte Webbers Leistung nach dessen Sieg und sagte: »Die schwierigste Position ist, wenn man das Feld anführt – besonders in Monaco, wenn es rutschig wird, weil alle anderen ihren Grip daran messen können, was der Führende tut. Aber Mark ist brillant gefahren. Alle drei Siege hier waren sehr schön. Dreifachsieger in Monte Carlo wird man nicht durch Glück. Mark hat das geschafft und gehört zur absoluten Elite.«

Als bekannt wurde, dass Red Bull Racing als Reaktion auf die FIA-Klärung gezwungen sein würde, den Unterboden des Autos zu ändern, machte sich eine diffuse Stimmung breit, sie hätten trotz bestandener FIA-Abnahme etwas falsch gemacht. Fachjournalisten stellten Theorien darüber auf, was der genaue Zweck dieser Schlitze war. Letztendlich müssen sie in den Kurven einen positiven Effekt gehabt haben, denn sonst wären sie vermutlich nicht verboten worden. Horner erklärte, die Regeln seien »offen für Interpretationen, und unsere Interpretation dieser speziellen Regel wurde akzeptiert«. Er fügte hinzu: »Wir waren immer der Ansicht, dass unser Auto die technischen Regularien vollständig erfüllt.«

Webber empfand den Vorwurf des Betrugs jedoch als eine Herabwürdigung seines Sieges in diesem prestigeträchtigen Rennen. »Ich nehme gerne viel Kritik auf mich und lasse mir über meinen Fahrstil vieles sagen. Aber Zweifel an der Legalität des Autos werde ich nicht dulden«, erklärte er barsch. »Das Auto hat nach dem Rennen jede einzelne technische Überprüfung bestanden. Sämtliche Teams, die anderer Meinung waren, haben nach Monaco auf Protest verzichtet. Das Auto wurde nach unseren Siegen in Bahrain und Monaco jeweils für legal erklärt. Nun wurde die Regel präzisiert und geändert. Wir hatten ein Auto, das ab Saisonbeginn legal war, aber die Regeln wurden geändert. Thema erledigt, weiter geht's.«

Webbers Vertragssituation wurde im Sommer wieder zum Thema, als Spekulationen darüber auftauchten, ob er eine weitere Saison bei Red Bull Racing bleiben würde. Da Vettel einen langfristigen Vertrag hatte, war es unvermeidlich, dass sich der Australier den Fragen stellen müsste. In dieser Saison war die Situation jedoch eine andere, denn es bestand die realistische Möglichkeit, dass Ferrari an seiner Verpflichtung interessiert war, insbesondere nach seinem Sieg beim Großen Preis von Großbritannien im Juli in Silverstone. Monaco und Silverstone sind zwei der physisch und psychisch anspruchsvollsten Strecken im Rennkalender. Nun hatte Webber auf beiden gewonnen und damit alle Bedenken bezüglich seiner Fitness zerstreut. Der mittlerweile 35-Jährige wirkte verjüngt und wurde als möglicher Kandidat für die Nachfolge von Felipe Massa bei Ferrari gehandelt. Dass es eine Verlockung ist, für das berühmteste Team der Formel 1 zu fahren, liegt auf der Hand. Es würde ihn auch von dem Druck befreien, den er in seinem derzeitigen Team empfand.

Horner wies die Spekulationen jedoch zurück und sagte, dass »wir ganz einfach ein großartiges Verhältnis zu Mark haben« und dass er wolle, dass er 2013 im Team bleibe. Horner fügte hinzu, dass Webber auch »alle Anzeichen dafür gegeben hat, dass er bei uns sehr glücklich ist«. Angesichts dieser Äußerungen war es vielleicht unvermeidlich, dass Webber wenige Tage nach seinem Sieg in Silverstone eine neue einjährige Vertragsverlängerung unterzeichnete. Webber war der Meinung, dass ihm Red Bull Racing die besten Erfolgschancen bot. Und er hatte auch allen Grund, optimistisch zu sein, denn er war nun Zweiter in der WM hinter Ferrari-Pilot Alonso – und ganze 16 Punkte vor Vettel, der nur auf Platz drei lag. Die begleitenden Zitate zu der Nachricht übertrieben die Harmonie innerhalb des Teams vermutlich etwas: Überschwängliche Kommentare, in denen er das Team als »eine nette große Familie« bezeichnete, waren angesichts der offensichtlichen Spannungen zumindest dezent übertrieben.

Beim GP von Deutschland in Hockenheim wurde das Team erneut mit der Kritik konfrontiert, das Auto sei illegal. Im Gegensatz zu den Problemen beim GP von Monaco war dieser Vorwurf jedoch deutlich schwerwiegender – vor allem, weil es im Gegensatz zum vorherigen Fall mit den leicht zu identifizierenden Schlitzen im Boden keine physischen Beweise gab. Der nunmehrige Vorwurf bezog sich auf ein verstecktes Element des Motormappings – im Wesentlichen die Software, die die Leistung eines Motors steuert. Eine Änderung des Motorkennfelds kann zu einer höheren Drehzahl oder Leistung führen. In diesem Fall war es das Motorkennfeld, das die Differenz zwischen dem vom Motor erzeugten Drehmoment und der Drosselklappenöffnung regelt. Vereinfacht ausgedrückt, kann mehr Luft durch den Auspuff und über den Diffusor strömen. Das erzeugt mehr Abtrieb, verleiht mehr Grip, und der Fahrer kann schneller durch die Kurve fahren.

Wieder wurde Red Bull Racing von den Stewards vorgeladen, wieder wurden sie von jeglichem Fehlverhalten freigesprochen. Sie hatten nicht wirklich gegen die Regeln verstoßen, sondern lediglich einen Graubereich des Reglements ausgenutzt. Und wieder war die FIA gezwungen, die Regeln rechtzeitig für das nächste Rennen in Ungarn zu ändern (was zu einer äußerst komplizierten Anpassung führte). Bei beiden Gelegenheiten, jeweils Monaco und Hockenheim, wurde der Vorteil von Red Bull Racing von der Rennleitung zunichte gemacht. Ihre harte Arbeit, eine intelligente Lösung zu finden, um sich einen Vorteil zu verschaffen, wurde im Namen der

Wettbewerbsfähigkeit des Sports geopfert. Verständlicherweise waren sowohl Newey als auch Horner darüber verärgert. In der Formel 1 geht es im Wesentlichen darum, um die Ecke zu denken und neue Lösungen zu finden.

Vettel bekam außerdem eine beträchtliche Zeitstrafe von 20 Sekunden für ein illegales Überholmanöver an Button aufgebrummt. Der war von der Strecke abgekommen, wodurch er vom zweiten auf den fünften Platz zurückfiel. »Wenn man ein schnelles Auto hat, ist es unvermeidlich, dass Fragen gestellt werden. Die Formel 1 ist ein hart umkämpftes Geschäft«, sagte Horner beim üblichen Medientermin nach dem Deutschland-Rennen. »Zunächst wurden wir zu den Stewards gerufen, um über technische Details am Auto zu diskutieren. Aber die Regeln sind ziemlich eindeutig. Nachdem sie sich die Daten angehört und angeschaut hatten, waren die Stewards völlig zufrieden. Das liegt in der Natur der Formel 1. Es wird immer andere Teams geben, die spekulieren. Was Sebastian betrifft, so haben die Stewards entschieden, dass er sich einen unfairen Vorteil verschafft hat, und die einzige Strafe, die sie verhängen können, ist das Äquivalent einer Durchfahrtsstrafe [bei der ein Fahrer gezwungen ist, mit Tempolimit durch die Boxengasse zu fahren, was ihn Zeit kostet], also 20 Sekunden. Diese Strafe passt in unseren Augen nicht zum Vergehen – noch dazu, weil es unserer Meinung nach gar kein Vergehen war.«

Die Spannungen zwischen der FIA und Red Bull Racing kochten schon hoch, weswegen ein dritter Streit beim Großen Preis von Ungarn besonders schlecht ankam. Dieses Mal ging es um den Vorwurf, das Team hätte die Höhe seines Autos im Parc fermé verändert. Parc fermé beschreibt den Zeitraum, in dem Fahrer die Fahrzeuge verlassen und keine Arbeiten am Wagen zulässig sind, bis die FIA ihn auf Regelverstöße geprüft hat. Der Vorwurf bezog sich auf den Großen Preis von Kanada, wo das Team tatsächlich auf Anweisung der FIA ein Teil ausgetauscht hatte, aber keinesfalls die Höhe des Wagens verändert hatte – das hätte tatsächlich einen Regelverstoß dargestellt. Trotzdem war es der dritte Vorwurf gegen Red Bull Racing in kurzer Zeit. Es wurde zu einem Katz-und-Maus-Spiel, die Quelle der Gerüchte im Fahrerlager zu finden. In der Regel steckt hinter solchen Geschichten ein gegnerisches Team, das entweder die Klärung einer bestimmten

Regelklausel sucht oder absichtlich für Kontroversen sorgt, um die Konzentration des Teams zu schwächen.

Mitte Oktober sah sich Horner dem nächsten Brandherd gegenüber: Diesmal musste er sich mit Spekulationen auseinandersetzen, wonach Vettel das Team in Richtung Ferrari verlassen würde. Zu diesem Zeitpunkt der Saison hatte Vettel vier Rennen in Folge gewonnen (Singapur, Japan, Korea und Indien) und lag auf Titelkurs, was jedoch die Gerüchte um einen Wechsel zu Ferrari nicht verstummen ließ. Horner musste abwägen, ob es sich um ein echtes Gerücht handelte oder um ein böswilliges Manöver, um in den Reihen seines Teams Chaos zu stiften, während sie mit den Italienern um die Fahrer- und Konstrukteursmeisterschaft kämpften. Horner bekräftigte, dass »kein Zweifel« bestehe, dass Vettel auch 2014 für sein Team fahren werde. In einem Interview mit der BBC fügte er hinzu: »Sebastian hat klargestellt, dass er keinen Kontakt gehabt und nichts mit Ferrari unterschrieben hat. Aber die Gerüchteküche wird immer brodeln … Der größte Teil unseres Teams wurde schon mit Ferrari in Verbindung gebracht. Sei es Adrian, Mark, Sebastian – sogar ich selbst sollte schon dorthin gehen.«

Das führte zu einer denkwürdigen Reaktion des extravaganten Luca di Montezemolo, dem ehemaligen Ferrari-Vorsitzenden. Der sagte, er sei nicht an Vettel an der Seite von Alonso interessiert, da er keine »zwei Hähne im selben Stall« haben wolle, was eine Anspielung auf zwei Nummer-eins-Fahrer in einem Team war. Während Red Bull Racing immer behauptete, seine Fahrer seien gleichberechtigt, hatte sich Ferrari in der Vergangenheit notorisch für eine klare Stallorder entschieden. Die Auseinandersetzungen zwischen den beiden Teams waren deshalb besonders interessant, da Ferrari in diesem Jahr endlich seinen ersten Konstrukteurstitel seit 2008 gewinnen wollte.

Vettel befand sich nun in einer exzellenten Ausgangsposition, um nach einer sensationellen Siegesserie seinen dritten Fahrer-WM-Titel in Folge zu holen. Doch wenn er sich von seinem Teamkollegen, der seine Aufnahme in die »große Familie« so enthusiastisch gefeiert hatte, Hilfe erhofft hatte, wurde er enttäuscht. In den Medien hatte Red Bull Racing eifrig beteuert, keine Teamorder auszugeben, um Vettel zu unterstützen. Doch hinter den Kulissen ist es gängige Praxis, dass Teams jenen Fahrer pushen, der in der

Meisterschaft vorne liegt – und das war in diesem Fall eindeutig Vettel. Webber beharrte stur darauf, ihm nicht zu helfen, solange er selbst zumindest theoretisch noch den Titel gewinnen könnte. »Es braucht eine Menge schlechter Rennen von Seb und Fernando«, sagte er vor dem Großen Preis von Indien, »aber mathematisch habe ich eine Chance [auf den Titel], wenn ich an diesem Wochenende gewinne und für niemanden Platz mache.« In einem weiteren denkwürdigen Ausbruch fuhr Webber einen Reporter an, der seine Behauptung hinterfragte, Alonso könne die WM noch gewinnen. »Das ist ein lächerlicher Kommentar«, donnerte er. »Willst du, dass ich sage, dass Sebastian der Einzige ist, der gewinnen kann? Du träumst.« Er hatte natürlich recht. Aber man hatte das Gefühl, dass es mit dem Verhältnis innerhalb des Teams wieder einmal nicht zum Besten stand.

Vor dem GP von Abu Dhabi, drei Rennen vor Saisonende, hatte Vettel vier Siege in Folge gefeiert. Nach seinem letzten Sieg in Indien warf ein verärgerter Alonso, der hinter Vettel Zweiter war, dem Deutschen vor, er gewinne bloß, weil er ein besseres Auto habe. Es ist ein gängiger Vorwurf in der Formel 1, Fahrer wären nur wegen überlegener Autos erfolgreich. Auf diese Weise lassen sich die Resultate der Rivalen ganz einfach abwerten. Es gibt nämlich kein Gegenargument, da jedes Team ein anderes Auto hat. Würde Alonso zum Beispiel in einem Red Bull jedes Rennen gewinnen? Die einfache Antwort lautet: Keiner kann es sagen. Die Behauptung war ein vergiftetes Lob und ein weiterer Angriff auf das Team, das auf der Erfolgsspur war, Erfolge, die den etablierten Herstellern sichtlich ein Dorn im Auge waren. Horner wusste das und brachte es beim GP von Abu Dhabi auf den Punkt, als er sagte: »Der schnellste Weg, sich in diesem Fahrerlager unbeliebt zu machen, ist, erfolgreich zu sein. Wenn du langsam bist, mag dich jeder. Wenn man schnell ist, wird man viel unbeliebter. Es ist leicht, jemanden, der Erfolg hat, schlecht zu machen. Einigen passt der Erfolg, den Sebastian und Red Bull hatten, gar nicht. Das ist nicht unsere Schuld. Er hat noch keine 100 Grands Prix absolviert, aber bisher 26 Prozent von ihnen gewonnen.«

Das Rennen in Abu Dhabi bot ein weiteres Spektakel, denn Vettel kämpfte sich vom letzten Platz der Startaufstellung bis auf das Podium vor. Seine Leistung auf dem Yas Marina Circuit widerlegte Alonsos Theorie, dass es das Auto war, das die Rennen gewann, und nicht Vettel.

Im Qualifying war Vettel das Opfer eines unglücklichen Fehlers seines Teams geworden. Nachdem er sich als Dritter qualifiziert hatte, wurde er auf dem Weg zurück an die Box aufgefordert, sein Auto abzustellen, da ihm das Benzin auszugehen drohte. Die F1-Regeln schreiben jedoch vor, dass ein Auto mit mindestens einem Liter im Tank ins Ziel kommen muss, damit die Kontrolleure den Kraftstoff auf seine Legalität prüfen können. In diesem Fall gelang es ihnen nicht, die geforderte Menge abzupumpen. Die automatische Strafe war, dass Vettel vom dritten auf den letzten Startplatz strafversetzt wurde.

Obwohl Vergehen und Strafe eindeutig waren, bemühte sich Red Bull Racing nach Eingeständnis des Fehlers um Schadensbegrenzung. Vettel drohte ohne eigenes Verschulden wertvolle Meisterschaftspunkte an Alonso oder auch Webber zu verlieren. Das Team traf die kluge Entscheidung, das Auto aus dem Parc fermé zu holen, wodurch Änderungen möglich wurden. Allerdings bedeutete dies für Vettel einen Start aus der Boxengasse statt von der eigentlichen Startposition am Ende des Feldes aus. Um dieser neuen Situation Rechnung zu tragen, veränderte Red Bull die Übersetzung, die Fahrwerksabstimmung und das Aerodynamik-Paket, um den Wagen optimal nur fürs Rennen abstimmen zu können. Normalerweise müssen Teams einen Kompromiss zwischen einer Abstimmung für eine schnelle Runde im Qualifying und einer für den gesamten Grand Prix suchen. Da die Strafe jedoch ohnehin einen Start von ganz hinten bedeutete, konnte man das Auto jetzt ausschließlich für das Rennen optimieren. Nicht unwesentlicher Nachteil jedoch: Der Start aus der Boxengasse, weit hinter dem Feld.

Räikkönen gewann, aber die Berichterstattung drehte sich um Vettel, der sich auf einer Strecke, auf der erfolgreiche Überholmanöver bekanntermaßen schwierig sind, vom letzten auf den dritten Platz vorgearbeitet hatte. Als er nach dem Rennen gefragt wurde, ob er mit einem Podiumsplatz gerechnet hat, gab er eine ziemlich selbstbewusste Antwort: »Es war schwierig, ein Ergebnis vorherzusagen, aber ich war überzeugt, dass ich Chancen haben würde«, sagte er. »Die Strafe in der Startaufstellung war ein herber Rückschlag, aber jede Herausforderung ist auch eine Chance, und ich habe es sehr genossen. Es gab die Gefahr, es zu vermasseln, aber das haben wir nicht.«

Horner wiederum verriet, dass sich Vettel trotz des Rückschlags im Qualifying mental unter Kontrolle gehabt habe: »Ich habe ihn vor dem Rennen in seinem Zimmer besucht, um ihm viel Glück zu wünschen. Er spielte dort auf einem Schlagzeug und sagte zu mir: ›Wir sehen uns auf dem Podium.‹ Am Samstagabend, als wir im Besprechungsraum waren und uns die Pulsadern aufschlitzen wollten, sagte er, wir sollten uns entspannen. Wir könnten es immer noch schaffen.«

Red Bull Racing sicherte sich beim ersten Grand Prix der Vereinigten Staaten in Austin, Texas, den Titel in der Konstrukteurswertung. Webber fiel zwar wegen eines Lichtmaschinenschadens aus, aber Vettel belegte den zweiten Platz, was dem Team den Titel sicherte. Aber es war ein hartes Stück Arbeit gewesen – nicht im physischen Sinne, sondern im bürokratischen. Denn das Team stand öfter vor den Rennkommissaren, als es ihm lieb war. Auch Newey räumte ein, dass die Saison schwierig gewesen sei für ihn, denn jedes Mal, wenn er ein neues Element am Auto entwickelt habe, wurde es sofort von den Rivalen reklamiert und anschließend von der FIA verboten. In einem Interview mit der BBC sagte Newey, dass dieser Titel der »anstrengendste« der drei Siege gewesen sei. Er fügte an, dass Austin »sehr befriedigend, aber auch eine Menge harter Arbeit« gewesen sei, da sich das Team von einem schlechten Saisonbeginn zurückkämpfen musste. »Das letzte Jahr [der Konstrukteurstitel 2011] war offensichtlich das einfachste«, sagte Newey im selben Artikel. »Zwischen Konstrukteurs- und Fahrertitel zu wählen, finde ich grundsätzlich schwierig. Den Hattrick an Titeln zu schaffen, ist etwas ganz Besonderes. Ich hatte das Glück, ihn bei Williams zu holen und jetzt wieder bei Red Bull. Das ist eine großartige Anerkennung für alle im Team.«

Vettel sicherte sich in Brasilien, dem letzten Rennen der Saison 2012, auf dramatische Weise seinen dritten Fahrertitel. Er ging mit einem 13-Punkte-Polster auf Ferrari-Pilot Alonso in das Rennen in São Paulo. Das bedeutete, dass der spanische Fahrer mindestens einen dritten Platz benötigte, um ihn zu überholen – vorausgesetzt, Vettel würde gar keinen Punkt erobern. Vettel hatte sich als Vierter und Webber als Dritter qualifiziert. Doch bei einem spannenden Renn-Start kollidierten die beiden gleich in der ersten Runde beinahe miteinander. Beim Versuch, seinem Teamkollegen auszuweichen, touchierte Vettel jedoch den Williams von Bruno Senna. Dabei beschädigte er sein Auto und fiel auf den letzten Platz zurück. Es war ein komplettes Desaster. Wäre das Rennen so zu Ende gegangen, hätte sich Alonso zum Champion gekrönt. Der geistesgegenwärtige Newey beauftragte den »Spionagefotografen« von Red Bull Racing, sofort ein Foto vom fahrenden Auto zu machen, um den Schaden digital in der Boxengasse begutachten zu können, ohne dass Vettel in die Box kommen und anhalten müsste. Newey stellte fest, dass die beschädigte Karosserie nun knapp am Auspuff anlag, was nicht nur die Leistung des Autos beeinträchtigte, sondern auch die Gefahr barg, dass das Auto durch die Hitze des Auspuffs in Brand gerät. Red Bull Racing schaffte es jedoch, das Motormapping so anpassen, dass der Auspuff so kühl wie möglich gehalten wurde, um das Risiko eines Brandes zu minimieren. Vettels Auto hielt tatsächlich durch, und er kam als Sechster ins Ziel. Alonsos zweiter Platz reichte nicht aus, um dem Ferrari-Mann seinen dritten Weltmeistertitel zu sichern. Vettel hatte den Sieg in der Fahrerwertung sensationell um drei Punkte gewonnen und war nun selbst dreifacher Weltmeister. Doch er hatte darum kämpfen müssen – und Webbers Weigerung, ihm zu helfen, hatte er sich gut gemerkt. Dieser Umstand sollte die folgende Saison entscheidend beeinflussen.

KAPITEL 11

BIS ZUR UNENDLICHKEIT UND NOCH VIEL WEITER

2013

Steigt ein neuer Titelsponsor in ein Formel-1-Team ein, ist das Ziel natürlich, den weltweiten Bekanntheitsgrad seiner Marke zu erhöhen. Die japanische Automarke Infiniti – die Luxusabteilung von Nissan – war bereits einige Saisonen lang Sponsor von Red Bull Racing gewesen, aber 2013 stieg sie zum Titelsponsor auf. Es war die Idee des gebürtigen Brasilianers Carlos Ghosn, der bei der Gründung der Renault-Nissan-Allianz im Jahr 1999 deren CEO wurde. Es war ein kluger Schachzug, um auf großer Bühne auf sich aufmerksam zu machen – obwohl man fairerweise sagen muss, dass weder Ghosn noch irgendjemand bei den Mutterkonzernen Renault oder Nissan jemals damit hätte rechnen können, so viel Aufmerksamkeit zu erhalten, wie es in der Anfangsphase der Saison der Fall war. Der Grund: der schwelende Konflikt zwischen Webber und Vettel begann zu lodern, und dieses Mal waren die Auswirkungen massiv.

Der Start in die Saison war noch relativ reibungslos. Die Tests vor der Saison waren gut verlaufen, obwohl eine weitere Regeländerung dazu führte, dass alle Teams einige der hässlichsten F1-Autos seit Jahrzehnten produzierten, mit hohen Nasen und niedrigen Frontflügeln. Die neuen Frontpartien sahen wie losgelöst vom Rest des Autos aus, was ihnen schnell den Spitznamen »Schnabeltier« einbrachte. Bei der Vorstellung des Autos in Milton Keynes taufte Vettel den RB9 auf den Namen »Hungry Heidi«, nach dem deutschen Model Heidi Klum. Der RB9 hatte nicht nur mit seinem

Aussehen zu kämpfen, sondern auch damit, dass Newey die Entwicklung des Wagens während der vorangegangenen Saison nicht mit höchster Priorität vorangetrieben hatte. Stattdessen konzentrierte er sich auf die Verbesserung des RB8, um beide Titel zu sichern. Weil das neue Auto deswegen zu Saisonbeginn nicht auf dem erwünschten Entwicklungsstand war, sollte das Team einen glatten Fehlstart hinlegen.

Personalien waren wie immer Gegenstand von Spekulationen, und bei den Konkurrenten gab es im Vorfeld der neuen Saison einige Veränderungen. Hamilton war überraschend von McLaren zu Mercedes gewechselt und wurde dort von Pérez ersetzt. Der war jedoch eine unbekannte Größe, da er noch nie für ein Spitzenteam gefahren war. Horner wurde erneut auf die Zukunft von Webber angesprochen, nachdem Marko die mangelnde Konstanz des Australiers kritisiert hatte. »Ich denke, dass Helmut mit seinen Kommentaren manchmal ein wenig direkt sein kann, aber er hat natürlich ein Recht auf seine Meinung«, sagte Horner bei der Vorstellung des Teams. »Aber wenn wir mit Mark nicht zufrieden wären, hätten wir ihn nicht verpflichtet. Wir sind sehr happy mit ihm, und wir geben beiden Fahrern die gleichen Chancen. Letztendlich kommt es darauf an, was sie auf der Rennstrecke leisten. Für uns spielt es keine Rolle, wer gewinnt, solange es jemand in einem unserer Autos ist. Beide Jungs glauben, dass sie die Besten sind, und beide werden jegliche Unterstützung vom Team bekommen.«

Im Winter hatte auch Horner selbst eine neue Vertragsverlängerung mit dem Team unterzeichnet, obwohl er mit einem Wechsel zu Ferrari in Verbindung gebracht worden war. Sein Kommentar dazu: »Es war eine logische Verlängerung für mich. Ich bin mit Red Bull in die Formel 1 gekommen, Dietrich Mateschitz hat mir die Chance gegeben. Es war nur eine Formalität, unsere Zusammenarbeit zu verlängern. Was wir bei Red Bull Racing erreicht haben, ist etwas ganz Besonderes, und ich habe mich immer zu 100 Prozent für das Team eingesetzt.«

Trotz der Vorfreude auf die neue Saison war das erste Rennen der Saison 2013 – der Große Preis von Australien – zum Vergessen. Vettel hatte die Poleposition erobert, konnte das Tempo der Schnellsten im Rennen aber nicht halten, während Webber generell einen schlechten Start erwischte. Sie landeten auf den Plätzen drei und sechs.

Der darauffolgende Große Preis von Malaysia war jedoch das genau Gegenteil. Es war ein Rennen, das sich als das denkwürdigste der Saison erwies und symbolisch war für die turbulente Beziehung zwischen Vettel und Webber. Was in Malaysia geschah, führte zu einer unüberbrückbaren Kluft im Team, die den Streit in der Türkei ein paar Jahre zuvor unbedeutend erscheinen ließ. Über die Auswirkungen wird im Fahrerlager noch heute gesprochen.

Webber führte das Rennen an, als das Team beide Fahrer mit dem Geheimcode »Multi 21« anfunkte. Die Teams dürfen mit den Fahrern kommunizieren, müssen aber damit rechnen, dass ihre Gespräche von den Gegnern abgehört werden. Logischerweise halten sie sich daher mit Details zurück oder verwenden, wie in diesem Fall, Codes, die niemand außerhalb des Rennstalls versteht. Die Anweisung »Multi 21« bedeutete, dass die Autos ihre Position halten sollten. Auto Nummer zwei, Webber, würde vor dem Auto Nummer eins, Vettel, bleiben. Der Ruf »Multi 12« würde das Gegenteil bedeuten: Vettel sollte die Führung übernehmen. Beiden war klar, was das Team damit anordnete. Doch in diesem Fall wurde die Anweisung ignoriert.

In der 46. Runde setzte Vettel, der auf die Order, sein Tempo zu drosseln, nicht reagierte, zum Angriff auf Webber an und drängte seinen Teamkollegen beim Überholversuch nahe an die Boxenmauer. Die Räder der beiden waren nur wenige Zentimeter voneinander entfernt. Webber kam von der Ideallinie ab und verteidigte seine Position in Kurve zwei. Doch dann kam Vettel gut aus Kurve drei heraus. In Kurve vier hatte er die bessere Traktion und ging in Führung. Über Funk unterbrach Horner den Kampf der beiden mit den Worten: »Das ist dumm, Seb. Komm schon.« Die beiden setzten ihren Kampf fort, aber Vettel hatte die Führung erobert und gewann das Rennen schließlich mit über vier Sekunden Vorsprung auf seinen Teamkollegen.

Die Folgen seines Ungehorsams waren enorm. Im Presseraum herrschte Fassungslosigkeit, und man fühlte sich an die Details der Geschehnisse in der Türkei zwei Jahre zuvor erinnert. Die Atmosphäre war furchtbar, als die beiden Fahrer vor der Podiumszeremonie im Cool-Down-Raum saßen und Hamilton sich ratlos zu ihnen gesellte, nachdem er Dritter geworden war. Webber war so wütend, dass er nicht raus aufs Podium gehen wollte, um seine Trophäe für den zweiten Platz entgegenzunehmen. Er stellte Vettel

Eisige Mienen auf dem Podium: Vettel widersetzt sich den Anweisungen des Teams, Webber auf seinem Weg zum Sieg beim GP von Malaysia 2013 nicht zu überholen. Auf Platz 3: Lewis Hamilton (Mercedes).

wütend zur Rede und sagte: »Multi 21, Seb! Multi 21!« Das war das Signal für die Medien, dass der Geheimcode geknackt worden war. Für alle, die noch zweifelten, versenkte Webber seinen Teamkollegen im Interview nach dem Rennen und nahm dabei auch das Team und deren mangelnde Unterstützung aufs Korn: »Letztendlich hat Seb heute seine eigenen Entscheidungen getroffen und wird dafür auch Rückendeckung bekommen. So läuft das Geschäft.«

Als die Fahrer nach der Siegerehrung zur FIA-Pressekonferenz kamen, zu der sich auch Webber zwang, hatte sich Vettels Stimmung merklich verändert. Anfangs wirkte er verärgert, fast peinlich berührt von seinem Verhalten. Doch im zweiten Interview war er ruhiger und schien den Vorfall fast mit einem Achselzucken abzutun. Er entschuldigte sich halb bei Webber und sagte: »Wie Sie sehen können, bin ich trotz des Sieges nicht ganz glücklich. Ich glaube, ich habe heute einen großen Fehler gemacht. Ich denke, wir hätten auf den Positionen bleiben sollen, auf denen wir waren.« Dann fügte er hinzu: »Ich habe es nicht absichtlich ignoriert, aber ich habe es in dieser Situation offensichtlich vermasselt, als ich die Führung übernommen habe. Ich kann jetzt sehen, dass er verärgert ist, aber ich möchte wenigstens ehrlich sein und bei der Wahrheit bleiben. Ich weiß, dass es seinen Gefühlen im Moment nicht wirklich hilft … Um es zusammenzufassen: Ich entschuldige mich bei Mark.« Später bezeichnete sich Vettel als »momentan das schwarze Schaf«, weil er gegen die Anweisungen des Teams verstoßen habe. Sein Versuch, sich zu entschuldigen, kam bei Webber jedoch nicht wirklich an.

Die Fehde war Gold wert für die mitgereisten Reporter, die den langen Trip von Europa nach Melbourne und dann nach Malaysia für die ersten beiden Rennen der Saison auf sich genommen hatten. Sie wurden mit reichlich Material belohnt, das sie genüsslich ausbreiten konnten. Unmittelbar nach dem Rennen besuchte Vettel das Hauptquartier des Teams in Milton Keynes, wo er sich an die Mitarbeiter wandte und seine Sicht der Dinge darlegte. Webber schreibt in seinem Buch *Aussie Grit: My Formula One Journey*, dass er danach einen Anruf von Mateschitz erhielt, der seine Sicht der Dinge zu hören verlangte, weil er befürchtete, dass der Zwischenfall der Marke Red Bull geschadet hätte.

Während die verbreitetste Erklärung für Vettels Ungehorsam war, dass er auf ihren erbitterten Streit nach der Kollision beim Großen Preis der Türkei 2010 zurückging, meint Horner, dass die Wurzeln für die Eskalation in Malaysia nur drei Rennen zuvor zu finden seien. Nämlich beim Saisonfinale 2012 in Brasilien, wo Webber beim Start Vettel nicht unterstützt und ihn mit Bruno Senna hatte kollidieren lassen.

Als wir über Zoom den GP von Malaysia 2013 besprechen, verändert sich Horners Gesichtsausdruck und er beugt sich nach vorne zu seinem Laptop-Bildschirm, um zu zeigen, wie sehr ihn das Rennen, das einen so tiefen Keil in sein Team getrieben hat, immer noch aufregt. »Multi 21«, wie er es nennt, »hatte seinen Grundstein in Brasilien 2012, wo Sebastian gegen Alonso um den Titel kämpfte. Er hatte sich als Vierter für die Startaufstellung qualifiziert und lag hinter Mark. Vor dem Rennen sprachen wir mit beiden Fahrern über unsere beste Chance, die Meisterschaft zu gewinnen. Und natürlich bat ich Mark an diesem Tag um seine Hilfe. Unglücklicherweise nahm er die Dinge selbst in die Hand und drückte Seb an der Startlinie gegen die Mauer, wodurch der in die Verfolgergruppe geriet und von Senna getroffen wurde. Wie auch immer, er [Vettel] schaffte es, zurückzukommen und die WM zu gewinnen, aber er hat es nicht vergessen. Zwei Rennen später in Malaysia startete das Rennen im Regen, und Mark erwischte den besseren Zeitpunkt zum Reifenwechsel [von Regenreifen auf die schnelleren Slicks], was ihn in Führung brachte. Unsere Autos lagen auf den Plätzen eins und zwei, und ich erinnere mich, dass Adrian mich drängte, auf Nummer sicher zu gehen, da er Bedenken bezüglich der Zuverlässigkeit hatte. Die Order nach dem letzten Boxenstopp lautete also ›Multi 21‹, was bedeutete, dass Auto zwei [Webbers Startnummer] vor Auto eins [die Nummer an Vettels Auto] lag und so bleiben sollte. Die Botschaft erging an beide Fahrer, aber Seb hatte einen brandneuen Reifensatz, und mit den Geschehnissen von Brasilien im Hinterkopf gab er Gas. Mark kämpfte hart, aber Seb überholte ihn, entgegen der Anweisung des Teams, Positionen zu halten. Wir hatten einen sehr schlecht gelaunten Fahrer und eine riesige Kontroverse. Ich erinnere mich, dass ich zu Adrian sagte: ›Sprich mit den Fahrern im Raum, bevor sie aufs Podium gehen, um die Lage zu entschärfen. Ich werde mich dann um die Medien kümmern.‹ Und dann ging alles los! Sebastian war fest davon überzeugt, dass er den Sieg oder die Chance auf den Sieg nicht sausen lassen würde, besonders nicht nach dem, was vorige Saison in Brasilien passiert war. Die Beziehung zwischen den beiden war zu diesem Zeitpunkt unrettbar zerrüttet.«

In der Tat sezierten die Medien das Verhältnis zwischen Vettel und Webber. Die zerstrittenen Parteien bei Red Bull Racing wurden genüsslich bloßgestellt. Einige fragten sich, ob Vettel den Zorn von Mateschitz zu spüren bekommen würde – würde er mit einer Geldstrafe oder anderen Sanktionen belegt werden? Horner saß wieder einmal zwischen den Stühlen und geriet auch selbst in die Kritik, da einige Teile der Presse seine Führungsqualitäten anzweifelten. Und natürlich erwies sich das Thema als Leckerbissen für die gegnerischen Teams, die die Gelegenheit nutzten, Vettel an den Karren zu fahren. McLaren-Teamchef Martin Whitmarsh, der dieses Team von 2008 bis 2014 leitete, betonte prompt, dass es in seinem Team niemals zu einem solchen Bruch kommen würde. »Man kann nicht akzeptieren, dass Fahrer die Teamorder nicht akzeptieren«, sagte er. »Das Team ist größer als jeder Fahrer, und das müssen sie respektieren. Es ist eine sehr ernste Angelegenheit. Wenn man einem Fahrer sagt, dass er etwas tun soll und er es ignoriert, könnte das sogar einen Vertragsbruch bedeuten.« Whitmarsh hat natürlich ein Recht auf seine Meinung, aber es ist erwähnenswert, dass nur eine Saison vor seiner Ernennung zum Teamchef von McLaren, als er CEO von McLaren Racing war, ein teaminterner Streit zwischen Hamilton und Alonso derart eskalierte, dass der spanische Fahrer seinen Vertrag mit dem Team nach nur einer Saison kündigte und zurück zu Renault ging.

In seinem Artikel für den *Daily Telegraph* beschuldigte der Journalist Oliver Brown Vettel der »dunklen Doppelzüngigkeit« und bezeichnete sein Handeln als »im besten Fall gnadenlos, im schlimmsten Fall als moralisch fragwürdig«. Brown folgerte daraus, dass Vettel »kein gewöhnlicher Sportler, sondern ein berechnender Scharfschütze« sei. »weitaus mehr ein mutmaßlicher Erbe von Ayrton Senna und Michael Schumacher, als sich selbst seine lautstärksten Unterstützer jemals vorstellen konnten.«

Browns Beobachtung erwies sich als unheimlich zutreffend, wie die Pressekonferenz beim darauffolgenden Rennen in China bewies. Diese fand im VIP-Bereich von Red Bull Racing statt, einem modernen quadratischen Gebäude auf hohen Betonpfeilern über einem kleinen See. Der Ort war brechend voll. Journalisten und Kamerateams drängten sich, um zu hören, was Vettel zu sagen hatte, und sie wurden nicht enttäuscht. Im Gegensatz zu seinem früheren, entschuldigenden Auftreten nach dem Malaysia-Rennen war der Deutsche diesmal angriffslustig und zeigte keinerlei Reue für sein Verhalten. Unglaublich war, dass Vettel behauptete, Webber hätte den Sieg beim Großen Preis von Malaysia gar nicht verdient gehabt.

Auf die Frage, ob er das Gleiche tun würde, wenn er wieder in dieser Position wäre, antwortete Vettel: »Ich würde wahrscheinlich das Gleiche tun. Es ist nicht das Ende der Welt. Ich liebe den Rennsport, ich liebe die Arbeit mit dem Team. Ich kann mir nichts anderes vorstellen, was mir so viel Freude bereitet. Ich weiß nicht, was daran so schlimm sein soll. Ich hatte nicht vor, die Teamorder zu ignorieren. Ich habe sie gehört, aber ich habe sie nicht richtig übersetzt, so wie ich es hätte tun sollen. Hätte ich die Botschaft verstanden, hätte ich darüber nachgedacht und mir überlegt, was das Team von mir wollte, nämlich Mark an erster und mich an zweiter Stelle zu lassen. Aber nachdem ich darüber nachgedacht hätte, hätte ich wahrscheinlich das Gleiche getan. Ich war am Ende schneller, und deshalb konnte ich überholen. Einerseits bin ich ein Typ, der die Entscheidungen des Teams respektiert, aber andererseits war Mark zu diesem Zeitpunkt nicht derjenige, der es verdient hatte.«

Wow. Nachdem das Team und selbst Webber versprochen hatten, den Vorfall hinter sich zu lassen, riss Vettel die Wunde nicht nur wieder auf, sondern vertiefte sie sogar noch. Er fuhr fort: »Nach all dem, was in den letzten Jahren passiert ist, hat Mark den Sieg nicht verdient. Um ehrlich zu sein, habe ich von ihm nie wirklich Unterstützung bekommen. Das Team hat mich unterstützt, und ich glaube, sie haben uns beide gleich behandelt. Was meine Beziehung zu Mark angeht, respektiere ich ihn sehr als Rennfahrer, aber ich denke, es gab in der Vergangenheit mehr als nur eine Gelegenheit, bei der er dem Team hätte helfen können. Man könnte sagen, es war indirekt eine Retourkutsche. Meiner Meinung nach ist es immer am besten, ehrlich zu sein. Vielleicht ist die Wahrheit manchmal nicht das, was die Leute hören wollen, weil Kontroversen beliebter sind als die Wahrheit. Ich habe euch nach dem Grand Prix gesagt, was passiert ist. Ich fuhr ein Rennen, also war ich als Rennfahrer voll darauf konzentriert, zu gewinnen. Ich bekam einen Funkspruch, den ich gehört habe, aber in dem Moment nicht verstand. Ich hätte ihn verstehen müssen, weshalb ich mich beim Team entschuldigt habe. Als Teammitglied habe ich die Teamorder nicht befolgt. Meine Absicht war es, das Rennen zu gewinnen. Ich wollte gewinnen, und das ist mir gelungen.«

Unbeeindruckt setzte Vettel seine Tirade fort und richtete sich nun gegen die Medien, die spekulierten, er würde intern verwarnt werden. »Man könnte sagen, ich habe die Autorität von Christian untergraben«, sagte er. »Aber ich bin direkt nach dem Rennen zu allen gegangen und habe erklärt, was passiert ist. Es war nicht meine Absicht, die Entscheidung des Teamchefs zu missachten. Sanktionen oder Strafen? Vielleicht lebt ihr [die Medien] ja alle in einem Traumland. Was erwartet ihr denn? Wir haben das intern geklärt. Ich habe mich beim Team entschuldigt und die Sache sehr ernst genommen.«

Vettels unverblümte Äußerungen waren so unglaublich, dass meine Reporterkollegen sich gegenseitig fragten, ob sie etwas missverstanden hätten. Das hatten sie nicht. Es war eine bizarre Wendung, die völlig unerwartet kam. Man hatte erwartet, dass der Vorfall heruntergespielt werden würde, um sich auf das Rennen in Shanghai zu konzentrieren.

Ich habe Vettel in unserem Interview nach seiner Beziehung zu Webber gefragt und ob er nach dessen Rücktritt aus der Formel 1 seine damalige Haltung geändert habe. Erfrischenderweise beharrt auch er, wie Webber, nach wie vor darauf, dass er immer noch dieselbe Meinung vertrete und dass sie einfach aus ihrem Konkurrenzkampf entstanden sei. Er fügte auch hinzu, dass er jetzt ein gutes Verhältnis zu dem Australier habe und ihn respektiere. »Mit etwas Abstand betrachtet – also, nachdem ein paar Jahre vergangen sind –, stehe ich immer noch zu meinen damaligen Aussagen«, sagt er. »Ich glaube, ich würde heute das Gleiche sagen, aber es geht ja um beide Seiten. Man versteht den anderen wahrscheinlich jetzt besser, und ich habe großen Respekt vor ihm. Ich habe gesehen, wie stark er ist. Es gab Wochenenden, an denen ich einfach keine Antwort auf seine Leistung hatte. Im Großen und Ganzen hatte ich vielleicht die Oberhand, aber ich denke, wir haben jetzt ein sehr gutes Verhältnis und dafür bin ich sehr dankbar. Vielleicht hatte ich damals nicht die Erfahrung, die er hatte, und manchmal auch nicht den Blick für das große Ganze, aber das entschuldigt nicht einige der Dinge, die passiert sind. Ich glaube jedoch, dass es Missverständnisse waren, und das überrascht mich nicht, da wir beide um den ersten Platz kämpften. Wir wurden programmiert, zu gewinnen. Auf dem Podium gibt es nur einen Platz ganz oben. Ich bin dankbar für alles, was passiert ist, denn im Großen und Ganzen konnte ich viel daraus lernen. Red Bull gab uns beiden mit einem großartigen Auto und einem großartigen Team diese unglaubliche Chance. Es war nicht immer harmonisch und wahrscheinlich auch schwierig zu managen. Ich glaube nicht, dass Christian oder der Rest des Teams es leicht hatten. Aber auf der anderen Seite würde man es wahrscheinlich immer wieder genauso machen, weil man um den Sieg kämpft.«

Beim Rennen in China belegte Vettel den vierten Platz, während Webber nach nur 16 Runden aufgeben musste, weil sich nach einem Boxenstopp ein Rad löste. Schon zuvor hatte er im Qualifying ein Problem mit einer defekten

Tankanlage gehabt, weswegen er aus der Boxengasse starten musste. In Bahrain holte Vettel seinen zweiten Sieg in diesem Jahr und legte beim GP von Kanada in Montréal den dritten nach.

Doch dann, beim nächsten Rennen, dem Großen Preis von Großbritannien, ließ Webber die Bombe platzen: Er verließ das Team. Nur 15 Tage zuvor hatte Vettel einen neuen Einjahresvertrag unterzeichnet, der ihn bis 2015 an Red Bull Racing binden sollte. Plötzlich hatte das Team eine Lücke im Fahreraufgebot, weil Webber es erst am Vorabend des Heimrennens mitgeteilt hatte.

Das Timing war eine Provokation. Webber hatte Horner gerade einmal 20 Minuten bevor die Nachricht seines Wechsels zu Porsche rausging, wo er Teil deren Le-Mans-Sportwagenprojekts werden würde, in einem sehr kurzen Gespräch über die Entscheidung informiert, dass er seine zwölfjährige Formel-1-Karriere beenden werde. Danach bewies er ziemlich dicke Haut, als er mit Fragen über die Art und Weise, wie er die Nachricht an sein Team weitergegeben hatte, konfrontiert wurde. Horner erklärte, Webber habe »die Sache selbst in die Hand genommen« und fügte hinzu: »Die Jungs in der Fabrik werden enttäuscht sein, dass sie es aus dem Internet erfahren mussten.«

Ohne Reue sagte Webber: »Es war eine Porsche-Mitteilung. Ich habe Christian vor deren Ankündigung informiert, wie ich es vertraglich tun sollte. Es ging um Porsche und Mark Webber. Ich denke, ich habe dem Team heute geholfen. Sie müssen jetzt einige Entscheidungen über die Zukunft treffen. Ich freue mich sehr auf diese neue Herausforderung nach meiner Zeit in der Formel 1. Ich kann es kaum erwarten, einen der schnellsten Sportwagen der Welt zu fahren.«

Rückblickend betrachtet, zeigt sich Horner gelassen über den Wechsel von Webber, der bei Porsche weiterhin von Mateschitz gesponsert werden würde. »Mark war zu diesem Zeitpunkt ziemlich schwierig und distanziert«, sagt Horner. »Er hat uns auch nicht informiert, dass er die Formel 1 verlassen würde. Er hat einfach am Donnerstag vor dem Großen Preis von Großbritannien eine Erklärung abgegeben. Ich glaube, er hatte sich ein paar Stunden vorher mit Dietrich unterhalten. Es gab keinen Hinweis darauf, dass er in Rente gehen würde, aber ich denke, er wusste, dass die Zeichen auf Rückzug standen. Die Beziehung war so zerrüttet, dass es unwahrscheinlich war, dass wir den Vertrag für das nächste Jahr verlängern würden, also beschloss er zu diesem Zeitpunkt, die Sache selbst in die Hand zu nehmen. Ich glaube, Mark hatte das Gefühl, dass das Team sehr stark um Sebastian zentriert war. Aber in Wirklichkeit hatten wir eine ähnliche Situation wie heute mit Max Verstappen – das Team orientiert sich an jenem Fahrer, der in der WM führt.«

Als Coulthard 2008 seinen Rücktritt aus der Formel 1 bekannt gab, räumte er später ein, die Entscheidung womöglich zu früh getroffen zu haben. Doch in meinem Interview mit Webber zeigt dieser keinerlei Bedauern: Er ist nach wie vor davon überzeugt, dass es der richtige Zeitpunkt für ihn war, weiterzuziehen und zu Porsche in die Langstrecken-WM zu wechseln. Außerdem merkt er an, dass er den Wechsel zuvor mit Mateschitz besprochen habe. Angeblich befinden sich noch immer Nachrichten ihres Gesprächsverlaufs auf seinem Handy, die er als wertvolle Erinnerung an den 2022 verstorbenen Mateschitz aufbewahrt.

»Weißt du, manche sagen, es wäre wegen Brasilien gewesen«, sagt er mit Blick auf das Rennen im Jahr zuvor. »Seb hatte das Gefühl, dass ich besser mit dem Team hätte zusammenarbeiten können. Aber als wir den Rest des Feldes abgehängt und das Rennen quasi unter Kontrolle hatten, wissen wir ja, was passiert ist. Wie beide Autos das Rennen beenden konnten, ist mir schleierhaft. Es war ein absolutes Wunder, dass wir nicht beide in der Mauer gelandet sind, nachdem die Pferde mit ihm durchgegangen sind. Ich wäre konkurrenzfähig gewesen [wenn er in der F1 geblieben wäre], aber ich hätte die Chance bei Porsche verpasst. Und hier bin ich nun, fast zehn Jahre später, immer noch bei Porsche. Red Bull kam mit mir zu Porsche, was großartig war. Ich sprach mit Dietrich und fragte: ›Willst du den Helm oder die Trinkflasche sponsern?‹ Er sagte ›beides‹, das war wirklich schön.«

Vor der Sommerpause konnte Vettel einen weiteren Sieg in Deutschland und einen dritten Platz in Ungarn verbuchen. In Belgien meldete er sich mit einem weiteren Sieg zurück, der der erste einer unglaublichen Siegesserie von neun Rennen werden sollte – ein Rekord, der bis 2023 Bestand haben sollte, als er von einem gewissen Verstappen überboten wurde. Doch vor dem GP von Italien gab es noch weitere Neuigkeiten: Red Bull Racing bestätigte, dass Daniel Ricciardo Webbers Nachfolger für 2014 werden sollte. Dies beendete die Spekulationen, dass Kimi Räikkönen, der damals für Lotus fuhr, kommen könnte. Stattdessen entschieden sie sich für ihren jungen Fahrer, der bei Toro Rosso bereits gute Leistungen gezeigt hatte.

Die E-Mail mit der Bestätigung der Nachricht traf am Montag, dem 2. September, gegen 20.30 Uhr ein. Der Zeitpunkt war aus europäischer Sicht ungewöhnlich, aber für das australische Publikum perfekt. Die Fans dort wurden mit der Nachricht wach, dass Webber durch seinen Landsmann ersetzt wird. Ricciardo beendete den GP von Italien für Toro Rosso auf dem siebten Platz und erreichte damit seine beste Platzierung in dieser Saison. Vettel gewann, wurde aber auf dem Podium ausgebuht. Zum Teil, weil er kein Ferrari-Fahrer war, aber vielleicht auch als Reaktion auf seine Fehde mit Webber. Er gewann erneut in Singapur, Korea, Japan und Indien, wobei letzterer Sieg ausreichte, um Red Bull Racing den Konstrukteurstitel zu sichern. Webber hatte einen weiteren Lichtmaschinenschaden und konnte das Rennen nicht beenden. Vettels Sieg in Indien sicherte ihm auch die vierte Fahrer-WM in Folge. Nachdem er die Zielflagge gesehen hatte, drehte er auf der Zielgeraden Donuts zur Feier und schickte weiße Rauchschwaden aus Gummi in die staubige Luft des Buddh International Circuit. Dies führte schließlich zu einer Geldstrafe in Höhe von 25.000 Euro durch die Stewards. Der Grund: »gefährliche Fahrweise.«

Als er als Sieger aus dem Cockpit kletterte, sank er auf die Knie und bedankte sich bei seinem alles überragenden RB9. Vettel war gerade einmal 26 Jahre und 116 Tage alt. »Ich bin überwältigt«, sagte er, als er unmittelbar danach interviewt wurde. »Das ist einer der besten Tage meines Lebens. Ich denke an die Zeit zurück, als ich mit dem Kartsport begann und die Formel 1 so weit weg war. Ich muss so vielen Menschen danken, die mir so viel beigebracht haben. In der Formel 1 fahren die besten Fahrer der Welt, und es ist fantastisch, an der Spitze zu stehen. Das Team ist stark und es ist ein Vergnügen, ins Auto zu steigen. Es war phänomenal, und ich kann nicht mehr verlangen. Für mich war es hart, in dieser Saison ausgebuht zu werden, obwohl ich nichts falsch gemacht hatte. Aber ich habe das überwunden, und bin stolz darauf, mich in die Reihe von [Alain] Prost, [Juan Manuel] Fangio und Michael [Schumacher] einzureihen«, fuhr er fort und verwies auf seine

Vettel sichert durch den Sieg beim Großen Preis von Indien 2013 seinen vierten WM-Titel in Folge. Er feiert mit Donuts und Burnouts auf der Zielgeraden. Der Spaß sollte ihn 21.000 Dollar kosten.

vier Titel (Hamilton hatte seinen vierten zu diesem Zeitpunkt noch nicht erreicht).

Newey kommentierte den Erfolg mit den Worten: »Ich vermute, dass einige der Buhrufer von seinen Konkurrenten provoziert wurden. Manches hat mit Neid zu tun, anderes geht in Wahrheit auf die Ereignisse von Malaysia zurück. Unterm Strich ist er ein großartiger Junge. Malaysia war ein Fehler, aber er hat daraus gelernt, und das sollte nicht davon ablenken, was für ein toller Fahrer er ist.«

Vettel beendete die Saison mit weiteren Siegen in Abu Dhabi, Austin und Brasilien. Dort schaffte Mark Webber in seinem letzten F1-Rennen einen zweiten Platz. Konnte sich Horner im vergangenen Jahr voll auf die gegnerischen Teams konzentrieren, ging 2013 eine Saison zu Ende, in der sich die eigenen Teamkollegen bekriegten. In seiner Amtszeit konnte er 47 Siege in nur 165 Rennen verbuchen. Wenn er jetzt über dieses phänomenale Ende eines turbulenten Jahres nachdenkt, gibt er zu, dass es trotz des Erfolges auf der Rennstrecke hart war. »Es ist einfacher, wenn man es mit der Konkurrenz zu tun hat, als mit einer streitenden Familie«, sagt er. »Es gab ziemlich starke Meinungsverschiedenheiten, und das muss man intern regeln. Die Fahrer sind deine beiden wichtigsten Assets, aber sie sind Vertragsarbeiter, und wenn sie aus der Reihe tanzen, verkompliziert das das Leben ziemlich. Man muss sich mit Eigentümern, Sponsoren und Partnern auseinandersetzen. Manchmal sind die Herausforderungen sogar größer, wenn man gewinnt, als wenn man verliert.«

Übrigens, während Vettel in der Formel 1 Rekorde für aufeinanderfolgende Siege und als jüngster vierfacher Weltmeister aufstellte, schrieb im selben Jahr auch ein junger Pilot namens Max Verstappen Geschichte. In seinem letzten Jahr im Kartsport gewann er die offizielle Weltmeisterschaft in Varennes-sur-Allier, Frankreich, in der höchsten Kategorie »KZ«, und wurde mit nur 15 Jahren der jüngste Titelgewinner. Zuvor hatte er bereits die anderen beiden Kategorien, in denen er antrat, für sich entschieden: die europäische KZ- und die europäische KF-Meisterschaft. Sein Aufstieg war kometenhaft. Nur drei Jahre zuvor, 2010 – jenem Jahr, in dem Vettel seinen ersten Formel-1-Titel feierte – hatte er die Junioren-Kartmeisterschaften, die WSK Euro Series und die WSK World Series gewonnen. Sein nächster Schritt sollte die Formel 3 sein. Von diesem aufregenden Nachwuchstalent würde man schon bald noch viel mehr hören. Doch zunächst lag der Fokus auf personellen Veränderungen im aktuellen Team.

KAPITEL 12

RÜCKKEHR ZUM RED BULL RING

2014

Im Sport verläuft alles zyklisch. Mit dem Gewinn von vier Fahrer- und vier Konstrukteurs-Weltmeisterschaften in Folge hatte Red Bull Racing eine äußerst beeindruckende Serie hingelegt. Das Ziel war es, diese Serie zu verlängern. Aber im Gegensatz zu anderen Sportarten, in denen die Regeln von Jahr zu Jahr gleichbleiben, ändert sich das technische Regelwerk in der Formel 1 jede Saison. Bei den neuen Vorschriften kann es sich um kleine Änderungen handeln, zum Beispiel eine Klarstellung beim Chassis, wie der in Kapitel 10 erwähnte Schlitz im Wagenboden. Oder der Heckdiffusor im Jahr 2010. Doch für 2014 brachte das neue Regelwerk einige der größten Änderungen seit Jahrzehnten mit sich. Um billiger und effizienter zu werden, wurden die altbekannten 2,4-Liter-V8-Motoren durch Hybrid-Aggregate ersetzt. Die verfügten über einen 1,6-Liter-Verbrennungsmotor mit Turbo und ein zweistufiges Elektro-System. Seine Batterie speichert Strom, der einerseits durch Abgase und andererseits Bremsenergie erzeugt wird, Letzteres ähnlich wie bei einem Hybrid-Straßenfahrzeug.

Die Regeländerung war ein Vorstoß der Formel 1, um in straßenrelevante Technologie zu investieren. Die Erkenntnisse sollten von den Herstellern auf Serienmodelle übertragen werden können. Die anvisierte Kostensenkung war vernünftig, denn die Teams sahen sich aufgrund eines erweiterten Rennkalenders mit neuen Rennen in Austin (Texas) und Sotschi (Russland) mit höheren Kosten konfrontiert. Zudem gab es potenzielles Interesse an einem zweiten Rennen in den Vereinigten Staaten. Dazu kam die Rückkehr nach Indien und Mexiko. Das Problem waren allerdings die enormen Entwicklungskosten der neuen Antriebseinheiten (man beachte die Ausdrucksweise, denn ein »Motor« ist nur ein Teil des Hybrid-Systems). Für Red Bull Racing war das eine besondere Herausforderung, da einige Hersteller, insbesondere Mercedes, gigantische Ressourcen für ihre Ideen aufwandten.

Ungewöhnlich für die Formel 1 war die Transparenz. Mercedes hatte zuvor in Brixworth, Northamptonshire, Großbritannien, die Türen ihrer Fabrik für einen Medientag geöffnet und die Arbeit an ihrem Antriebssystem präsentiert. Sie waren zu Recht stolz, vielleicht sogar ein bisschen selbstgefällig. Renault hingegen hielt sich auffallend bedeckt. Die Gründe dafür sollten rasch offenkundig werden. Die neue Antriebseinheit stellte die Konstrukteure in dieser Saison vor eine Reihe von Herausforderungen: Insbesondere ging es darum, das aerodynamisch günstige Coke-Bottle-Heck zu verwirklichen, das sich nach hinten hin verjüngt. Der voluminösere Motor mit neuen Anbauteilen war es, der diese Sache verkomplizierte. Die Teams hatten Schwierigkeiten, alle Komponenten unterzubringen. Einfacher war es, wenn man sowohl Team als auch Hersteller war – wie Mercedes oder Ferrari. Die hatten den Luxus eines besser synchronisierten Designprozesses bei Chassis und Antriebseinheit. Bei Ferrari befanden sich Motoren- und Chassisabteilung sogar am selben Standort. Für Red Bull Racing blieb es dabei, dass die Motoren in Frankreich hergestellt und nach Milton Keynes verschickt wurden, um dort mit dem Chassis verheiratet zu werden.

Während der Testfahrten vor der Saison erwies sich Hamiltons anfangs belächelter Wechsel von McLaren zu Mercedes als cleverer Schachzug. Er war nicht dafür gekommen, was Mercedes im Jahr 2013 war, sondern für die Vision ab 2014 und die Ära einer neuen Technologie. Sie wurde schnell als »Turbo-Hybrid-Ära« bezeichnet und hatte das Potenzial, die Hackordnung neu zu definieren: nicht nur wegen der neuen Leistungsanforderungen, sondern auch wegen der Zuverlässigkeit der Motoren. Im Jahr zuvor mussten die Aggregate mindestens 2000 Kilometer halten, bevor sie straffrei ausgetauscht werden durften. Jetzt galt es allerdings, mindestens 4000 Kilometer zu überstehen. Das hieß, dass Zuverlässigkeit genauso wichtig war wie

Spitzenleistung. Jeder außerplanmäßige Wechsel würde mit einer Startplatzstrafe geahndet werden.

Neu war bei Red Bull Racing auch, wie in der Vorsaison schon angekündigt, die Beförderung Ricciardos von Toro Rosso. Jener Daniel Ricciardo, den Sie in der Netflix-Sendung *Drive to Survive* sehen, ist genau der Daniel Ricciardo, den Sie auch im echten Leben treffen. Ich erinnere mich, dass ich 2012 auf dem Flug von Australien nach Malaysia in der Economy Class saß, als er frisch in die Formel 1 gekommen war. Er saß ein paar Reihen hinter mir, und es war höchst ungewöhnlich, einen F1-Fahrer in der Economy Class reisen zu sehen. Bei einem Interview, das wir 2019 führten, ersetzte er das »H« in meinem Nachnamen (Hunt) durch ein »C« und fand das urkomisch. Ich tat so, als hätte ich diesen Witz noch nie gehört. Daniel ist ein Energiebündel, an guten Tagen fantastisch schnell, und er wird von einem jungenhaften Charme angetrieben, der zwar sympathisch ist, aber auch seine Rücksichtslosigkeit kaschiert.

Ricciardo wurde 1989 in Perth, Westaustralien, als Sohn italienisch-australischer Eltern geboren. Sein Vater Giuseppe – bekannt als Joe – zog aus Ficarra, Sizilien, nach Australien, als er gerade sieben Jahre alt war. Seine Mutter Grace wurde in Australien geboren, aber ihre Eltern stammen aus Casignana in Kalabrien. Ricciardos italienische Wurzeln zogen verständlicherweise immer wieder Fragen der italienischen Presse nach sich, die ob seiner Entscheidung, das zweite »i« bei der Aussprache seines Nachnamens wegzulassen, verwirrt war.

Ricciardos Vater hatte eine Leidenschaft für den Rennsport und war maßgeblich daran beteiligt, dass sein Sohn im Alter von neun Jahren mit dem Kartsport begann. Er gewann 2005 den australischen Kart-Titel, bevor er 2006 in die Formula BMW Asia-Serie wechselte – eine Monoposto-Klasse und damals der logische nächste Schritt nach oben. Der erst 16-jährige Ricciardo nahm zusätzlich an zwei Rennen der Formel BMW UK-Serie in Snetterton teil. Die Strecke gehört in Großbritannien zu den Klassikern für die Nachwuchsklassen. Doch im ersten Rennen schied er aus, und im zweiten wurde er nur Achter. In der folgenden Saison wechselte Ricciardo nach Italien, um in der Formel Renault Italia anzutreten – einer Nachwuchs-Meisterschaft als Sprungbrett für die Formel 3.

Wie Webber vor ihm musste auch Ricciardo dafür nach Europa übersiedeln. Hier war die Konkurrenz einfach stärker. In seiner ersten Saison in Italien traf er auf die von Red Bull unterstützten Fahrer Jaime Alguersuari und Brendon Hartley. Beide fuhren für das Epsilon-Red Bull-Team, und beide sollten später zu Toro Rosso in die Formel 1 aufsteigen. Ricciardos Leistungen fielen Red Bull auf, die ihn 2007 in ihr Nachwuchsfahrerprogramm aufnahmen. Das Sponsoring ermöglichte es ihm, in den hart umkämpften Formel Renault 2.0 West European Cup zu wechseln und bei den Rennen in Le Mans, Barcelona und Spa zu starten.

Ricciardo beeindruckte in dieser Saison mit acht Siegen in 14 Rennen und wechselte 2009 in die britische Formel 3. Dort gewann er für das bekannte britische Team Carlin auf Anhieb die Meisterschaft. 2010 wechselte er in die Formel Renault 3.5 – damals die letzte Stufe der Karriereleiter vor dem Einstieg in die Formel 1. In seiner Debütsaison landete er auf dem zweiten Rang und verpasste den Titel um nur zwei Punkte. Ricciardos Fortschritte waren zwar enorm, aber nur wenige hatten erwartet, dass er es so schnell in die Formel 1 schaffen würde. Der inzwischen aufgelöste spanische Rennstall HRT bot ihm einen Vertrag an und setzte ihn nach der Hälfte der Saison als Ersatz für Narain Karthikeyan ins Cockpit. Im Gegenzug dafür, ihre jungen Fahrer einzusetzen, unterstützte Red Bull das finanziell klamme HRT-Team. Sie hatten auch schon den Red Bull Youngsters Klien und Liuzzi ein Cockpit gegeben, als das Team noch unter dem Namen Hispania Racing F1 Team bekannt war (bevor es in HRT umbenannt und 2012 zugesperrt wurde). Danach verbrachte Ricciardo zwei komplette Saisonen bei Toro Rosso, wo er in der WM-Wertung die Plätze 18 und 14 belegte, bevor er 2014 zu Red Bull wechselte.

Ricciardos Debüt für Red Bull Racing war denkwürdig, fand es doch in seiner Heimat Australien statt. Er beeindruckte im Training und sicherte sich im Qualifying den zweiten Platz. Im Rennen am Sonntag konnte er diese Position sogar verteidigen und kam zur großen Freude der heimischen Fans hinter Rosberg im Mercedes als Zweiter ins Ziel. Doch als sich die Fanmassen zerstreuten und mit der Straßenbahn zurück in die Innenstadt von Melbourne gondelten, sickerte die Nachricht durch, dass die FIA Ricciardos Podiumsplatz wegen eines technischen Vergehens unter die Lupe nahm. Solche Untersuchungen nach dem Rennen können die Stimmung schnell trüben, und im Red Bull Racing-Hospitality-Gebäude kippte sie bald. Die Untersuchung dauerte ewig und die Spannung, zu welchem Ergebnis die FIA nach der Untersuchung seines Autos kommen würde, stieg. Das verantwortliche Designteam von Red Bull Racing hatte den Stewards seine Argumente dargelegt. Es lag nun an ihnen, eine Entscheidung zu treffen. Man wartete.

Kurz nach Mitternacht sprach die FIA ihr Urteil: Red Bull Racing hatte tatsächlich gegen die Regeln verstoßen, was Ricciardos Disqualifikation bedeutete. Es war ein harter Schlag und versinnbildlicht die mitunter unliebsamen Feinheiten des Sports: Stellen Sie sich vor, Sie verlassen ein Fußballspiel, das Ihre Mannschaft mit 3:0 gewonnen hat, und wachen am nächsten Morgen mit der Nachricht auf, dass Ihr Team disqualifiziert und das Spiel zugunsten des Gegners mit 3:0 strafverifiziert wurde. Natürlich müssen Regeln eingehalten werden, aber in diesem speziellen Fall drehte sich alles um die komplizierte Angelegenheit der Kraftstoffdurchflussrate zum Motor. Ein ziemliches Nischenthema, zumal die Kraftstoffmenge ohnehin durch das Gewicht begrenzt ist. Und die entsprach den Vorschriften. Auch die Qualität des Kraftstoffs wurde geprüft und für ausreichend befunden. Letztendlich wurde Ricciardo bestraft, weil die FIA die zur Messung des Kraftstoffdurchflusses verwendeten Sensoren für nicht regelkonform erklärte, obwohl dies keinen messbaren Leistungsvorteil für seinen Motor brachte. Angesichts des ersten Rennens mit den komplett neuen Regularien für die Antriebseinheiten hätte Red Bull Racing vielleicht auf etwas Nachsicht hoffen dürfen, doch die blieb aus.

Für Vettel kam es noch schlimmer. Er bekam einen Vorgeschmack auf die Schwierigkeiten, die er in dieser Saison mit der Zuverlässigkeit und Leistung des Renault-Aggregats haben würde. Aufgrund eines fehlerhaften Sensors wählte Renault für das Qualifying die falsche Motoreinstellung. Das hatte zur Folge, dass er weit zurückfiel und nur auf Platz zwölf landete. Stellen Sie sich das so vor, als würden Sie die Lautstärke eines Verstärkers herunterdrehen. Im Rennen selbst konnte er nur drei Runden lang fahren, bevor sein Auto liegen blieb und er den GP von Australien aufgeben musste. Sein Versuch, den Titel zu verteidigen, hatte denkbar schlecht begonnen.

Beim nächsten Rennen in Malaysia lief es für Vettel besser. Er wurde Dritter, während Ricciardo diesmal nach einem verpatzten Boxenstopp aufgeben musste. 15 Runden vor Schluss war er noch auf dem vierten Platz gelegen, doch nach seinem Boxenstopp schickte ihn das Team zurück auf die Strecke, ohne dass das linke Vorderrad korrekt festgezogen war. Seine Mechaniker schoben ihn zurück in die Box und behoben das Problem. In Runde 53 von 56 musste er dann jedoch mit einem gebrochenen Frontflügel aufgeben. Aufgrund der gefährlichen Situation in der Boxengasse, verursacht durch seine Crew, wurde der Australier anschließend mit einer zusätzlichen Startplatzstrafe von zehn Plätzen belegt, die er beim nächsten Rennen in Bahrain verbüßen musste. Dort rehabilitierte er sich und fuhr auf Platz vier; Vettel wurde Sechster.

Bereits zu diesem Zeitpunkt war klar, dass Mercedes einen erheblichen Vorteil durch seine Antriebseinheit hatte. Die erwies sich nicht nur als schnell, sondern auch als unglaublich zuverlässig. Rosberg hatte das Auftaktrennen in Melbourne gewonnen, während Hamilton in Malaysia, Bahrain, China und Spanien siegte. Red Bull blieb ratlos zurück, und die Spannungen zwischen dem Team und Renault eskalierten schnell. Horner sagt, er habe auf Lösungen gedrängt. Aber es wurde schnell klar, dass sich seine schlimmsten Befürchtungen bezüglich fehlender Investitionen seitens des französischen Autoriesen bewahrheiteten.

»Mercedes hat sehr früh mit der Entwicklung des Hybridmotors begonnen«, sagt Horner. »Von einigen der Leute, die inzwischen von Mercedes zu uns gestoßen sind, wissen wir, dass sie schon seit einigen Jahren an dem Projekt gearbeitet haben. Renault hatte eine gewisse Arroganz, weil sie wussten, dass ihre Antriebe traditionell gut funktionierten. Sie hatten mit den Turbomotoren, die sie in den 1970er- und 1980er-Jahren produzierten, Erfolg gehabt. Sie waren zuversichtlich, dass alles in Ordnung sein würde. Ich erinnere mich, dass ich vor dem Saisonstart mindestens dreimal im Büro von [Renault-Chef] Carlos Ghosn war, weil wir Gerüchte gehört hatten, wie viel Mercedes reinsteckte. Wir wussten von den Renault-Leuten, mit denen wir eng zusammenarbeiteten [um bei der Integration der Power Unit zu helfen], dass Renault seine Anstrengungen verstärken und mehr Mittel bereitstellen musste, sonst würden wir ins Hintertreffen geraten. Ich erinnere mich, dass ich mit Adrian und Helmut nach Paris geflogen bin, um mich mit Ghosn in seinem Büro zu treffen. Da gab es eine gewisse Zurückhaltung, sich in jener Weise zu engagieren, wie es Mercedes tat. Mercedes kam also in die neue Saison und legte los. Wir konnten aber anfangs nicht mehr als drei Runden fahren. Als wir zum ersten Rennen der Saison 2014 nach Australien kamen, war das die längste Distanz, die wir den ganzen Winter über geschafft hatten. Sebastian schied dort zwar aus, aber Daniel fuhr durch und wurde dann für etwas disqualifiziert, das heute unbedeutend wäre. Aber es war vertrackt. Mercedes war allen anderen zwei Jahre voraus. Sie konnten die Leistung ihrer Motoren herunterdrehen, um Verschleiß zu minimieren und sie für die kommenden Rennen zu schonen, so weit waren sie voraus. Wir hatten in diesem Jahr eigentlich ein sehr gutes Auto, aber der Motor war schlecht. Es fehlte an Engagement von Renault, was dazu führte, dass Adrian [Newey] von der Formel 1 ziemlich desillusioniert wurde.«

Es gab Höhepunkte, wie Ricciardos Sieg in Kanada – sein erster in der Formel 1. Aber den schaffte er erst, nachdem Hamilton mit einem Bremsproblem aufgeben musste und auch Rosberg einen seltenen Moment der Schwäche hatte. »Ich stehe unter Schock. Das ist Wahnsinn!«, brüllte Ricciardo nach dem Rennen in seinen Helm und jubelte über seinen Triumph, während Horner den guten Start seines Fahrers in seine Karriere bei Red Bull Racing lobte. Er hatte

Der Australier Daniel Ricciardo nutzt die Gunst der Stunde und holt sich seinen ersten F1-Sieg 2014 beim GP von Kanada – auch weil die Mercedes-Fahrer Hamilton und Rosberg einen schlechten Tag erwischen.

Heimspiel für Red Bull Racing: Der Red Bull Ring in Spielberg kehrt 2014 als GP von Österreich in den F1-Kalender zurück, ein lang gehegter Wunsch von Dietrich Mateschitz.

seinen Teamkollegen – immerhin den vierfachen Weltmeister – auch bei den Rennen in Bahrain, China, Spanien und Monaco geschlagen. »Erstaunlich«, sagte Horner. »Der Junge ist die bisherige Saison brillant gefahren.«

Als nächstes stand ein Heimspiel für das Red Bull-Team an. Der Große Preis von Österreich auf dem Red Bull Ring kehrte 2014 in den F1-Kalender zurück. Er hat etwas ganz Besonderes an sich, das sich jeder Logik entzieht. Die Hotels in der unmittelbaren Umgebung sind weitgehend unspektakulär. Manche finden, das gelte gleichermaßen für das Essen. Die besseren Hotels und Restaurants in Graz sind nach einem langen Tag an der Rennstrecke ein bisschen weit weg. Dennoch ist das Rennen insofern einzigartig, weil man sich bei der Rückkehr nach Hause besser fühlt als bei der Abreise. Vielleicht liegt es an der Alpenluft? Oder an der Landschaft? Vielleicht ist es auch das Getränk Red Bull – denn in Spielberg, der Ort, an dem sich die Rennstrecke befindet, ist es überall zu bekommen.

Die Strecke war einst als »Österreichring« bekannt und war von 1970 bis 1987 insgesamt 18 Jahre lang Austragungsort des Großen Preises von Österreich. Später wurde die Strecke verkürzt und in »A1-Ring« umbenannt. Auch dort wurde der Große Preis von Österreich ausgetragen – von 1997 bis 2003 – bis es für die Organisatoren wirtschaftlich nicht mehr tragbar war, der Formel 1 beziehungsweise Bernie Ecclestone gutes Geld für die Austragung des Rennens zu bezahlen.

Nach dem Verlust des F1-Vertrags wurde der Ring an Mateschitz verkauft, der große Pläne für den Wiederaufbau der Strecke hatte. Red Bull entwarf ein Modell, das die Erweiterung der Rennstrecke vorsah, inklusive Bau einer Rennfahrerschule, eines Museums, eines Hotels und eines Hangars für Mateschitz' Flugzeuge. Geschätzte Gesamtkosten: knapp 600 Millionen Euro. Der Vorschlag stieß jedoch auf den Widerstand der Anwohner, die sich über die zu erwartende Lärmbelästigung und Umweltverschmutzung beschwerten. Die Pläne scheiterten, das Sanierungsprojekt wurde vorerst gestoppt. Aber Mateschitz wollte seine Vision nicht aufgeben und entwarf radikale Pläne zur Aufwertung der Region. Das »Projekt Spielberg« sollte die lokale Wirtschaft und die umliegende Infrastruktur verbessern – mit dem langfristigen Ziel, die Formel 1 wieder auf die Rennstrecke zu bringen.

Mateschitz' Entschlossenheit zahlte sich aus, und schließlich wurden die Pläne genehmigt. Die Strecke wurde in »Red Bull Ring« umbenannt und im Mai 2011 mit einer speziellen Red Bull-Veranstaltung wiedereröffnet. Vermutlich ermutigt durch Mateschitz' Wunsch, die Strecke wieder als Austragungsort für Grands Prix zu nutzen, fragten die Streckenbetreiber bei der Formel 1 an, ob sie 2013 als Ersatz für den gescheiterten New York Grand Prix wieder in den Rennkalender aufgenommen werden könnten, und erhielten schließlich einen Termin für 2014.

Es ist nicht leicht, nach Spielberg zu kommen. Es ist eine kleine Stadt mit 5000 Einwohnern in der Steiermark (Österreich), die im Tal eines Gebirgszugs liegt. Vom Flughafen Wien aus sind es zwei Stunden Fahrt, die sich allerdings aufgrund der Baustellen oder der vielen Verstappen-Fans, die ihre Wohnwagen aus den Niederlanden zum Red Bull Ring schleppen, normalerweise verlängert. Im Jahr 2014 war es klug, einen Tag früher anzureisen, um sich auf den unvermeidlichen Verkehr vorzubereiten. Aber nicht alle meine Kollegen taten das. Einige entschieden sich, erst am Donnerstag zu fliegen, dem Tag der Pressekonferenz. Angesichts des ansonsten eingeschränkten Zugangs zu den Fahrern ist dies wohl die wichtigste Veranstaltung der Woche für Journalisten. Als sie dann in den sozialen Medien posteten, dass sie unterwegs auch noch Apfelstrudel aßen, gab es wenig Verständnis, als sie mit Verspätung am Red Bull Ring ankamen. Vor allem, als sie behaupteten, dass ihre Verspätung nur auf den Verkehr zurückzuführen war! Die Qualität der Anlage machte die Anwesenheit jedenfalls zum Vergnügen. Der Presseraum ist nach wie vor der beste im F1-Kalender und bietet einen Panoramablick auf die Strecke, hervorragendes Essen und einen unbegrenzten Vorrat an Red Bull und Kaffee.

Während es für den Red Bull Ring ein spektakuläres Debüt in neuem Gewand war, war es für das Team von Red Bull Racing weniger denkwürdig. Vettel schied mit Elektronikproblemen aus, und Ricciardo belegte einen enttäuschenden achten Platz. Wieder einmal schob Horner die Schuld auf Renault und deutete an, dass Red Bull Racing seine Optionen für einen neuen Motorenlieferanten für die Saison 2016 ausloten wolle. Die Veranstaltung war ansonsten ein Fest für Red Bull gewesen. Aber als Horner nach dem Rennen sprach, war klar, dass er aufgrund der fehlenden Fortschritte entmutigt war. »Es ist frustrierend«, sagte er ehrlich. »Wir haben alle Rennen und Titel mit Renault gewonnen, aber die aktuelle Situation verbessert sich einfach nicht. Die Zuverlässigkeit ist inakzeptabel. Die Leistung ist inakzeptabel. So kann es nicht weitergehen. Das ist nicht gut für Renault und nicht gut für Red Bull. Renault muss Schritte unternehmen, um den Abstand zu Mercedes zu verringern. Einem Team wie Red Bull mangelt es nicht an Möglichkeiten, und wir wollen sicherstellen, dass wir auf lange Sicht konkurrenzfähig sind.«

Vettels Ausfall warf den amtierenden Weltmeister auf den fünften Platz in der Fahrerwertung zurück. Es war klar, dass er sich mit der Tatsache abfinden musste, dass er seine Krone verlieren würde. Schnell machten Gerüchte die Runde, dass er mit der Situation bei Red Bull Racing unzufrieden sei, und jeder konnte verstehen, warum. Die Situation mit Renault hatte ihn am Boden zerstört. Er gewann keine Rennen mehr, sein Teamkollege aber schon. Er ließ den Kopf hängen, und der Blick in die Zukunft gab wenig Anlass zum Optimismus. Neweys Begeisterung für die Formel 1 bröckelte. Die endlosen Kämpfe mit der FIA und ständigen Regeländerungen, die scheinbar nur darauf abzielten, seine technische Brillanz zu bremsen, hatten ihn zermürbt. In der Zwischenzeit war Horner in einen recht öffentlichen Schlagabtausch mit dem Franzosen Cyril Abiteboul verwickelt, dem Geschäftsführer von Renaults F1-Abteilung. Vielleicht war es für Vettel an der Zeit, das Schiff zu verlassen, das zunehmend zu kentern drohte?

Beim Großen Preis von Japan im Oktober überraschte Vettel die Formel 1 mit der Nachricht, dass er Red Bull Racing tatsächlich verlassen würde. Am Abend zuvor teilte er Horner mit, dass er eine Klausel in seinem Vertrag ziehen würde, die es ihm ermöglichte, dem Team am Ende der Saison 2014 den Rücken zu kehren. Die Klausel bezog sich darauf, dass er Ende September in der Fahrerwertung nicht unter den ersten Drei lag. Das bedeutete, dass er für die Saison 2015 aus dem Vertrag aussteigen konnte.

Die Nachricht wurde am 4. Oktober bekannt, als das Team eine kurze Erklärung veröffentlichte. Darin hieß es: »Sebastian Vettel hat uns mitgeteilt, dass er Infiniti Red Bull Racing zum Ende der Saison 2014 verlassen wird. Wir möchten Sebastian herzlich für die unglaubliche Rolle danken, die er in den letzten sechs Jahren bei Infiniti Red Bull Racing gespielt hat.« Das Unternehmen fügte hinzu, dass Daniil Kvyat, der russische Pilot, der zu diesem Zeitpunkt bei Toro Rosso fuhr, an seine Stelle befördert werden würde: »Wir wünschen Sebastian alles Gute für den nächsten Abschnitt seiner Karriere und blicken gleichzeitig mit Spannung in die Zukunft, da der freie Platz den Weg für die nächste Generation von Red Bull-Rennfahrern freimacht. Das Red Bull Junior Team hat in letzter Zeit einige großartige Rennfahrer hervorgebracht, darunter Sebastian Vettel und Daniel Ricciardo, der im RB10 brilliert und in seiner ersten Saison beim Team drei Formel-1-Rennen gewonnen hat. Wir freuen uns, bekannt zu geben, dass Daniel 2015 von einem weiteren aufstrebenden Star aus dem Junior-Programm, Daniil Kvyat, Gesellschaft bekommen wird.« Das Statement wirkte hastig – was es auch war –, und die Beförderung von Kvyat schien eine unüberlegte Aktion zu sein.

Vettel selbst zeigte sich emotional und erklärte der Presse, dass er das Team nicht wegen Ricciardo verlasse, der nach seinem Sieg in Kanada auch noch die Rennen in Ungarn und Belgien gewonnen hatte. Er betonte, dass er sich der Herausforderung, die der Australier nun darstellte, durchaus nicht entziehen wolle und dass er sich weiterhin gut mit dem Team verstehe. »Red Bull hat nichts falsch gemacht, und wir gehen als Freunde auseinander«, sagte er und hatte dabei offensichtlich den etwas unrühmlichen Abgang von Webber im Kopf. »Es hat nichts mit den Ergebnissen zu tun, selbst wenn sie nicht unseren Erwartungen entsprechen. Ich bin loyal und habe keinen Vertrag gebrochen. Ich laufe vor nichts davon. Aber es gibt Zeiten im Leben, da braucht man etwas Neues, und wenn sich eine Gelegenheit bietet, muss man sie ergreifen.«

Es war offensichtlich, dass Vettel seine Entscheidung lange und gründlich durchdacht hatte und hin und her gerissen war. Aber wohin würde er gehen? Die Antwort war das fehlende Stück dieses Puzzles. Es gab Spekulationen, aber vorerst keine Neuigkeiten von Ferrari – die immer noch die beiden Weltmeister Alonso und Räikkönen in ihrem Team hatten. Horner war sich sicher: »Offensichtlich hat Ferrari ihm ein sehr attraktives Angebot gemacht«, sagte er im Suzuka-Fahrerlager, das ob der Neuigkeiten nur so vibrierte. Horners Kommentare lenkten den Scheinwerfer auf das italienische Team, das noch zwei Fahrer unter Vertrag hatte, was es letztendlich zum Handeln zwang. Sein Instinkt erwies sich später als richtig, aber vorerst war nichts offiziell.

»Ich kenne Sebastian sehr gut, wir verbringen viel Zeit miteinander, und man kann sehen, dass er in letzter Zeit viel nachgedacht hat«, so Horner weiter. »Eine solche Entscheidung fällt einem natürlich nicht leicht, aber gestern Abend hat er sich mit uns zusammengesetzt und uns informiert. Ich kann ihm nur das Allerbeste für die Zukunft wünschen. Er wird uns bei Red Bull immer noch wichtig sein, aber ab 1. Januar ist er ein Konkurrent. Wenn jemand nicht mit dem Herzen dabei ist, spielt es keine Rolle, was auf einem Stück Papier steht. Es muss für beide Seiten passen. Er ist in seiner Karriere an einem Punkt angelangt, an dem er sich eine neue Herausforderung wünscht. Das ist sein gutes Recht, und wie in jeder Beziehung gilt: Wenn jemand nicht mit dem Herzen dabei ist, dann ist es Zeit, weiterzuziehen.«

Als wir über seinen Abschied von Red Bull Racing sprechen, sagt Vettel, dass die Motorenprobleme in dieser Saison alles verändert hätten. »Es war sehr schwierig, denn es fühlte sich an, als hätte ich erst vor ein paar Wochen – aber es waren offensichtlich Monate oder sogar ein oder zwei Jahre – den Vertrag mit Red Bull verlängert und gedacht: ›Ich weiß nicht, ob ich dieses Team jemals verlassen will, denn ich bin hier glücklich.‹ Aber es war schon ein wenig überraschend, wie schnell die Dinge ins Rutschen kamen. Der Hintergrund war, dass sich die Regeln 2014 änderten und klar war, dass wir mit dem Renault-Antriebsstrang weit hinterherfuhren. Wir gingen zum ersten Test [2014] und hatten so viele Probleme. Die Aussichten waren nicht gut. Mercedes hatte noch so viel mehr Potenzial; der Motor war richtig gut. Ich weiß nicht, warum sie in dieser Saison nicht jedes einzelne Rennen gewonnen haben. Das hat etwas mit mir gemacht. Es hat mich verwirrt. Ich habe den Glauben daran verloren, dass das Team den Spieß rasch umdrehen kann.«

Er erklärt auch, dass dies nicht das erste Mal gewesen sei, dass er mit Ferrari gesprochen habe und dass ursprünglich Michael Schumacher das Treffen mit dem damaligen Ferrari-Chef Stefano Domenicali initiiert habe. »Ich habe schon vor einigen Jahren mit Ferrari geredet«, sagt er. »Lustigerweise sprach ich 2008 mit Stefano und er bot mir eine ›Option‹ an. Ich fragte: ›Was meinen Sie damit?‹ Ich war sehr geehrt und fragte sie, was sie mit ›Option‹ meinten. Und sie sagten: ›Wenn wir wollen, können wir dich haben.‹ Und ich fragte: ›Und wenn nicht …?‹ Ich konnte dazu nicht ›Ja‹ sagen. Dann sprachen wir einige Jahre später wieder, und nun rollten sie den roten Teppich aus. Sie sagten, sie wollten die Marke neu erfinden und mich an Bord holen und erzählten mir, wie viel sie investieren würden. Gleichzeitig wurde mir klar, dass die Formel 1 jetzt eine Motorenformel war. Dein Chassis kann sehr gut sein, aber wenn der Motor keine Leistung hat, dann wird es nichts. Also änderte ich meine Meinung. Und als ich mit Michael sprach, weckte das all diese Kindheitserinnerungen und Träume. Es kamen all diese Emotionen. Es war eine große, große Entscheidung und ich war auf einer neuen Reise.«

Ferrari bestätigte Vettels Wechsel in ihr Team für 2015 erst am 20. November, nachdem sie Alonsos Abgang verkündet hatten. Erst dann konnte

Vettel darüber sprechen. »Als ich ein Kind war, war Michael Schumacher im roten Auto mein größtes Idol. Und jetzt ist es eine unglaubliche Ehre, endlich die Chance zu bekommen, einen Ferrari zu fahren. Ich habe bereits einen kleinen Vorgeschmack darauf bekommen, was der Geist von Ferrari bedeutet, als ich 2008 in Monza [mit Toro Rosso] meinen ersten Sieg errang, mit einem Motor des springenden Pferdes aus Maranello. Die Scuderia [ein Begriff für einen Rennstall auf Italienisch] hat eine große Tradition in diesem Sport, und ich bin extrem motiviert, dem Team zu helfen, wieder an die Spitze zu kommen. Ich werde mich mit Leib und Seele dafür einsetzen, dass dies gelingt.«

Wenn er jetzt über Vettels Abgang nachdenkt, sagt Horner, er habe geahnt, dass man ihm den Kopf verdrehen würde. »Die Situation war bei Sebastian anders als bei Mark. Sebastian hatte im September eine Ausstiegsklausel in seinem Vertrag. Und Daniel hatte das ganze Jahr über die Oberhand: Er gewann drei Rennen, Sebastian null. Sebastian konnte sehen, dass das Engagement von Renault nicht ausreichte, und inzwischen wurde er von Ferrari umworben. Sie kamen mit einem großen Angebot und er fühlte, dass es an der Zeit war, Renault zu verlassen. Zwischen den Rennen in Singapur und Japan merkte ich, dass etwas im Busch war. Als wir dann in Japan ankamen, wollte er mich am Donnerstagabend in meinem Hotelzimmer sehen und sagte: ›Ich möchte nur sagen, dass ich einen Vertrag mit Ferrari unterschrieben habe und das durchziehen werde.‹ Er nutzte seine Klausel. Weil er in der WM nicht unter den ersten drei lag, hatte er die Möglichkeit auszusteigen. Im Nachhinein denke ich, dass wir uns mehr Zeit hätten nehmen sollen, um zu überlegen, wer sein Ersatz werden sollte, anstatt einfach Daniil [Kvyat] zu nehmen. Er hat vielversprechend gewirkt, aber in Wirklichkeit war es viel zu früh.«

Durch eine seltsame Fügung des Schicksals bekam Max Verstappen bei demselben Rennen, bei dem Vettel seine Absicht bekannt gegeben hatte, das Team zu verlassen, seine erste Chance in der Formel 1. Der 17-Jährige hatte in dieser Saison acht Rennen in der Formel-3-Europameisterschaft gewonnen und war für das folgende Jahr mit einem Platz bei Toro Rosso belohnt worden. Das Interesse an dem Teenager, der zum jüngsten Fahrer in der Geschichte des Sports wurde, als er am Freitag zum ersten Training des Großen

Preises von Japan in Suzuka auf die Strecke ging, war groß. Er hatte sich mit einem Computerspiel auf seine ersten F1-Erfahrungen vorbereitet, indem er die Strecke von Suzuka auf einer PlayStation abfuhr. Trotz seiner fehlenden F1-Erfahrung schaffte er eine Zeit, die für Platz zwölf auf dem Zeitenmonitor reichte – und das, obwohl er sechs Minuten vor dem Ende der Session von einem mechanischen Defekt ausgebremst wurde. Er war bemerkenswert ruhig – eine Charaktereigenschaft, die wir im Laufe der Zeit gut kennenlernen sollten. Sein Auftritt war voller Reife und Selbstvertrauen. »Das Alter interessiert mich nicht«, sagte er. »Es spielt für mich keine Rolle. Wenn man bereit dafür ist und sich gut vorbereitet hat, ist das Alter nur eine Zahl. Sebastian hat mit 19 Jahren angefangen, und sieh ihn dir jetzt an. Manche Menschen können es schaffen, andere nicht.«

Vettel hatte es auf jeden Fall geschafft, und es waren sechs glorreiche Jahre bei Red Bull Racing. Im Rückblick auf seine Zeit mit dem Team bitte ich Sebastian, sein Highlight herauszupicken. Er wählt gleich drei aus: den ersten Rennsieg von Red Bull Racing 2009 in China, seinen ersten Titel 2010, den er in Abu Dhabi geholt hat, und das Saisonfinale 2013 in Abu Dhabi nach einer Siegesserie von neun Rennen. »China war überwältigend«, sagt er bei unserem Videocall. »Der erste Sieg für Red Bull. Das war ein großer Schritt. Denn 2008 landete ich in der WM, als ich für Toro Rosso fuhr, vor Red Bull, worüber sie nicht glücklich waren. Als Australien kam, waren wir im Training die Drittschnellsten und ich dachte: ›Ja, jetzt fahren wir mit den großen Jungs mit.‹ Es ist nicht so wie heute, dass etwas nicht stimmt, wenn man nicht unter den ersten Fünf ist. Das war das ehemalige Jaguar-Team, das noch nie so etwas erreicht hatte. Wir waren gerade dabei, uns zu entwickeln. Es war, als würden die Dinge ins Rollen kommen. Das war das erste Mal, dass wir so weit vorn waren, und das war enorm. Der gesamte Teamgeist war großartig. Ich glaube, es war die beste Erfahrung, Teil davon zu sein. Der Sieg in Abu Dhabi 2010, die erste WM, war großartig. Und dann der letzte Lauf 2013, das war unglaublich. Es klingt vielleicht ein bisschen traurig, aber ich habe die vorherigen Siege [mehr] genossen. Bei einer Siegesserie achtet man nicht so sehr auf den Genuss, weil man so konzentriert ist. Aber 2013 war die Meisterschaft schon besiegelt, und es war etwas entspannter. Wir wollten weiter gewinnen, aber wir hatten jeden Sonntag viel

Spaß. Das war toll, weil man es genießen konnte. Normalerweise hetzt man zurück und jeder versucht, nach Hause zu kommen, aber dieses Saisonende war ein bisschen anders. Wir haben gefeiert und eine große Party veranstaltet, es war eine tolle Zeit mit dem Team. Ich war voll dabei und dafür bin ich dankbar.«

KAPITEL 13

DAS LEBEN NACH SEB

2015

Vettels Abgang war nicht der einzige Verlust, den Red Bull Racing im Winter verkraften musste. Im Dezember 2014 suchten Diebe das Werk in Milton Keynes heim und stahlen mehr als 60 Trophäen. Der Vorfall ereignete sich am Samstag, dem 6. Dezember, nachts um 01.30 Uhr. Sechs Männer mit einem silbernen Geländewagen brachen die Türen zum Empfangsbereich auf, in dem alle Pokale des Teams ausgestellt sind. Die Diebe machten sich mit dem Tafelsilber aus dem Staub und hinterließen das Team verärgert und bestürzt. Horner sagte damals, dass die Trophäen »in jahrelanger harter Arbeit zusammengetragen worden waren«, und wies darauf hin, dass »ihr eigentlicher Wert gering ist; sie hätten für Personen außerhalb des Teams nur wenig Nutzen, und darüber hinaus sind viele der ausgestellten Exponate Nachbildungen.« Einige Tage später wurden etwa 20 der Trophäen rund 110 Kilometer entfernt in einem See in der Nähe von Sandhurst in Berkshire entdeckt. Ein Anwohner hatte sie gefunden. Horner war einerseits erleichtert, dass ein Teil der Pokale wieder aufgetaucht war. Andererseits war er aber immer noch fassungslos, dass jemand sie überhaupt gestohlen hatte. Für einen Weiterverkauf waren sie zu heiß. Nachdem die Türen an der Rezeption repariert worden waren, wurden vor dem Gebäude zwei riesige Poller aufgestellt, um einen erneuten derartigen Vorfall zu verhindern. Das weitläufige Gelände in Milton Keynes ist nun besser gesichert. Und der Trophäenschrank, dessen Größe sich verdreifacht hat, ist längst wieder voll.

Sebastian Vettel am 2. Dezember 2014 vor dem Trophäenschrank von Red Bull Racing. Wenige Tage später werden 60 Trophäen bei einem Einbruch gestohlen. Die meisten davon tauchen etwa 110 km von Milton Keynes entfernt in einem See in Berkshire im Südosten Englands wieder auf.

»Es war das härteste Jahr in unserer Geschichte«, sagt Horner, als wir in einem Videotelefonat über die Saison 2015 sprechen. Er sitzt in seinem Büro im Werk des Teams, wo hinter seinem Schreibtisch eine Reihe von Mini-Sturzhelmen ausgestellt ist. »Adrian hatte das Interesse verloren, und mehrere Mitarbeiter wurden von anderen Teams umworben. Dietrich stellte das Engagement von Red Bull in der Formel 1 infrage. Er war sauer, dass uns die technischen Mittel fehlten, um konkurrenzfähig zu sein. Es war also ein hartes Jahr.«

Die Zeichen standen von Anfang an auf Sturm. Das Team hatte eine kreative Idee für ein Design im Tarn-Look, das während der Wintertests verwendet werden sollte. Die Lackierung ähnelte derjenigen, die bei Vorserienfahrzeugen im Automobilbau verwendet wird, sogenannten Erlkönigen, um sie vor neugierigen Blicken zu schützen. In der Vergangenheit wurden unter anderem Abdeckband oder Vinylfolien verwendet, um schwarz-weiße Wirbelmuster zu erzeugen. Red Bull hatte sich beim RB11 für ein schwarz-weißes Design entschieden. Als das Team vor den Testfahrten in Jerez die neue Lackierung präsentierte, sorgte das in den Medien für Aufsehen. Zu dieser Zeit war es selten, dass sich Teams die Mühe machten, spezielle Lackierungen für Tests zu entwerfen. Es braucht viel Zeit, um das umzusetzen und alle Genehmigungen einzuholen, und vielen schien der Aufwand unnötig. Aber Red Bull Racing war immer bestrebt, etwas Neues zu probieren. Der neue Schwarz-Weiß-Look mit seinen Wirbeln kam bei der versammelten Presse gut an und sorgte dafür, dass alle großen Sportmedien die Bilder des Autos zeigten – es war eine weitere Meisterleistung des Teams in Sachen Marketing. Die Ergebnisse der Testfahrten weckten in Red Bull Racing allerdings den Wunsch, sich komplett im Tarn-Look zu kleiden. Das Team schaffte die zweitwenigsten Runden aller Konkurrenten – insgesamt 359. Nur McLaren, das die neuen Honda-Motoren einsetzte, war mit nur 177 Runden noch schlechter unterwegs.

Vielleicht noch besorgniserregender waren die Rundenzeiten. Bei den Testfahrten in Barcelona, dem Schauplatz der letzten acht Testtage, war klar, dass Mercedes erneut das schnellste Auto gebaut hatte. Rosberg und Hamilton waren an der Spitze des Tableaus. Die beste Rundenzeit eines Red Bull-Fahrers bedeutete einen zwölften Platz für Daniel Ricciardo. Kvyats schnellste Zeit reichte nur für Platz 17. Interessanterweise landete Verstappen bei seinem Debüt für Toro Rosso einen Rang vor Ricciardo auf Platz elf. Carlos Sainz Jr. im anderen Toro Rosso wurde Achter. Red Bull Racing war bewusst, dass man noch alle Hände voll zu tun hatte.

Alle Augen richteten sich auf den neuen Fahrer, der eilig als Vettels Nachfolger geholt worden war. Daniil Kvyat ist der bisher erfolgreichste russische F1-Pilot. Er wurde 1994 als Sohn von Wjatscheslaw und Zulfija in der Region Baschkortostan im Südwesten Russlands geboren. Sein Vater arbeitete für den russischen Ölkonzern Bashneft in der örtlichen Raffinerie – ursprünglich als Mechaniker, bevor er sich Schritt für Schritt zum Finanzdirektor hocharbeitete. Daniil begann im Alter von sechs Jahren mit dem Kartsport, als seine Familie im Jahr 2000 nach Moskau zog. Er hatte einige frühe Erfolge in der russischen Meisterschaft, aber wie Webber und Ricciardo vor ihm musste er umziehen, um die Karriereleiter hochzuklettern.

Die Kvyats übersiedelten also von Moskau nach Rom, als Daniil gerade elf Jahre alt war, um ihm die Möglichkeit zu geben, Rennfahrer zu werden. Er besuchte eine italienische Schule und fuhr an den Wochenenden Kartrennen. Der Durchbruch gelang ihm 2008, als er einen Vertrag mit Zanardi unterzeichnete, einem Kart-Team, das von Dino Chiesa geleitet wurde, der schon die Nachwuchskarrieren vieler erfolgreicher Rennfahrer wie Hamilton und Rosberg begleitet hatte. Der damals 14-jährige Kvyat erreichte nur eine einzige Top-Ten-Platzierung in der Meisterschaft, bevor er beschloss, das Team zu wechseln und für Morsicani Racing zu fahren. Das Team trat in der gleichen Klasse, der KF3-Juniorenkategorie, an. Unter dem neuen Chef Angelo Morsicani entwickelte sich Kvyat prächtig und belegte zwei Jahre in Folge den dritten Platz in der CIK-FIA Karting-Europameisterschaft, der bedeutendsten Kartserie. Außerdem gewann er mehrere hochkarätige Wettbewerbe wie das Bridgestone Cup European Final in Lonato und den Silver Cup in La Conca.

Seine Leistungen fielen Red Bull auf, die nicht nur von seiner Geschwindigkeit, sondern auch von seiner Einstellung beeindruckt waren. Er war unglaublich entschlossen und fleißig – genau wie Sainz, gegen den er gefahren war. Beide Piloten bekamen im Sommer 2009 erst einen Testtag und später Verträge für das Nachwuchsprogramm angeboten. Das sicherte ihnen das Sponsoring ihrer jeweiligen Teams und die finanzielle Unterstützung plus Managementstruktur, um ihre Karrieren weiterzubringen. Wenn sie sich als gut genug erweisen sollten, konnten sie je nach ihren Ergebnissen entweder in das Red Bull Junior Team befördert werden oder direkt zu Toro Rosso wechseln.

Red Bull hielt Kvyat als Vorbereitung auf seinen Aufstieg in die Formel 1 unglaublich auf Trab und setzte ihn oft in verschiedenen Serien ein, um ihn zu einem vielseitigeren Fahrer zu machen. Dafür musste er sich auf verschiedenen Strecken und in verschiedenen Kategorien beweisen. Dies sollte ihn nicht nur auf Zack halten, sondern letztlich auch den Beweis dafür liefern, ob er das volle Potenzial hat, um im Red Bull-Nachwuchsprogramm weiter aufzusteigen. Allein im Jahr 2011 – da war er gerade einmal 17 Jahre alt – flog er quasi nonstop durch die Welt und stand bei atemberaubenden 52 Rennen am Start, bei denen er 27-mal auf dem Podium stand.

Nach einem Einsatz in der Renault-Nachwuchsserie hatte Red Bull genug gesehen und versetzte ihn 2013 in die GP3 zu Arden. Eine späte Aufholjagd mit Siegen in Spa, Monza und Abu Dhabi führte dazu, dass er die Serie auf Anhieb gewinnen konnte. Kvyat beendete die Saison mit seiner ersten F1-Erfahrung, als er für Toro Rosso die ersten freien Trainings für die GPs in den USA und Brasilien fahren durfte. Das war die Belohnung für seine Fortschritte und eine letzte Hürde, die er nehmen musste, um zu sehen, wie er sich auf der größten aller Bühnen schlug. Er bewies sein Können und wurde 2014 tatsächlich zu Toro Rosso befördert. Seine Debütsaison beendete er auf Platz 15 der WM, nachdem er in fünf der 19 Rennen Punkte geholt hatte. Eigentlich war sein Debüt in der Formel 1 weitgehend unbemerkt geblieben, was letztlich ein gutes Zeichen war. Denn es bedeutete, dass er sich sportlich nicht schlecht schlug, aber vor allem keine Unfälle verursachte, die ungewollte Aufmerksamkeit auf sich zogen.

Beim Auftaktrennen in Melbourne erwischte Kvyats Red Bull Racing-Karriere jedoch den denkbar schlechtesten Start – nein, im Grunde fing sie gar nicht erst an. Auf dem Weg zur Startaufstellung hatte er nämlich eine Panne. Teamkollege Ricciardo beendete das Rennen zwar, wurde aber nur als Sechster gewertet, noch hinter einem Williams und einem Sauber, zwei Autos also, die in den vergangenen Jahren immer ganz hinten in der Startaufstellung gestanden waren, jetzt aber von ihren Mercedes- bzw. Ferrari-Aggregaten profitierten. Hamilton gewann das Rennen, Rosberg wurde Zweiter. Der Brite hatte dabei einen unglaublichen Vorsprung von 34 Sekunden auf den drittplatzierten Vettel bei dessen Ferrari-Debüt. Ricciardo entschuldigte sich sogar bei den australischen Fans für etwas, das er als »langweiliges Rennen« bezeichnete. Marko sagte vorher sogar, dass die Mercedes-Dominanz die ganze Saison »langweilig« machen würde. Horner teilte beide Ansichten und bezeichnete den Renault-Antrieb im Heck des Red Bull-Autos als »unfahrbar«. Er fügte hinzu: »Das Highlight für mich war Arnie [Schwarzenegger] auf dem Podium.« Der Schauspieler und spätere Politiker hatte Hamilton nämlich den Siegerpokal überreicht.

Später sprach Horner ausführlich mit der Presse, um seine Bedenken über die Entwicklung der Saison nach nur einem Rennen zu äußern. Er appellierte sogar an die FIA, die in den vergangenen Jahren den technischen Vorsprung seines Teams mit aller Macht hatte eindämmen wollen, die gleiche Vorgehensweise gegenüber Mercedes zu wählen. »Nach dem heutigen Stand der Dinge werden wir in dieser Saison bei jedem Grand Prix nur einen Zweikampf erleben«, sagte er. »Als wir gewonnen haben – und wir hatten nie diesen Vorsprung, den Mercedes aktuell hat –, wurden Doppeldiffusoren verboten, Auspuffe verlegt, flexible Karosserien verboten, das Motormapping mitten in der Saison geändert. Alles wurde getan, um uns einzubremsen. Und das wurde auch mit McLaren und Williams in anderen Jahren gemacht. Tut es der Formel 1 gut, in so einer Situation zu sein? Die FIA hat im Rahmen der Regeln die Möglichkeit, Kräfteverhältnisse auszubalancieren, und den muss man sich ansehen. Es geht nicht darum, Mercedes etwas wegzunehmen. Sie haben einen super Job gemacht. Sie haben ein gutes Auto, einen fantastischen Motor und zwei sehr gute Fahrer. Das Problem ist, dass der Abstand so groß ist, dass man am Ende drei Klassen hat, und das ist nicht gut für die Formel 1. Ich fürchte, das Interesse wird schwinden.« Er hatte nicht Unrecht. Jedoch wurde in der Folge wenig unternommen, um den großen Vorteil, den Mercedes motorenseitig hatte, einzudämmen, während Red Bull Racing in den Jahren zuvor gezwungen worden war, die Autos umzubauen und de facto langsamer zu machen.

Horners Worte trafen einen Nerv bei Toto Wolff, dem Mercedes-Teamchef. Der Österreicher hatte eine durchschnittliche Rennkarriere hinter sich, bevor er als Anteilseigner des Williams-Teams in die Formel 1 kam. Im Januar 2013 stieg er bei Mercedes als Geschäftsführer ein und handelte später einen Deal über eine 30-prozentige Beteiligung am F1-Team aus. An der Seite seines Landsmannes Niki Lauda hatte Wolff Mercedes 2014 zum Titel geführt. Seine Kritiker weisen aber gerne darauf hin, dass das Team bereits vom vorherigen Management aufgebaut worden war, darunter Ross Brawn, der Jenson Button im Vorgängerteam Brawn GP 2009 zum Titel geführt hatte.

Horner und Wolff standen nie unter dem Verdacht, beste Freunde zu sein, und Melbourne war bloß ein weiteres – deutliches – Beispiel dafür, wie sehr die Spannungen in diesem hochkompetitiven Umfeld köchelten. Wolff hatte also eine Antwort auf Horners Anspielungen: »Wer in die Formel 1 kommt«, grollte er, »weiß, worauf es ankommt: die Gegner zu schlagen und Performance auf dem höchsten Level abzuliefern. Jetzt verlangt er Gleichmacherei nach dem ersten Rennen – dem ersten! Das ist nicht das, was die Formel 1 in der Vergangenheit jemals gemacht hat. Kopf einziehen und mach dich an die Arbeit, verdammt noch mal!«

Ein anderer Journalist fragte Wolff, ob sein Team in einen politischen Streit hineingezogen werden könnte – so wie Red Bull Racing in der Vergangenheit, als andere Teams die Legalität ihres Autodesigns anzweifelten und protestierten. »Jede Saison ist politisch«, sagte er. »Das war letztes Jahr so und ist auch dieses Jahr so. Es gibt eine Mauer in Jerusalem, vor die man sich stellen und klagen kann. Vielleicht sollten die Jungs dorthin gehen.« Wolffs Ausbruch und das durch seinen Verweis auf die Klagemauer heraufbeschworene Bild waren beispiellos. Während viele im Raum zustimmend mit dem Kopf nickten, war es spannend zu sehen, wie die beiden Teamchefs nun aufeinander losgingen.

Der Grund für Horners Frust war offensichtlich. Alles lief auf die mangelnden Fortschritte hinaus, die Renault bei der Antriebseinheit gemacht hatte. Der Aufstieg zum Werksteam im Jahr 2009, als Renault sein Engagement erhöhte, um Red Bull Racing vollständig zu unterstützen und nicht mehr als Kunden zu behandeln, sollte eigentlich eine neue Beziehung zwischen den beiden Parteien einläuten. Doch diese Beziehung trübte sich schnell ein. Wie schon in den vorangegangenen Jahren investierte Renault immer noch nicht in jenem Maße wie Mercedes und Ferrari. Oder auch Honda, die noch später als ihre drei Mitbewerber mit dem Hybrid-Projekt begonnen hatten. Zwar erhielt Red Bull Racing seine Antriebseinheiten aufgrund des 2013 abgeschlossenen Titelsponsoringvertrags mit Infiniti, der schätzungsweise 30 Millionen Dollar wert war, praktisch gratis, und doch war der Deal verwirrend, da Red Bull Racing nun für eine Nissan-Marke aus dem Konzernverbund und nicht mehr für Renault warb.

Horner war in Melbourne wütend und machte weiterhin die Leute, die in Frankreich die Antriebe bauten, für die Misere verantwortlich. »Es war ein hartes Wochenende«, sagte er. »Der Motor ist ziemlich unfahrbar, das kann man sehen und hören. Da gibt es eine Menge zu tun. Es ist schlimmer als bei den Tests, wie eine Spirale, die sich immer weiterdreht. Sie müssen sich eine Lösung einfallen lassen, und zwar schnell. Man kann sehen, dass Ferrari einen großen Schritt gemacht hat, während Renault einen Rückschritt gemacht zu haben scheint. Solange sie keine Ursachenforschung betrieben, wird es schwierig, den Problemen auf den Grund zu gehen, sie anzugehen und zu beheben. Es ist frustrierend, dass wir sowohl bei der Leistung als auch bei der Fahrbarkeit weiter zurückliegen als in Abu Dhabi [beim Saisonfinale 2014]. Nach diesem Wochenende ist es wichtig, dass wir uns mit Renault zusammensetzen. Denn wir stecken im Moment offensichtlich in einem ziemlichen Schlamassel. Es war ein beschissener Tag für uns.«

Die Geduld von Horner und Red Bull Racing wurde im Laufe der Saison weiter auf die Probe gestellt. Im April teilte Kvyat dem Team über Funk mit, er sei »in Flammen«, als er in China einen Defekt an der Renault-Antriebseinheit hatte und sein Auto in Rauch aufging. Wenigstens sorgten ein vierter Platz in Monaco für den Russen und ein fünfter Platz für Ricciardo im darauffolgenden Monat für ein Lächeln im Team. Die Strecke war jedoch ein Ausreißer. Sie hat viele langsame Kurven und es mangelt an Stellen, an denen die Fahrer Höchstgeschwindigkeit erreichen. Es ist jene Strecke im Kalender, auf der Power am wenigsten entscheidend ist. Einfacher ausgedrückt: Monaco war die einzige Strecke, auf der ein Leistungs-Manko Teams nicht behindert.

Eine ähnliche Charakteristik weist vielleicht noch der Hungaroring am Stadtrand von Budapest in Ungarn auf. Er zeichnet sich durch mittelschnelle Kurven und wenig Überholmöglichkeiten aus. Auch das kam den aerodynamischen Eigenschaften und der überschaubaren Motorleistung des Red Bull-Autos entgegen. Kvyat belegte einen beeindruckenden zweiten Platz und Ricciardo wurde Dritter, nachdem er beim vorangegangenen Rennen, dem Großen Preis von Großbritannien, ausgefallen war. Interessanterweise gewann Vettel das Rennen in Ungarn und Verstappen wurde in seinem Toro Rosso Vierter. Damit landeten ehemalige Red Bull Junioren auf den Plätzen eins, zwei, drei und vier.

Ricciardo wurde in Singapur Zweiter – ebenfalls eine Strecke mit vergleichbarer Streckencharakteristik wie Monaco, auf der es nicht so sehr auf

Drei Fahrer aus dem Red Bull Racing Junior Programm auf dem Podium: Sebastian Vettel (Ferrari) gewinnt den Großen Preis von Ungarn 2015 vor Ricciardo und Kvyat. Platz 4 belegt mit Max Verstappen ebenfalls ein Absolvent der Red Bull Juniors.

die Leistung ankommt. Aber insgesamt war das Team einfach nicht in der Lage, mit Ferrari oder Mercedes mitzuhalten, und rutschte sogar hinter Williams auf den vierten Platz in der Konstrukteurswertung ab. Ab nun erreichte die Beziehung zwischen Renault und Red Bull Racing einen neuen Tiefpunkt. Es war eine bemerkenswerte Geschichte: Der märchenhafte Aufstieg vom Außenseiter zum Weltmeister war in wenigen Jahren zunichte gemacht worden, und die Zukunft des Teams stand auf der Kippe. Horner musste sich nicht mehr um zerstrittene Fahrer oder gar die FIA kümmern. Diesmal ging es um die Rettung des Teams und seiner 1000 Mitarbeiter. Horner sah keine andere Möglichkeit, als die Beziehungen zu Renault zu kappen, und das bedeutete auch, das Titelsponsoring von Infiniti zu beenden. Damit befand sich das Team jedoch in der ungewöhnlichen Lage, für das Jahr 2016 erst einmal keine Antriebseinheit zu haben.

Von außen betrachtet sah es wie ein großer Fehler von Horner aus, dass er den Ausstieg eingeleitet hatte. Aber er musste etwas unternehmen, um wieder konkurrenzfähig zu werden. Renault hatte das Team zwischen 2010 und 2013 zu Ruhm und allen WM-Titeln verholfen. Doch nun wurde die französische Automarke öffentlich bloßgestellt. Die Frustration war groß. Renault-Chef Abiteboul erklärte: »Als wir [Renault] mit Red Bull Titel gewonnen haben, hat niemand über uns gesprochen.« Jetzt machten sie Schlagzeilen, aber aus den falschen Gründen. Infolgedessen strebte nicht nur Red Bull Racing eine Trennung an. Auch Renault hatte genug von der negativen Presse und arbeitete daran, fünf Jahre nach dem Rückzug aus der Formel 1 selbst wieder mit einem eigenen Team zurückzukommen.

Mit der Unterstützung von Mateschitz versuchte Horner, eine eigene Motorenabteilung für Red Bull Racing aufzubauen und suchte die Zusammenarbeit mit dem britischen Ingenieurbüro Ilmor. Das gehörte jedoch Mercedes-Benz, was die Verhandlungen erschwerte. Später traf sich Mateschitz mit dem nicht geschäftsführenden Vorsitzenden von Mercedes, Niki Lauda. Er hatte die Hoffnung, dass sein Landsmann Mercedes davon überzeugen würde, Red Bull Racing mit Motoren zu beliefern. Lauda hatte Verständnis für die Situation von Red Bull Racing, konnte aber seinerseits Wolff nicht überzeugen. Er war strikt dagegen, dass die Motorenabteilung von Mercedes den größten Rivalen des Teams belieferte, selbst wenn es für Mercedes ein lukratives Geschäft gewesen wäre.

Da die Brücken zu Renault verbrannt waren und Mercedes Red Bull Racing keine Motoren geben wollte, blieb Horner nur noch Ferrari. Allerdings hatte Red Bull Ende 2006 die Partnerschaft mit Ferrari beendet, um mit Renault zusammenzuarbeiten. Außerdem waren die Hybrid-Motoreinheiten von Ferrari nicht auf Augenhöhe mit denen von Mercedes. Zwar waren sie besser als die von Renault, aber nicht wesentlich, da sie immer noch Probleme mit Zuverlässigkeit und Leistung hatten. Trotzdem waren sie bereit, Red Bull Racing wieder als Kunden zu akzeptieren.

Ferrari-Präsident Sergio Marchionne verkündete das Geschäft im Juni 2015, allerdings ohne zu präzisieren, welche Motoreinheit sie liefern würden. Es war ein Spiel mit dem Feuer. Ferrari war in der Lage zu liefern, aber allen war bewusst, dass sie die einzige Option für Red Bull Racing darstellten. Würde das italienische Team seinem potenziellen Neukunden eine brandneue Antriebseinheit geben? Oder wäre es eine mit den Spezifikationen des Vorjahres? Und wie viel würde der Deal Red Bull Racing kosten, jetzt wo sie nur diese eine Option hatten? Ein weiteres Element, das das Team berücksichtigen musste, war Ferraris Interesse an Verstappen, der mit einer Reihe von Platzierungen innerhalb der Top Ten aufzeigte. Er stand bis 2017 bei Red Bull Racing unter Vertrag. Könnte er ein Verhandlungsgegenstand sein, der in den Deal einbezogen werden würde?

Es ging hin und her. Die Situation hatte einen Punkt erreicht, an dem der Sport eines seiner besten Teams zu verlieren drohte, weil die Motorenhersteller nicht bereit waren, sich auf einen Deal einzulassen. Schließlich scheiterten Horners Versuche, einen Hersteller zu finden, der bereit war, dem Team zu helfen. Der Ferrari-Deal platzte nämlich, nachdem Bedenken aufgekommen waren, ob Red Bull Racing die gleiche Qualität und technische Unterstützung erhalten würde wie die Scuderia. Es war wahrscheinlich, dass Ferraris Werksteam die neuesten Teile zuerst erhalten würde und dann erst die Kunden. Währenddessen beharrte Mercedes darauf, Red Bull Racing nicht zu beliefern. Als die Optionen auszugehen drohten, unternahm Red Bull Racing einen letzten Versuch, Volkswagen dazu zu bewegen, mit seiner Marke Audi in die Formel 1 einzusteigen. Der deutsche Autogigant war zu diesem Zeitpunkt jedoch in den Abgasskandal verwickelt, der auch als »Dieselgate« bekannt ist. Es wurde aufgedeckt, dass etliche der zwischen 2009 und 2015 verkauften Autos mit einer Software ausgestattet waren, die die Emissionswerte bei Motortests illegal reduzierten. Das Unternehmen bereitete sich auf einen Rechtsstreit vor und hatte enorme finanzielle Rücklagen gebildet, um die möglichen Kosten zu decken. Ein Rennen um die besten Formel-1-Aggregate hatte für VW zu diesem Zeitpunkt einfach keine Priorität.

Gerüchte über einen Rückzug von Red Bull aus der Formel 1 machten die Runde. Die Nachricht stammte von der Website *Speedweek*, die einen Artikel mit der Überschrift »Rückzug aus der Formel 1 nimmt Gestalt an« veröffentlichte. Obwohl es sich dabei um keine Red Bull-Racing-Publikation handelt, hat sie das Team in der Vergangenheit intensiv begleitet. In dem Artikel hieß es: »Red Bull will keine Kundenmotoren haben, die 30 bis 40 PS weniger haben und vom Hersteller künstlich eingebremst werden können, falls das Kundenteam das Werksteam gefährdet.« Mit anderen Worten: Man wollte nicht von einem Motorenlieferanten in die Enge getrieben werden, wenn dieser das eigentliche Werksteam gefährden könnte. Selbst der sanftmütige Newey äußerte sich zu der Situation, in die nun auch F1-Oberhaupt Bernie Ecclestone und FIA-Präsident Jean Todt verwickelt waren, wie folgt: »Wir werden möglicherweise aus der Formel 1 gedrängt. Mercedes und Ferrari haben sich aus Angst geweigert, uns zu beliefern. Red Bull sollte nicht in eine Position gebracht werden, in der sie nur noch dazu da sind, das Starterfeld zu füllen. Sie [Mercedes und Ferrari] sind besorgt, dass wir sie mit ihrem eigenen Motor schlagen würden. Innerhalb des Reglements können die Motoren etwas angeglichen werden, sodass es weniger Leistungsunterschiede gibt als im Moment. Aber die FIA war nicht bereit, das zu tun. Wir müssen wieder dahin kommen, dass alle Teams Zugang zu einem Motor haben, der in etwa gleich gut ist. Wenn er ein paar Prozent zurückliegt, ist das in Ordnung, aber wenn es zehn Prozent sind, ist der Abstand zu groß.«

Die Formel 1 stand in einem schlechten Licht, und im Oktober gab es ein sehr offensichtliches Treffen zwischen Horner und Ecclestone beim US-GP in Austin. Auch Wolff spielte dabei eine Rolle, er ging in der Team-Hospitality von Red Bull Racing ein und aus. Man hatte wirklich das Gefühl, dass das Treffen die letzte Chance für das Team war, einen Motorendeal zu bekommen. Im Rückblick sagt Horner, den eine enge Freundschaft mit Ecclestone verbindet: »Die Formel 1 wollte eigentlich, dass wir in einer konkurrenzfähigen Position sind. Bernie hat sich damals sehr bemüht, uns einen Honda-Motor zu besorgen. Aber [McLaren-Chef] Ron Dennis hatte ein Veto eingelegt, und so gingen uns die Optionen aus. Das war wirklich frustrierend. Am Ende musste ich zurück zu Renault gehen, um einen Deal auszuhandeln und wieder einer ihrer Kunden werden. Aber wegen der vorangegangenen Schlammschlacht durfte der Motor nicht Renault heißen, damit wir sie nicht kritisieren konnten.«

Beim letzten Rennen des Jahres in Abu Dhabi bestätigte Horner, dass die Teilnahme des Teams an der Saison 2016 gesichert sei und man es geschafft habe, mit Renault zu einem erfolgreichen Abschluss zu kommen. Das war alles andere als ideal, aber immer noch besser als den Betrieb einzustellen. Trotz des vergifteten Verhältnisses und der Tatsache, dass keine der beiden Seiten wirklich mit der anderen arbeiten wollte, ging Red Bull Racing auf den ursprünglichen Renault-Vertrag zurück, der noch zwei weitere Saisonen laufen sollte. Gemeinsam gelang es ihnen, Bedingungen auszuhandeln, die beide Seiten zufriedenstellten, selbst wenn der vollständige Vertrag erst zu Jahreswechsel festgezurrt werden sollte.

Die enttäuschende Saison endete in Abu Dhabi mit dem sechsten Platz von Ricciardo, während Kvyat als Zehnter den letzten Punkt holte. Damit hatte der Russe trotz seiner Unerfahrenheit seinen australischen Teamkollegen in der Fahrerwertung um drei Punkte knapp geschlagen. Kvyat wurde WM-Siebter und Ricciardo Achter, während Red Bull Racing in der Konstrukteurswertung auf den vierten Platz zurückfiel – mit satten 516 Punkten Rückstand auf Sieger Mercedes. Alles in allem war es eine Saison zum Vergessen.

KAPITEL 14

MAX HINTERLÄSST SEINE SPUREN

2016

Die Formel-1-Saison 2016 sollte einen wegweisenden Moment erleben: Das Debüt von Max Verstappen für Red Bull Racing. Die Geschichte hinter seinem Aufstieg ist jedoch ungewöhnlich – und eine deutliche Erinnerung daran, wie hart dieser Sport ist.

Im Winter dürsteten die Medien nach Neuigkeiten von Red Bull Racing, und dieser Durst wurde durch die Vereinbarung über neue Renault-Motoren gestillt. Etwas verwirrend wurde dieses Triebwerk als »TAG Heuer« bezeichnet – benannt nach dem Luxusuhrenmacher –, um es von jenen Motoren zu unterscheiden, die Renault baute und auslieferte. TAG Heuer hatte sich kürzlich von seinem langjährigen Partner McLaren getrennt. Sie waren ein Neuzugang auf der wachsenden Liste der Sponsoren des neuesten Red Bull Racing-Rennwagens, der offiziell den Titel »Red Bull Racing-TAG Heuer RB12« trug. Die Vereinbarung war zwar ungewöhnlich, aber nicht einzigartig. Das Schweizer Unternehmen hatte in den 1980er-Jahren bereits einen ähnlichen Deal mit McLaren abgeschlossen. Damals hatten von Porsche gebaute Motoren diesen Namen getragen.

Red Bull Racings Drohungen, aus der Formel 1 auszusteigen, waren vorerst verstummt. Doch die Enttäuschung über die allgemeine Situation in der Formel 1 und die Schwierigkeiten des Teams, einen konkurrenzfähigen Motorenlieferanten zu finden, waren noch immer groß. Ecclestone hatte den Zustand des Sports offen kritisiert als »den schlimmsten, den wir je hatten«, und fügte hinzu: »Ich würde mein Geld nicht dafür ausgeben, um mit meiner Familie ein Rennen zu sehen. Niemals.« Lauda, damals bei Mercedes, regte sich verständlicherweise über Ecclestones Äußerungen auf. Er hatte das Gefühl, der Brite würde unterstellen, der Erfolg von Mercedes habe den Sport langweilig gemacht. Lauda stellte klar, dass die Formel 1 aus seiner Sicht in eine neue Ära eintrete und die Menschen dies eben annehmen müssten. »Alles fängt gerade erst an, in Gang zu kommen«, sagte der Österreicher. »Alle sind sehr positiv – und er macht alles zunichte. Ich verstehe nicht, warum er das tut.«

Horner teilte Ecclestones Meinung nicht ganz. Aber er widersprach ihr auch nicht. Horner ging es nicht um den Sport an sich, sondern vor allem um die Motorensituation. »Solange die Motorenregeln nicht geklärt sind, sind wir im Nachteil, und das können wir nicht verbergen«, sagte er. »Ferrari und Mercedes liefern sich einen Machtkampf mit den Mächtigen des Sports – und wir sitzen dazwischen fest. Wir wissen, dass Mercedes und Ferrari uns nicht mit konkurrenzfähigen Motoren beliefern wollen, und dagegen können wir nichts tun. Das bedeutet, dass wir das Beste aus dem machen müssen, was wir haben. Solange sich das nicht ändert, ändert sich gar nichts. Aber allen Beteiligten muss klar sein, dass der Sport Unterhaltung ist, und um Unterhaltung zu bieten, braucht es Wettbewerb.«

Die Wintertests zeigten eine leichte Verbesserung der Zuverlässigkeit des neuen TAG-Motors. Allerdings waren die Rundenzeiten von Toro Rosso mit den alten Ferrari-Aggregaten noch besser. Die Unzufriedenheit im Team war unverändert ein Grund zur Sorge für Horner. Er sorgte sich vor allem um die Motivation des wichtigsten Mitarbeiters des Teams: seines Chefkonstrukteurs Newey. Von der Formel 1 desillusioniert, sehnte sich Newey nach anderen Designprojekten. Und so kam die Gelegenheit, mit Aston Martin an einem ultimativen Straßenauto zu arbeiten, für ihn genau zum richtigen Zeitpunkt. Für Horner war es ein seltsamer Zwiespalt. Einerseits brauchte er sein wertvollstes Mitglied, um Vollgas fürs F1-Team zu arbeiten, konnte es sich aber andererseits nicht leisten, dass er mit dem Sport abschloss und alles hinschmiss.

Daher durfte Newey auch Zeit für Projekte bei Red Bull Advanced Technologies aufwenden – einer Sparte des Unternehmens für Projekte außerhalb der Formel 1. Dort hat man unter anderem an Hypercars, wasserstoffbetriebenen Rennwagen, Motorrädern, Booten und Ballons gearbeitet oder den weltweit ersten schwebenden Skatepark in 610 Metern Höhe geschaffen. Obwohl das Unternehmen nicht speziell für Newey konzipiert wurde, hatte es den Vorteil, ihn bei Laune zu halten. Es gab ihm die Möglichkeit, seine kreativen Fähigkeiten in Bereichen zu entfalten, die er in der Formel 1 eingeschränkt sah. Später würde Newey den AM-RB 001 für Aston Martin entwerfen – besser bekannt als »Valkyrie« – mit dem Ziel, »in Silverstone schneller als ein aktueller Formel-1-Wagen zu sein«. Die Produktion des Straßenwagens war auf nur 150 Exemplare limitiert, und der Preis lag bei 3,5 Millionen Dollar.

Beim Saisonauftakt in Melbourne war das Tempo des Toro Rosso in den ersten Trainings erneut besser als das von Red Bull Racing. Im Schwesterteam beeindruckten die jungen Fahrer Verstappen und Sainz. Im Rennen setzte sich die Pechsträhne von Kvyat fort, der zum zweiten Mal in Folge nicht beim Großen Preis von Australien starten konnte. Diesmal verhinderte ein elektrischer Defekt auf dem Weg zur Startaufstellung seine Rennteilnahme. Ricciardo kam entgegen den Erwartungen als Vierter ins Ziel, er war vom achten Startplatz aus ins Rennen gegangen. Bei Toro Rosso wurde Sainz Neunter und Verstappen Zehnter. Beim nächsten Rennen in Bahrain hatte Kvyat erneut Pech im Qualifying. Er schied schnell aus dem neuen Elimination-Qualifying-Format aus, das die Formel 1 ausprobierte. Im Gegensatz zu den ursprünglichen drei Qualifying-Segmenten tickte nun eine Uhr herunter, und alle 90 Sekunden flog der langsamste Fahrer raus. Das Format war lächerlich kompliziert und wurde heftig kritisiert. Kvyat war in Bahrain einer der Ersten, der ausschied, und qualifizierte sich als 15. Im Rennen touchierte er in der ersten Runde den Force-India-Piloten Nico Hülkenberg und kämpfte sich auf den siebten Platz zurück – einen Platz hinter Verstappen, während Ricciardo Vierter wurde.

Beim Großen Preis von China, dem dritten Rennen des Jahres, gab es einen Zwischenfall, der Kvyats Rennfahrerkarriere nachhaltig beeinflussen sollte. Der Russe, der so schlecht in die Saison gestartet war, steuerte als Dritter auf einen unerwarteten Podiumsplatz zu. Doch dann provozierte er einen Zwischenfall mit Vettel, der seinerseits in seinen Ferrari-Teamkollegen

Räikkönen rumpelte. Vettel war wütend darüber, dass er auf der Strecke von Kvyat abgedrängt worden war, und bezeichnete ihn als ›Torpedo‹ und ›Verrückten‹. »Du willst wissen, was am Start passiert ist?«, sagte ein aufgeregter Vettel zu Kvyat in der Abkühlungszone nach dem Rennen. »Wenn ich nicht nach links gelenkt hätte, wärst du in uns reingefahren und wir wären alle drei ausgeschieden. Du warst unterwegs wie ein Torpedo.« Kvyat entgegnete, dass er nur ein hartes Rennen gefahren sei, woraufhin Vettel erwiderte: »Wenn ich auf der gleichen Linie geblieben wäre, wären wir kollidiert; dieses Mal hattest du Glück.« Das war richtiggehend schulmeisterlich, lieferte aber einen verlockenden Spitznamen für die Journalisten. Sehr schnell wurde Kvyat als »der Torpedo« bekannt. Interessanterweise wurde den Anschuldigungen Vettels wenig Gewicht beigemessen. Selbst Ferrari-Chef Maurizio Arrivabene sagte hinterher: »Es ist nicht richtig, mit dem Finger auf jemanden zu zeigen. Ich denke, dass Seb oder Kimi an Kvyats Stelle dasselbe tun würden. So ist der Rennsport. Niemand wird geschont.«

Erstaunlicherweise kollidierten genau diese beiden Fahrer in der ersten Runde des nächsten Rennens, dem Großen Preis von Russland, erneut, woraufhin Vettel eine hitzige Diskussion vom Zaun brach. Der russische Fahrer war in seinem Heimrennen übermotiviert und verpasste zweimal seinen Bremspunkt, wobei Vettel beide Male das Opfer war. Zuerst fuhr Kvyat in das Heck des Ferrari, räumte dabei Teile der Verkleidung ab und verursachte einen Reifenschaden bei Vettel. Dann rammte er das Heck von Vettels Auto ein zweites Mal. Dabei katapultierte er den Deutschen in die Leitplanken, woraufhin dessen Frontflügel und die Aufhängung brachen. Das bedeutete Vettels Aus. Beim Zwischenfall in China hatte es keinen eindeutigen Schuldigen gegeben. Aber hier lagen klare Fahrfehler von Kvyat vor. Die Rennleitung brummte ihm eine Zehn-Sekunden-Zeitstrafe auf, die er in der Box absitzen musste. Vettel schäumte im Teamfunk vor Wut, fluchte lautstark und verlangte erbost eine Entschuldigung von Kvyat, dessen Spitzname »Torpedo« immer passender wurde. Kvyat entschuldigte sich tatsächlich und erklärte, dass er einfach überrascht worden sei: »Wenn Leute vor einem bremsen, bleibt einem leider manchmal keine Zeit zu reagieren. Ich hatte keine Chance, auf Sebs Bremsmanöver zu reagieren. Ich habe das Chaos verursacht. Es ist nicht schön, aber manchmal passieren solche Dinge zu Rennbeginn. Es war wahrscheinlich nicht die beste Runde in meiner Karriere, aber ich werde daraus lernen und das nächste Mal sollte alles gut werden.« Aber das wurde es nicht.

Kvyat wurde nach dem Großen Preis von Russland in die Red Bull-Zentrale zitiert. Marko machte deutlich, dass er von seinem Fahrer nicht begeistert war. Der Österreicher bezeichnete ihn als »übermotiviert« und warf ihm vor, nicht nur Vettels Rennen beendet, sondern auch jenes von Ricciardo gefährdet zu haben. Der war in das Chaos verwickelt, das aus dem Unfall resultierte, und beendete das Rennen auf einem schwachen elften Platz. Marko verriet auch, dass Vettel an Horner herangetreten war und ihm gesagt hatte, er solle mit Kvyat sprechen – ein ganz außergewöhnlicher Moment in der Formel 1. Denn Fahrer rivalisierender Teams, egal wie nah oder fern sie sich stehen, greifen selten zu solchen Taktiken.

Was folgte, war einer der unbarmherzigsten Momente in der Geschichte von Red Bull Racing. Am 5. Mai tauschte Kvyat zugunsten von Verstappen das Team. Nur zwei Rennen zuvor hatte er ein Podium erreicht und lag auf Platz sieben der Fahrerwertung. In seiner Debütsaison für das Team hatte er sogar seinen erfahreneren Teamkollegen hinter sich gelassen. Doch all das zählte jetzt nicht mehr: Kvyat wurde anstelle des erst 18-jährigen Verstappen zu Toro Rosso zurückbeordert. Ein Schlag ins Gesicht für Kvyat, der laut seinem Performance-Coach Pyry Salmela, der ihm bei der Vorbereitung auf seine Zeit in der F1 geholfen hatte, »am Boden zerstört« war.

Salmela begann Ende 2013 mit Kvyat zu arbeiten, als der damals 19-jährige russische Fahrer aus der GP3 aufgestiegen war. Beide Männer waren Neulinge im Sport. Salmela wurde Red Bull von seinem finnischen Landsmann Antti Vierula vorgestellt, der den finnischen Fahrer Valtteri Bottas trainierte. Seitdem hat er mit einer Reihe von F1-Piloten gearbeitet, darunter die Red Bull-Fahrer Pierre Gasly und Liam Lawson. Sowohl Salmela als auch Vierula arbeiteten früher für das berühmte Hintsa Performance Institute, das auf eine lange Historie bei der Betreuung von F1-Fahrern, darunter auch Hamilton, zurückblicken kann. Auf seiner Website gibt das Unternehmen an, dass die Firma Fahrer unterstützt hat, die insgesamt 17 Formel-1-Weltmeistertitel gesammelt haben.

Salmela erzählt mir von dem Moment, als der 22-jährige Kvyat fallen gelassen wurde. Wir telefonieren im Oktober 2023 zwischen dem Großen Preis von Katar und dem der USA miteinander. »Es war wirklich herzzerreißend«, sagt er. »Und ich denke, er brauchte Zeit, um es zu verarbeiten und zu planen, wie es weitergehen könnte. Die Leute vergessen auch, dass er kurz zuvor ein Podium in China geholt hatte. Wenn man die Zusammenhänge kennt, versteht man, wie aus Verstappen derart schnell ein so aufstrebender Star werden konnte, den Red Bull in die F1 bringen wollte – und das hat sich als ziemlich erfolgreiche Geschichte erwiesen! Ich habe noch nie jemanden wie Max gesehen; er hat sich seitdem als absolut einzigartig erwiesen. Aber Daniil tut mir manchmal ein bisschen leid, weil die Leute vergessen, dass er tatsächlich einige ziemlich gute Momente hatte und ein talentierter Fahrer war. Allerdings gab es äußere Umstände, die sich auf das Gesamtbild auswirkten.« Er bezieht sich dabei auf die Probleme mit dem Renault-Motor, die Kvyats Möglichkeiten, sein Tempo zu zeigen, eingeschränkt hatten. Er fährt fort: »Wenn ich ehrlich bin, muss ich sagen, dass Daniil aus meiner Sicht körperlich der talentierteste Fahrer war, den ich je trainiert habe. Seine Reaktion auf das Training war unglaublich. Wie sehr er sich in so kurzer Zeit verbessert hat, ist etwas, das ich selten sehe. Er war immer recht schlank, aber die Leute wussten nicht, wie sportlich er geworden war. Er war entschlossen, all seine Zeit zu investieren. Er war ein sehr kompetitiver Mensch, was natürlich eine der wichtigsten Eigenschaften eines Spitzenfahrers ist. Ich weiß nicht, wie die Leute ihn außerhalb des Autos wahrnehmen, aber ich habe den Eindruck, dass er extrem gutherzig ist.«

Salmela weist auch darauf hin, dass die Situation, mit der Red Bull Racing konfrontiert wurde, für das Team neu war. »Sebastian war so diszipliniert, engagiert und er wusste, wie man ein Team führt«, sagt er. »Wenn man erst ein Jahr in der Formel 1 ist, hat man wahrscheinlich nicht diese Führungserfahrung. Das zeigt auch, dass man immer nur so gut ist wie sein letztes Rennen. Das sollte nicht der Fall sein. Ehrlich gesagt, vergessen die Leute, wie gut Daniil in seinem ersten Jahr in einem Red Bull-Auto war, das nicht so konkurrenzfähig war wie heute.«

Verstappen war den Formel-1-Medien inzwischen gut bekannt. Sie hatten ihn seit seiner Premiere in einem Formel-1-Auto beim Grand Prix von

Japan 2014, wo er im Alter von nur 17 Jahren und drei Tagen das freie Training bestritt, mit Interesse beobachtet. Als er in der darauffolgenden Saison, immer noch im Alter von 17 Jahren, sein Debüt für Toro Rosso gab, musste ihn sein Vater zu den F1-Strecken chauffieren, da er in vielen Ländern zu jung für einen Führerschein war. An seinem 18. Geburtstag – ein Jahr nachdem er die für die Teilnahme an Grands Prix erforderliche FIA-Superlizenz erhalten hatte – schrieb Verstappen auf seiner Website: »Es ist toll, 18 zu sein und einen Führerschein zu besitzen. Ich muss sagen, es ist eine Erleichterung, die Prüfung bestanden zu haben. Wenn ich allein irgendwohin fahren will, kann ich jetzt wenigstens in meinen Renault Clio RS steigen und losfahren. Dieses Gefühl der Freiheit fühlt sich großartig an.«

Verstappen wurde am 30. September 1997 in Hasselt, Belgien, geboren. Seine Eltern sind der ehemalige Formel-1-Pilot Jos Verstappen, der zwischen 1994 und 2003 für verschiedene Teams fuhr und bei 106 Starts zwei Podiumsplätze erreichte. Seine Mutter Sophie Kumpen war ebenfalls eine erfolgreiche Kartfahrerin und trat 1989 in der Junioren-Kart-Weltmeisterschaft unter anderem gegen Christian Horner an. Interessanterweise enthält die eigene Website von Jos Verstappen einen Bericht über die Geburt seines Sohnes, mit leicht amüsanten und detaillierten Informationen im Formel-1-Stil. »Heute Nachmittag wurden Jos und Sophie stolze Eltern eines gesunden Sohnes«, so die Website. »Sein Name ist Max und er wiegt 3.265 Gramm. Max Emilian, wie er mit vollem Namen heißt, ist 48,5 cm groß. Sophie brachte Max um 13.20 Uhr ohne Komplikationen zur Welt. Die Geburt dauerte 40 Minuten. Max hat sich den richtigen Moment ausgesucht, denn nun können Jos und Sophie noch etwas Zeit mit Max genießen, bevor Jos nach Japan abreisen muss. Sollte Max die Renntalente seiner beiden Elternteile geerbt haben, wurde heute ein neuer F1-Pilot für das Jahr 2020 geboren.« Tatsächlich schaffte er den Einstieg in die F1 sogar vier Jahre früher als vorhergesagt!

Obwohl er in Belgien geboren wurde, entschied sich Verstappen für eine niederländische Rennlizenz, da er als Kind aufgrund seiner Kart-Karriere mehr Zeit in den Niederlanden verbracht hatte. Er lebte an der niederländischen Grenze und sagte, er habe sich immer mehr als Niederländer gefühlt. Mit vier Jahren begann er mit dem Kartsport und fuhr seit seinem siebten

Lebensjahr in Nachwuchsserien. Schon als Kind begleitete er seinen Vater auf die Rennstrecken, als der in der Formel 1 fuhr. Jos war niederländischer Kartmeister. Und obwohl er es bis in die Formel 1 schaffte, war er nie so erfolgreich, wie es seinem Talent entsprochen hätte. Außerdem war er notorisch hart gegenüber der Rennkarriere seines Sohnes. Bei einem WM-Rennen im Kartsport im Jahr 2012, bei dem Max in einen anderen Rennfahrer gekracht war und so den Sieg verschenkt hatte, hatte Jos seinen Teenager-Sohn wie üblich im Van nach Hause gefahren. Aber als sie an einer Tankstelle anhielten, war er immer noch so wütend, dass er Max sagte, er solle aussteigen. Er fuhr los und ließ seinen Sohn an der Tankstelle zurück. Jos sagte später, er habe gewusst, dass Verstappens Mutter hinterherfuhr und ihn abholen würde – aber es zeichnet ein Gesamtbild.

Verstappen brach die Schule ab, als er 15 Jahre alt war. Er war mit dem Stoff in Rückstand geraten, weil er seine Tage mit dem Rennfahren in ganz Europa verbrachte. In diesem Alter hatte er auch sein erstes Gespräch mit Marko über die Aufnahme in das Nachwuchsprogramm von Red Bull Racing. Das Geld seines Vaters und alle Sponsorengelder, die sein Manager Raymond Vermeulen – der auch Jos Manager gewesen war – aufgetrieben hatte, waren aufgebraucht. Dank des Sponsorings von Red Bull konnte er seine Karriere fortsetzen. »Normalerweise spreche ich etwa 20 Minuten mit einem Fahrer, um mir ein Bild von seiner Persönlichkeit und Geschichte zu machen. Aber mit Max saß ich eineinhalb Stunden zusammen,« sagte Marko 2016 in einem Interview mit der *Bild-Zeitung*. »Er war jung, aber geistig mit Sicherheit drei bis fünf Jahre weiter. Jetzt hat sich seine Entwicklung verlangsamt und sein körperliches Alter und seine Reife stimmen nun zusammen. Ich habe gesehen, wie reif er ist, und wie viel er in seiner Zeit im Kartsport gelernt hat. Und mit welchem Engagement er an seine Rennen herangeht.«

Auch Ferrari und Lotus hatten Interesse an einer Verpflichtung von Verstappen. Aber wie bei Mercedes, die bereits Hamilton und Rosberg unter Vertrag hatten, war es nicht klar, wie sich Verstappens Karriere bei den anderen Teams hätte weiterentwickeln können. Sie hatten schlichtweg keinen freien Platz für ihn. Es wäre ein großes Risiko gewesen, einen unerfahrenen Neuling einem etablierten Fahrer vorzuziehen. Red Bulls Situation war eine andere, denn sie hatten Zugriff auf vier Plätze im Starterfeld und konnten

Verstappen eine Chance bieten. Seine erste Gelegenheit war ein Training beim Großen Preis von Japan. Er wurde 2014 Teil des Red Bull Nachwuchsprogramms, was ihm den Start in der FIA-Formel-3-Serie ermöglichte, wo er die Saison auf dem dritten Platz beendete. Schon im folgenden Jahr war er mit Toro Rosso in der Formel 1.

»Max hat bewiesen, dass er ein herausragendes junges Talent ist«, sagte Horner am Donnerstag vor dem Großen Preis von Spanien 2016 in einem Statement zur Beförderung von Toro Rosso zu Red Bull Racing. »Seine Leistungen bei Toro Rosso waren bisher beeindruckend, und wir freuen uns, ihm die Möglichkeit zu geben, für Red Bull Racing zu fahren. Daniil [Kvyat] wird seine Entwicklung bei Toro Rosso fortsetzen können, in einem Team, das ihm vertraut ist, was ihm die Chance gibt, seine Form wiederzufinden und sein Potenzial zu zeigen.« Auch Jenson Button nahm den Tausch zur Kenntnis, wobei der McLaren-Pilot über Kvyats Degradierung den Kopf schüttelte. Der Weltmeister von 2009 tweetete: »Was ist mit dem Podium im letzten Rennen?« Kvyat wurde verständlicherweise nach seiner Reaktion auf die Entscheidung gefragt und sagte: »Es gab keine wirkliche Erklärung, um ehrlich zu sein. Wenn die Bosse wollen, dass etwas passiert, dann geschieht es.«

Horner kann mit dem Wissen von heute leicht den damaligen Wechsel rechtfertigen. Aber damals war diese Entscheidung nicht so eindeutig. »Wir hatten wirklich mit Daniil zu kämpfen, der sich nicht an das neue Auto anpassen konnte. Insbesondere nicht an die Bremsphilosophie, als wir zu einem anderen Lieferanten wechselten«, sagt Horner. »Er hatte einen heftigen Unfall in Russland. Red Bull ist in der einzigartigen Position, vier Fahrer unter Vertrag zu haben. Man kann sie [anders als bei Mercedes] hin und her verschieben. Das Interesse an Max wuchs und es gab uns die Möglichkeit, unsere Beziehung mit ihm zu festigen, indem wir ihn sozusagen ins A-Team holten. Wir hatten ihn genau im Auge behalten, und er war ins Werk gekommen und hatte Arbeit am Simulator erledigt. Es gab genügend Anzeichen dafür, dass dieser Junge echtes Talent hat.«

Ein echtes Talent, ja, aber niemand hätte vorhersagen können, was als nächstes passieren sollte: Bei seinem Debüt für Red Bull Racing gewann Verstappen den Großen Preis von Spanien. Es war eine unglaubliche Geschichte und

Sieg für den 18-jährigen Max Verstappen bei seinem Debüt für Red Bull Racing im Großen Preis von Spanien 2016.

einer dieser Momente, in denen man als Journalist erkennt, dass man Zeuge von etwas ganz Besonderem wird.

Der Auftakt zu Verstappens erstem Sieg war eine Kollision zwischen Hamilton und Rosberg – vergleichbar mit dem Vettel-Webber-Zwischenfall in der Türkei 2010. Genau wie dieser Vorfall damals das Red Bull Racing-Team zerrissen hatte, litt durch diese Kollision in der ersten Runde auch das Verhältnis der beiden Mercedes-Piloten. Ihre Beziehung würde nie wieder dieselbe sein. Nachdem die beiden Favoriten aus dem Rennen waren, atmete die F1-Gemeinschaft erleichtert auf. Denn so war ein anderer Sieger als Hamilton oder Rosberg sicher – zum ersten Mal in der Saison 2016. Dass dieser Sieger Verstappen war, der den Red Bull-Rennwagen noch nie in einem Rennen gefahren und noch dazu einen TAG-Motor hatte, war absolut bemerkenswert.

Das Team hatte beschlossen, die Rennstrategie für seine beiden Fahrer aufzuteilen. Das bedeutete, dass der eine zwei und der andere drei Boxenstopps einlegen würde. Theoretisch war Ricciardos Strategie mit drei Stopps die schnellere Variante. Er bekam den Vorzug, da er sich vor Verstappen auf dem dritten Platz qualifizierte, während der Niederländer auf dem vierten Startplatz stand. Theoretisch hätte der Australier dadurch am Ende des Rennens frischere Reifen zur Verfügung, auf denen er Positionen gutmachen könnte, während Verstappen auf seinen älteren Gummis viel mehr verteidigen müsste. Verstappen gelang es jedoch, seine Reifen zu schonen und das Rennen vor Räikkönen und Vettel zu beenden, während Ricciardo nur Vierter wurde. Mit 18 Jahren und 228 Tagen war Verstappen der jüngste Fahrer, der je auf dem Podium stand. Und der jüngste, der jemals eine Runde eines Formel-1-Rennens anführte. Dabei wurde er auch der erste Niederländer, der einen Grand Prix gewann, was den niederländischen TV-Kommentator Olav Mol zuerst zu derben Ausdrücken live auf Sendung veranlasste, nur um danach in Tränen auszubrechen, nachdem Verstappen das Rennen gewonnen hatte.

Ich erinnere Horner an den Moment in Barcelona, als sich für Verstappen alles änderte. »Er war von der ersten Runde an auf Hochtouren«, sagt Horner mit einer gewissen Sicherheit. »Er hat einfach losgelegt. Er hat Ricciardo im Qualifying wirklich Druck gemacht. Aber sie lagen beide auf den Plätzen drei und vier, und wir waren besser positioniert als die Ferraris und lagen knapp hinter den Mercedes. Wir waren bereit, Chancen zu nutzen, die sich uns ergeben würden. Um ehrlich zu sein, hatten wir das Gefühl, dass die Drei-Stopp-Strategie mit Daniel die schnellere Variante sein und wir mit Max ein größeres Risiko eingehen würden. Aber die Art und Weise, wie er mit den Reifen umging, war herausragend, und unter dem massiven Druck von Kimi [Räikkönen] tat er, was er tun musste, um das Rennen zu gewinnen. Das war unglaublich.«

Und wie wurde gefeiert? Schließlich war Red Bull das Partyteam. »Wir haben ganz normal gefeiert«, sagt Horner etwas enttäuschend, bevor er sich dann lachend erinnert: »Wir haben ein großes Teamfoto gemacht. Wir hatten seit Spa 2014 nicht mehr gewonnen. Es war der Geburtstag meiner Tochter, sie wurde 13 Jahre alt. Bernie [Ecclestone] hatte vom Veranstalter des Barcelona-Rennens eine Torte mit einer Schleife darauf bekommen. Er nahm den Teil der Schleife, auf dem ›Barcelona‹ stand, ab und ließ seine Frau Fabiana ›Happy Birthday‹ darauf schreiben. Er kam in unsere Hospitality, gab ihr den Kuchen und lud alle ein, ein Stück zu essen. Und als wir ihn dann anschnitten, war er aus verdammtem Styropor!« Horner zeigt mir ein Foto der Torte auf seinem Handy und fügt hinzu: »Typisch Bernie, er hat eine falsche Geburtstagstorte bekommen!«

Einer, dem nicht nach Feiern zumute war, war Ricciardo. In den Medieninterviews nach dem Rennen sagte er, er sei »verbittert« über die Strategieentscheidung, die ihn gegen Verstappen ins Hintertreffen brachte. Er hatte die ersten 28 Runden des Rennens angeführt, aber seine drei Boxenstopps führten dazu, dass er das Rennen nur als Vierter beendete. Er sagte: »Ich bin am Boden zerstört. Ein großer Teil von mir ist glücklich, dass das Team gewonnen hat, aber es ist hart, heute zu feiern. Nicht auf dem Podium zu stehen, ist scheiße. Ich werde die Jungs zur Seite nehmen und sie fragen, was heute der Plan war. Ich will nicht als schlechter Sportsmann rüberkommen. Was auch immer auf der Strecke passiert ist, Max hat das Rennen gewonnen. Sicher, jeder kämpft für sich selbst und ich bin verbittert – nicht über Max, er hat getan, was er tun musste –, aber ich bin verbittert über die Situation.«

Beim nächsten Rennen wuchs die Frustration mit dem Team noch. Denn in Monaco wurde er Zweiter, obwohl er von der Poleposition gestartet war. In Runde 32 stoppte Ricciardo, um frische Reifen zu holen. Damit reagierte sein Team auf einen früheren Stopp von Hamilton, der auf Platz zwei lag und Ricciardo die Führung abluchsen wollte. Das Red Bull-Team wurde jedoch überrumpelt. Ricciardos Mechaniker waren nicht vorbereitet, und er musste in der Boxengasse auf die richtigen Reifen warten. Die zusätzliche Zeit kam ihn teuer zu stehen und er wurde von Hamilton überholt, der das Rennen aufgrund von Ricciardos langsamem Stopp gewann. »Zwei Wochenenden hintereinander wurde ich verarscht. Das ist scheiße. Es tut weh«, sagte er anschließend. Verstappen hingegen schlug nach seinem Höhenflug in Spanien hart auf dem Boden der Tatsachen auf und konnte das Rennen nach einem Crash nicht beenden.

Ricciardo sollte 2016 noch erfahren, wie süß siegen schmeckt, als er den GP von Malaysia gewann, während Verstappen Zweiter wurde – der erste

Doppelsieg des Teams in der Ära des Hybrid-Antriebs. Allerdings sorgte das Rennen für Kontroversen – wenn auch nicht in sportlicher Hinsicht. Neun Männer, die als »Budgie Nine« bezeichnet wurden, wurden verhaftet. Sie hatten sich bis auf ihre enganliegenden Badehosen entkleidet, die mit der malaysischen Flagge bedeckt war. Der Stunt hatte die Behörden wegen »vorsätzlicher Beleidigung« und eines möglichen Verstoßes gegen die öffentliche Ordnung verärgert. Hinzu kam, dass die Männer Bier aus ihren Schuhen tranken – eine Modeerscheinung, die als »Shoey« bekannt geworden war. Die Männer wurden später wieder freigelassen, nachdem sie wegen Erregung öffentlichen Ärgernisses angeklagt worden waren.

Beim vorletzten Rennen des Jahres in Brasilien lieferte Verstappen eine herausragende Leistung ab. Es war die Art von Rennen, die sogar unter Journalisten einen ungewöhnlichen Moment allgemeinen Respekts hervorrief. Der heftige Regen sorgte für tückische Bedingungen, aber Verstappen

Kuriose Szene am Podium beim Großen Preis von Malaysia 2016: Christian Horner trinkt nach Ricciardos Sieg Champagner aus dessen Schuh. Der »shoey« ist eine australische Tradition, die auch den zweitplatzierten Verstappen staunen lässt.

trotzte allen Widrigkeiten und kam auf dem dritten Platz ins Ziel. Besonders hervorzuheben ist dabei der Moment, in dem das Auto beim Beschleunigen auf der nassen Fahrbahn dramatisch ausbrach. Wie durch ein Wunder schaffte er es, zu korrigieren und den Wagen von der Betonmauer fernzuhalten. Dabei wurde er jedoch auf Platz 16 durchgereicht. Doch in den 16 verbleibenden Runden kämpfte er sich zurück aufs Podium. Wo andere vielleicht kapituliert hätten, glänzte er und ließ sich von seinem Beinahe-Unfall nicht entmutigen.

Zum zweiten Mal in dieser Saison konnte man mit eigenen Augen ein Wunder miterleben. Nach dem Rennen sagte Horner: »Wir waren Zeugen von etwas ganz Besonderem. Für mich ist es vergleichbar mit Ayrton Senna in Monaco und anderen großen Fahrten in der Geschichte.«

Er hatte nicht Unrecht. Verstappen beendete die Saison mit einem vierten Platz in Abu Dhabi, Ricciardo wurde Fünfter. Der Australier wurde Dritter in der Fahrerwertung hinter Rosberg und Hamilton, während Verstappen auf Platz fünf landete. Red Bull Racing wurde Zweiter in der Konstrukteurswertung und es herrschte nach einigen schwierigen Jahren wieder der Optimismus, auf dem richtigen Weg zu sein.

KAPITEL 15

DAS GESICHT DER FORMEL 1 VERÄNDERT SICH

2017

Im Winter vor dem Start der Saison 2017 gab es zwei große Veränderungen, von denen eine einen monumentalen Einfluss auf die Zukunft des Sports haben sollte. Die erste war Rosbergs Rücktritt als Weltmeister aus der Formel 1 – aus blauem Himmel. Der wirkte sich zwar nicht direkt auf das Red Bull Racing-Team aus, rief aber allen Beteiligten in Erinnerung, was es braucht, um eine WM zu gewinnen. Rosberg hatte sich einzig und allein der Aufgabe verschrieben, seinen Teamkollegen Hamilton im Kampf um den Titel zu schlagen. Dafür hatte er sich sogar von seiner Familie abgeschottet. Es hatte ihm so viel abverlangt, dass er nicht bereit war, dieses Opfer noch einmal zu bringen. Also beschloss er, den Sport als Champion zu verlassen und auf dem Höhepunkt seiner Karriere abzutreten. Inzwischen ist er wieder als Fernsehkommentator tätig. Aber seine Auszeit vom Sport war angesichts des harten teaminternen Kampfes mit Hamilton absolut verständlich.

Rosbergs plötzlicher Abschied stürzte Mercedes in ein Dilemma: Wen sollten sie als Ersatz verpflichten? Ähnlich wie Vettels überraschende Ankündigung seines Wechsels zu Ferrari 2014 können derart unerwartete Änderungen viele Probleme mit sich bringen. Dabei muss berücksichtigt werden, wie der potenzielle neue Fahrer mit seinem Teamkollegen umgeht, ob er sich in die allgemeine Kultur eines neuen Teams einfügt oder ob das Design des Autos passt. Jeder Fahrer hat einen bestimmten Fahrstil, und die Teams versuchen, sich auf ihn einzustellen. Wer auch immer kommen würde, müsste sich an Rosbergs bevorzugtes Set-up anpassen, von der Sitzposition bis zu den Bremsen. Mercedes entschied sich für Valtteri Bottas von Williams. Der hatte bereits Verbindungen zu Toto Wolff, da der Österreicher in seiner F1-Karriere zu verschiedenen Zeiten als sein Manager fungiert hatte.

Die zweite Änderung sollte sich auf die gesamte Formel 1 auswirken: Liberty Media, ein amerikanisches Unternehmen, das vom Milliardär John Malone gegründet worden war, hatte für geschätzte 8 Milliarden Dollar die Rechte an der Formel 1 gekauft. Das leitete das Ende von Ecclestones Herrschaft als F1-Oberhaupt ein. Liberty Media hatte bereits Ende 2016 einen Anteil an der Formula One Group für 4,4 Milliarden Dollar erworben. Doch die Finanzaufsichtsbehörde nahm das Unternehmen unter die Lupe, bevor der Deal finalisiert werden konnte. Die Übernahme wurde am 23. Januar 2017 bekannt gegeben und sah die Rückkehr von Ross Brawn in die Formel 1 als Geschäftsführer vor, 2021 stieg dann der ehemalige Ferrari-Teamchef Stefano Domenicali als neuer F1-Chef ein. Chase Carey, ein Medienmanager, der zuvor für News Corp, 21st Century Fox und Sky plc gearbeitet hatte und Malone nahestand, würde Vorsitzender der neu gegründeten Organisation werden.

Die ersten Reaktionen drehten sich vor allem um Ecclestones Ausscheiden aus der F1. Der 86-Jährige hatte den Sport fast 40 Jahre lang geleitet und fühlte sich »hinausgedrängt«. Zuvor hatte er die Übernahme der Rechte von den vorherigen Besitzern des Sports, Delta Topco, beaufsichtigt, ein Unternehmen, das in Jersey ansässig war und sich hauptsächlich im Besitz der Investmentgesellschaften CVC Capital Partners, Waddell & Reed und LBI Group befand. Auch Ecclestone und einige andere Investmentgesellschaften hatten Anteile an dem Unternehmen. Um angesichts seiner historischen Kontrolle über die Formel 1 einen reibungslosen Übergang zu gewährleisten, wurde Ecclestone die Rolle des emeritierten Vorsitzenden angeboten, der als Berater des Vorstands fungieren sollte. Auf dem Papier handelte es sich um eine höhere Position, doch in einem Interview mit der deutschen Zeitschrift *Auto, Motor und Sport* machte Ecclestone deutlich, dass er dies nicht so sah und sagte: »Ich wurde entlassen. Das ist offiziell. Ich leite das Unternehmen nicht mehr. Meine Position wurde von Chase Carey eingenommen.«

Ecclestone war über 40 Jahre lang der König dieses Sports und hat die Formel 1 im Alleingang umgestaltet, indem er lukrative TV-Deals und kommerzielle Vereinbarungen maximierte. Das machte ihn zu einem der reichsten Menschen im Vereinigten Königreich. Bernard Charles Ecclestone wurde am 28. Oktober 1930 in St. Peter South Elmham, einem Dorf im Norden von Suffolk, England, geboren. Kurz vor Ausbruch des Zweiten Weltkriegs zog seine Familie nach Bexleyheath im Südosten Londons um. Ecclestone verließ die Schule im Alter von 16 Jahren, um als Assistent im Chemielabor des örtlichen Gaswerks zu arbeiten. In seiner Freizeit bastelte er an Motorrädern und gründete ein Unternehmen für den Verkauf von Gebrauchtteilen, bevor er sein eigenes Autohaus eröffnete.

Er versuchte sich im Rennsport, nahm 1949 an einem 500cc-Rennen in Brands Hatch teil und hatte mäßigen Erfolg. Er hängte den Helm erst einmal an den Nagel, um sich auf sein wachsendes Unternehmen zu konzentrieren. 1957 kehrte er in den Rennsport zurück – diesmal als Manager des Fahrers Stuart Lewis-Evans – und kaufte zwei Autos von einem F1-Team, das aufgegeben hatte. 1958 versuchte er sogar höchstpersönlich, sich für den Großen Preis von Monaco zu qualifizieren – jedoch ohne Erfolg. Im selben Jahr kehrte Ecclestone dem Rennsport erneut den Rücken, nachdem Lewis-Evans bei einem tragischen Unfall beim Großen Preis von Marokko seinen Verletzungen erlegen war. Er ließ sich jedoch überreden, in das Motorsportmanagement des österreichischen Rennfahrers Jochen Rindt zurückzukehren. Außerdem wurde er Miteigentümer von Rindts Lotus-Formel-2-Team. Das Schicksal schlug ein zweites Mal zu, als Rindt nach einem Unfall 1970 in Monza starb. Ecclestone war am Boden zerstört, wollte diesmal den Rennsport jedoch nicht verlassen. Stattdessen erarbeitete er einen Deal zur Übernahme des Brabham-F1-Teams im Jahr 1971. Das Team wurde schließlich 1974 dank des genialen Autodesigners Gordon Murray konkurrenzfähig.

Etwa zur gleichen Zeit gründete Ecclestone zusammen mit den Teamchefs Sir Frank Williams, Colin Chapman, Teddy Mayer, Ken Tyrrell und Max Mosley die »Formula One Constructors Association« (FOCA). Ecclestone erkannte das Potenzial, die Einnahmen aus den Fernsehrechten des Sports zu steigern, indem er sie in verschiedenen Gebieten verkaufte – lange bevor das Pay-per-View-Modell eingeführt worden war. Er war der Dreh- und Angelpunkt der finanziellen Interessen der Teams, die im Concorde-Agreement zusammengefasst wurden. Diese Vereinbarung band die F1-Teams an die F1-Leitung und regelte die Verteilung von Preisgeldern und Gewinnen. Währenddessen brachte sein eigenes F1-Team nur durchschnittliche Leistungen, obwohl zu seinen Fahrern Niki Lauda und Nelson Piquet gehörten, die später Weltmeister wurden – letzterer holte zwei seiner drei WM-Titel (1981 und 1983) auf Brabham. 1988 verkaufte Ecclestone das Team an den Schweizer Geschäftsmann Joachim Lüthi und erzielte einen Gewinn von fast 5 Millionen Dollar.

Obwohl er kein Team mehr besaß, leitete Ecclestone weiterhin die FOCA und gründete zudem die »Formula One Promotions and Administration« (FOPA), um die TV-Rechte für die Teams zu verwalten. Die FOPA wurde später zur eingängigeren »Formula One Management«, oder FOM, wie sie im Fahrerlager noch heute genannt wird. Die FOPA überwachte den Verkauf der TV-Verträge, kassierte die Gebühren, die die Veranstalter für die Rechte zur Ausrichtung ihres Grand Prix zahlten, und war folglich auch für die Auszahlung der Preisgelder an die Teams verantwortlich. Letztendlich profitierte Ecclestone von den Deals, die er aushandelte. Er wurde so zur treibenden Kraft hinter den Teams, was seine Position als mächtigster Mann des Sports festigte. Ecclestones Geschäftsmodell zog beträchtliche Investitionen an. Die packenden Duelle zwischen Ayrton Senna und dem Franzosen Alain Prost bescherten der Formel 1 Zuschauer auf der ganzen Welt. Der Sport war auf Erfolgskurs, und Ecclestone der Kapitän.

1996 übertrug Ecclestone die Anteile an seinen F1-Unternehmen an SLEC Holdings mit der Absicht, das Unternehmen an die Börse zu bringen, wobei seine heutige Ex-Frau Slavica die Leitung übernehmen sollte. Dieser Plan zog jedoch die Aufmerksamkeit der Europäischen Kommission auf sich. Die begann, die Geschäfte mit International Sportsworld Communicators zu untersuchen. Das Unternehmen war im Besitz von Ecclestone, der 1996 mit der FIA einen 14-Jahres-Vertrag über die exklusiven Übertragungsrechte für sein eigenes Unternehmen unterzeichnet hatte. Das Unternehmen war für die Bereitstellung der Live-Bilder zuständig, die von Fernsehsendern in verschiedenen Ländern übernommen wurden. Diese Praxis wird bis heute beibehalten, wobei ein Großteil der Übertragungen nach wie vor in Biggin Hill südlich von London zusammengestellt wird.

Trotz der Ermittlungen investierten die Bayerische Landesbank (BayernLB), Lehman Brothers und JPMorgan Chase in die SLEC. Ecclestones Position wurde 2004 erneut infrage gestellt, als die drei Banken mit rechtlichen Schritten drohten, um mehr Kontrolle über die Leitung der Formel 1 zu erlangen. Die Banken gaben jedoch schließlich alle nach, da sie befürchteten, dass eine abtrünnige, konkurrierende Rennserie ihre Rechte an der Formel 1 wertlos machen könnte. Für sein Talent, die F1-Teams davon zu überzeugen, sich 2004 auf eine neue Concorde-Vereinbarung einzulassen und damit die Gefahr einer Piraten-Rennserie zu beseitigen, erhielt Ecclestone im Gegenzug einen größeren Anteil an den Gewinnen – und das brachte ihm etwas Aufschub bei den Ermittlungen. Das Talent von Ecclestone, sich in schwierigen Situationen durchzusetzen, hatte sich erneut bewährt.

Im November 2005 beaufsichtigte er einen Eigentümerwechsel, als CVC Capital Partners Pläne zum Kauf von SLEC-Aktien bekannt gab. Im darauffolgenden Monat wollten sie die von JPMorgan Chase gehaltenen F1-Anteile erwerben. Doch es dauerte drei Monate, bis die Europäische Kommission grünes Licht für den Deal gab. Ecclestone investierte über die Holding Alpha Prema erneut in das Unternehmen und erwarb einen Anteil von 13,8 Prozent. Ecclestone würde nun die Formel 1 für CVC leiten und den Sport mit einer Reihe von lukrativen Verträgen für Rennen im Nahen Osten und in Russland vorantreiben.

Mit der Rückkehr des Großen Preises der USA in Austin, dem Rennen in Aserbaidschan und dem gestiegenen Interesse anderer Länder wuchs der Kalender weiter. Die Formel 1 weckte so auch das Interesse von Liberty Media. Sie erkannten schnell das Potenzial einer Sportart, die bis zu ihrer Übernahme keine Marketingabteilung und nur eine begrenzte Social-Media-Präsenz hatte. Während Ecclestone den Sport an lukrative TV-Verträge gebunden hatte, sah Liberty Media das Potenzial, den Sport für die breite Masse und vor allem für ein jüngeres Publikum zu öffnen. Das hatte Ecclestone brüskiert, als er sagte, die jüngere Generation sei nicht die richtige Zielgruppe, da sie sich den Kauf von Rolex-Uhren, für die die Formel 1 Werbung machte, nicht leisten könne. In einem ausführlichen Interview mit dem Magazin *Campaign Asia-Pacific* sagte er 2014: »Junge Leute sehen die Marke Rolex, aber werden sie sich eine kaufen? Sie können es sich nicht leisten. Oder unser anderer Sponsor UBS – diese Kinder interessieren sich nicht für Banken. Sie haben sowieso nicht genug Geld, um es zu sparen. Das ist, was ich denke … Ich weiß nicht, warum man an die sogenannte ›junge Generation‹ herankommen will. Warum wollen sie das tun? Will man ihnen etwas verkaufen? Die meisten dieser Kinder haben kein Geld. Ich würde lieber den reichen 70-Jährigen ansprechen.«

Ecclestone war immer gut für ein knackiges Zitat. Und er war für seine chauvinistischen Kommentare gegenüber Frauen bekannt. So schlug er einmal vor, dass »Frauen wie alle anderen Haushaltsgeräte in Weiß gekleidet sein sollten«. Und dass er »eine Kugel für seinen Freund, den russischen Präsidenten Wladimir Putin, einstecken würde«. Meinte er das alles ernst? Das lässt sich schwer sagen. Er lieferte immer gerne Schlagzeilen. Etwa zur Zeit der Übernahme durch Liberty Media lud er mich und eine Gruppe von Journalisten mit seiner Frau Fabiana zu einem Burger ein – eine Erinnerung, die mir im Oktober 2023 wieder in den Sinn kam, als er zu einer Bewährungsstrafe verurteilt wurde, weil er es versäumt hatte, gegenüber der britischen Regierung seine Steuererklärung abzugeben. Nach der Anhörung ging er mit Fabiana auf den nahegelegenen Borough Market, um ein paar Donuts zu kaufen.

Horner bedauert Ecclestones Abgang aus der Formel 1, während wir über den turbulenten Start in das Jahr 2017 sprechen. »Bernie hat die Formel 1 40 Jahre lang geleitet und es war sein Laden. Er hat alles kontrolliert, und jetzt hat Liberty Media die komplette Kontrolle an Chase Carey abgegeben. Bernie hat in seinem Leben noch nie einen Chef gehabt, also konnte das gar nicht funktionieren. Diejenigen von uns, die ihm nahestanden, versuchten ihm zu erklären, was vor sich ging. Und er sah, was kommen würde. Ich denke, als Bernie ihm ein winziges Büro in seinen Räumlichkeiten am Prince's Gate anbot, hat Chase erkannt, dass diese Beziehung schwierig werden würde. Ich konnte mir nicht vorstellen, wie sie zusammenarbeiten sollten. Sie gaben Bernie zwar einen Titel [den des Emeritus-Vorsitzenden], aber er sagte, wenn er so hochgestellt sei, wäre er unsichtbar!«

Horner erinnert sich an die Zeit, in der sich Ecclestone und Carey noch beschnupperten. »Bernie bot mir an, mich zu einem Treffen der Formel-1-Kommission in Genf mitzunehmen«, erzählt er. »Wir fuhren nach Biggin Hill [dem Flugplatz im Südosten Londons, auf dem ein Großteil der F1-Aktivitäten angesiedelt ist]. Chase und Bernie hatten auf dem Weg dorthin kaum miteinander gesprochen. Als wir am Flughafen ankamen, hatte Chase seinen Reisepass vergessen, denn in den USA fliegt man von Bundesstaat zu Bundesstaat und braucht keinen. Ich weiß nur noch, dass Bernie sagte: ›Na ja, macht nichts. Wir sehen uns, wenn wir zurückkommen‹, und er ließ ihn einfach stehen. Das war schon etwas peinlich. Man konnte sehen, was Liberty Media vorhatte: digitale Medien zu nutzen, den Sport zu öffnen und zu versuchen, ein jüngeres Publikum anzusprechen. Aber Bernie hatte dermaßen großartige Arbeit geleistet und war so gut zu uns gewesen, er war ein persönlicher Freund geworden. Deshalb tat es weh, zu sehen, wie es zu Ende ging.«

Vor der neuen Saison stand Verstappen im Rampenlicht der Medien. Seine Leistung im Regenrennen von Brasilien hatte viele überzeugt. Es war nun klar, warum Red Bull Racing ihn derart schätzte. Er war zwar erst 19 Jahre alt, aber seine Fangemeinde wuchs, vor allem in seinem Heimatland. Bei den GPs von Belgien und Österreich waren die orangefarben gekleideten niederländischen Fans besonders präsent. In Zandvoort, dem späteren Austragungsort des Großen Preises der Niederlande, sollte er einen Show-Run in seinem F1-Auto absolvieren. Er hatte das Gefühl, die ganze Nation hinter sich zu haben. Es bestand kein Zweifel daran, dass sich die Steigerung seines Bekanntheitsgrades auch auf Ricciardo auswirkte, insbesondere nachdem dieser aufgrund von Zuverlässigkeitsproblemen eine Pechsträhne hatte. Nach dem Ende der Rivalität zwischen Rosberg und Hamilton blickte die Presse mit großem Interesse auf die Dynamik zwischen den beiden Red Bull-Piloten und stellte sich die Frage, wer sich in einem saisonübergreifenden Kampf durchsetzen würde.

Die Beziehung zwischen Red Bull Racing und Renault blieb indes angespannt, vor allem nach den enttäuschenden Wintertests, bei denen das Team trotz weiterer Regeländerungen in Bezug auf die Aerodynamik immer noch mit der Leistung seines TAG-Motors zu kämpfen hatte. Hamilton blieb daher der klare Favorit auf den Fahrertitel, den er von seinem zurückgetretenen Mercedes-Teamkollegen Rosberg übernehmen wollte.

Beim GP von Australien erwischte Ricciardo einen katastrophalen Start in die Saison. Er startete aus der Boxengasse, nachdem er im Qualifying einen Unfall gehabt hatte. Im Rennen erlitt sein Auto in der 29. Runde des 58-Runden-Rennens einen Motorschaden. »Das Auto ist hinüber«, sagte er über den Teamfunk, bevor er hinzufügte: »Lasst uns von hier verschwinden!«

Beim nächsten Rennen in China kam Ricciardo hinter Verstappen ins Ziel, der den dritten Platz belegte und erneut viel Lob erntete. Verstappen hatte im Qualifying ein eigenes Motorproblem, das ihn auf den 16. Platz zurückwarf. Aber bis zum Ende der ersten Runde hatte er bereits neun Plätze gutgemacht. In der elften Runde überholte er Ricciardo und kämpfte sich bis auf das Podium vor. Und er zeigte einen ähnlichen Stunt wie beim Rennen in Brasilien im Vorjahr. Wie damals verfehlte er nur knapp die Leitplanken, blieb wie durch ein Wunder auf der Strecke und fuhr nach dem Dreher sogar in die richtige Richtung. Verstappen wurde nun mit Senna verglichen, und es war schwer, dem zu widersprechen.

Abgesehen von gelegentlichen Erfolgserlebnissen bremsten Zuverlässigkeitsprobleme Red Bull Racing weiterhin auf der Strecke ein. Verstappen schied in Bahrain mit einem Bremsproblem aus, während in Russland Ricciardos Bremsen den Ausfall verursachten. Beim GP von Spanien wurde Ricciardo Dritter, aber Verstappen schied nach einem Unfall in der ersten Runde aus. In Kanada beendete erneut ein elektrischer Defekt das Rennen des Niederländers, während Ricciardo einen weiteren Podestplatz holte. Die Frustration machte sich langsam bemerkbar, und die gegnerischen Teams begannen, die Situation der jeweiligen Fahrerverträge zu recherchieren. Welcher unzufriedene Fahrer könnte dazu gebracht werden, das Schiff zu verlassen? Horner warnte potenzielle Interessenten, indem er sagte, beide seiner Fahrer hätten langfristige Verträge ohne Ausstiegsklausel, wie jene, die Vettel aktiviert hatte. Es war eine Gratwanderung, doch die Gerüchteküche zwang ihn zu dieser Klarstellung. Ob die gegnerischen Teams das glaubten oder nicht, war eine andere Sache.

Im Laufe der Saison gab es weitere Höhen und Tiefen. Ricciardo gewann den Aserbaidschan-GP, während Verstappen nach einem Öldruckverlust ausschied. In Österreich wurde Ricciardo erneut Dritter, während Verstappen ausfiel. Beim Großen Preis von Ungarn kam es zum ersten direkten Aufeinandertreffen der beiden. Die Gemüter kochten über, als sie sich in der ersten Runde berührten. Verstappen war nach dem Start weit gegangen, und als er versuchte, in der nächsten Kurve vor Ricciardo zu bleiben, blockierte er seine Bremsen und krachte in seinen Kollegen, wobei er die Karosserie seines Autos aufriss. Der Australier drehte sich auf der auslaufenden Flüssigkeit, bevor er zum Stehen kam. Über den Teamfunk sagte er: »War das der, von dem ich glaube, dass er es war?« »Ja«, bestätigte sein Red Bull-Team. »Verdammt schlechter Verlierer«, antwortete Ricciardo. Er zeigte Verstappen den Mittelfinger, als der in seiner zweiten Runde vorbeisegelte, während Ricciardo bereits einpacken konnte.

In der anschließenden Pressekonferenz schimpfte Ricciardo immer noch: »Es gab da keinen Platz zum Überholen. Bottas war vorne, und ich war außen, also gab es keinen Platz. Ich glaube, Max mag es nicht, wenn ein Teamkollege vor ihm ist. Man hat das ganze Rennen Zeit, um zu versuchen, einen Fehler zu korrigieren, aber Überholen war nicht möglich. Es war nicht einmal ein Überholmanöver. Es war ein sehr dummer Fehler. Dafür gibt es keine Entschuldigung. Er hat versucht, in Kurve eins außen zu überholen, und plötzlich wurde aus einem guten Start ein schlechter Start. Er sieht mich vorbeifahren und denkt: ›Ich muss das in Ordnung bringen‹, und dann sind wir kollidiert.«

Verstappen, der den Zwischenfall ohne Schäden an seinem Auto überstand, wurde Fünfter. Er entschuldigte sich bei Ricciardo und seinem Team. Etwas peinlich war, dass der Vorfall vor den Augen von Mateschitz passierte, der dem Rennen einen seiner seltenen Besuche abstattete. Horner erzählte der Presse, wie er seine Fahrer vor dem Teameigentümer an ihre Pflicht erinnert hatte, die Autos heil nach Hause zu bringen. Er sagte: »Wir haben die erste Runde besprochen, und ich habe zu beiden gesagt: ›Ihr startet nebeneinander, also gebt euch bitte gegenseitig genug Platz, und denkt daran, dass Dietrich heute Nachmittag auch hier ist.‹ Beide Fahrer nickten zustimmend, aber sobald die rote Ampel erlosch, war alles vergessen. Es war unvermeidlich, dass sie irgendwann einen Unfall haben würden, aber das Wichtigste war, wie jeder Einzelne damit umgegangen ist. Max war reif genug, seine Hand zu heben und zuzugeben, dass er einen Fehler gemacht hat. Es steckte keine Absicht dahinter. Es war einfach frustrierend.«

Etwas mehr als die Hälfte der Saison war vorbei, als die Beziehungen zu Renault aufgrund der vielen Ausfälle einen Tiefpunkt erreichten. Da kündigte Red Bull Racing eine Partnerschaft für 2018 an, bei der das Team in »Aston Martin Red Bull Racing« umbenannt werden würde. Der britische Autobauer könnte also möglicherweise der künftige Motorlieferant sein. Die Beziehung zwischen den beiden Unternehmen entstand durch das Supersportwagenprojekt. Dieser Schritt würde eine weitere Abkehr von der Marke Renault bedeuten. Parallel zu der Nachricht verbesserten sich die Ergebnisse. Zumindest bei Verstappen, der in Malaysia und Mexiko siegte und in Japan Zweiter wurde. Er war nun der begehrteste Mann der Formel 1. Ferrari und Mercedes waren scharf darauf, ihn von Red Bull abzuwerben. Seine Zukunft war ein heißes Thema in den Medien, zumal das Interesse am Titel-Kampf angesichts der guten Form von Hamilton und der schwindenden Chance von Vettel abebbte. Verstappens Optionen wurden endlos durchgekaut. Es gab Berichte, die nahelegten, dass er sein Gehalt auf mindestens 22 Millionen Euro pro Jahr vervierfachen würde.

Alle Vertragsspekulationen wurden am 21. Oktober beendet, als Red Bull Racing bestätigte, dass Verstappen einen neuen Vertrag mit dem Team unterzeichnet hatte. Es wurde angenommen, dass es sich dabei um eine einjährige Verlängerung seines aktuellen Vertrags handelte, aber mit stark verbesserten finanziellen Bedingungen. Der 20-Jährige wurde bis Ende 2020 unter Vertrag genommen. Red Bull Racing machte deutlich, dass sie ihn langfristig an sich binden wollten. In den Pressemitteilungen, die die Nachricht begleiteten, nannte Verstappen die Unterstützung von Red Bull für ihn als jungen Fahrer als einen Faktor für seine Entscheidung, beim Team zu bleiben: »Das Team hat mich immer unterstützt und teilt meine Ambitionen.« Auch wenn sie es zu diesem Zeitpunkt vielleicht noch nicht so recht ahnten, war dies ein großer Coup für Red Bull Racing. Sie sicherten sich die Dienste eines heiß begehrten Fahrers in einer Zeit, in der sie nicht so konkurrenzfähig waren, wie sie es sich gewünscht hätten. Verstappen war sich schmerzlich bewusst, wie das Team durch das Leistungsdefizit gegenüber Mercedes litt. Aber er hatte etwas in ihm gesehen, das ihn dazu veranlasste, sich zu binden.

Nachdem dieses Puzzleteil für 2018 an seinen Platz gesetzt worden war, richtete das Team seine Aufmerksamkeit darauf, die Option für eine weitere Saison mit Ricciardo zu ziehen. Mit 28 war er noch jung und wurde, wie Verstappen, mit einem Wechsel zu Mercedes oder Ferrari in Verbindung gebracht. Auch McLaren war eine interessante Option. Red Bull Racing hatte deutlich gemacht, dass sie den Australier im Team behalten wollten. Allerdings war inzwischen klar, dass Verstappen, nicht Ricciardo, die Zukunft des Teams sein würde.

KAPITEL 16

TURBULENTE ZEITEN

2018

Voller Optimismus ging Red Bull Racing in die neue Saison 2018. Verstappen hatte einen neuen, langfristigen Vertrag unterschrieben und der von Ricciardo war um ein Jahr verlängert worden. Die Ergebnisse am Ende der Saison 2017 hatten das Team noch einmal motiviert und es bestand die Hoffnung, dass man von den zahlreichen neuen Aerodynamik-Regeln, die für 2018 galten, profitieren konnte.

Der Fokus lag auf der Einführung des Halo-Schutzsystems, einer Art Bügel am Cockpit, der sich über dem Kopf des Fahrers befindet und ihn beim Aufprall auf ein anderes Fahrzeug oder eine Leitplanke schützt. Er konnte einer Belastung von über zwölf Tonnen standhalten. Obwohl seine Einführung logisch war, gab es viel Widerstand von Seiten der Fahrer, denen die Ästhetik nicht gefiel. Sie waren der Meinung, dass Halo ihre Sicht einschränken würde. Puristen wiederum fanden die Idee, das Cockpit zu schließen, nicht gut. Es entsprach für ihr Dafürhalten nicht dem Geist des F1-Rennsports. Sie beklagten, dass sich das Design eher an die amerikanische IndyCar-Serie anlehnte.

Das Halo-Schutzsystem entstand aus zwei kürzlichen Tragödien heraus. Die erste betraf den Franzosen Jules Bianchi. Er erlag 2015 seinen Verletzungen, nachdem er beim GP von Japan im Jahr zuvor mit einem Bergungsfahrzeug kollidiert war, das zum Transport eines anderen Autos eingesetzt wurde. Dann war da noch der britische Fahrer Justin Wilson. Im Jahr 2015 wurde dieser bei einem IndyCar-Rennen von Trümmern tödlich getroffen. Der Halo hat sich seither als wertvolle Ergänzung erwiesen und bei mehreren Gelegenheiten Leben gerettet oder schwere Verletzungen verhindert, ganz besonders bei Romain Grosjeans Feuer-Unfall in Bahrain im Jahr 2020.

Red Bull Racing stellte den RB14 im Februar vor, eine Woche vor den Vorsaisontests in Barcelona. Die Tatsache, dass sie nicht bis zum letzten Moment gewartet hatten – tatsächlich waren sie das dritte Team, das den Wagen enthüllte, aber das erste der »großen Teams« zusammen mit Ferrari und Mercedes –, deutete darauf hin, dass sie mit Konzept und Entwicklung ihres neuen Wagens ihrem Zeitplan voraus waren. Eine neue Testlackierung untermauerte diese Theorie. Wären sie unter Zeitdruck gestanden, um für die neue Saison bereit zu sein, hätte das Designteam diese Marketingidee wahrscheinlich abgelehnt. Der ganze Aufwand war ein Vertrauensbeweis. Die schwarz-weißen Wirbel, die wir 2015 erstmals auf dem RB11 sahen, kehrten nicht zurück. Stattdessen präsentierte sich der RB14 in einer dunkelblauschwarzen Lackierung. Die Sponsorenlogos waren in Weiß gehalten, genauso wie das neue Aston-Martin-Emblem am Heckflügel.

Die Zuverlässigkeit blieb jedoch eine große Unbekannte. Im Vorjahr musste das Team 13 Ausfälle verkraften. Ein Ausfall mehr, und sie hätten davon mehr gehabt als Podestplätze. Daher war man natürlich besorgt, dass Renault erneut keine nennenswerten Fortschritte gemacht hatte, um diese Situation zu verbessern. Die andere Sorge war, ob Ricciardo bereit wäre, eine weitere Saison in Kauf zu nehmen, in der auf die Motorleistung kein Verlass war. Im Winter deutete er an, unbedingt in einem konkurrenzfähigen Auto sitzen zu wollen.

Im Vorfeld der Saison lag das Hauptaugenmerk auf Toro Rosso. Nachdem die Beziehung mit Renault zerrüttet war, hatten sie einen Deal mit Honda abgeschlossen – nachdem McLaren entschieden hatte, den Vertrag mit dem japanischen Unternehmen zu beenden. Sollten die Dinge gut laufen, könnte Red Bull Racing diesem Beispiel folgen. Angesichts der erheblichen Schwierigkeiten McLarens mit dem Honda-Antriebsstrang gab es jedoch Bedenken.

Die vertrackte Motorensituation hatte Red Bull Racing in eine schwierige Lage gebracht. Das Design des Autos war grundsätzlich gut, aber das Team fühlte sich durch die Antriebseinheit ausgebremst. Da Mercedes nicht bereit war, von seiner Position abzurücken, gingen Horner die Optionen aus. »Wir wandten uns an Honda, die von McLaren abserviert worden waren«, sagt Horner, als wir über die turbulente Saison 2018 sprechen. »Sie wollten zu Sauber gehen, aber im letzten Moment konnten wir sie umstimmen: ›Geht nicht zu Sauber, geht zu Toro Rosso. Wenn ihr bis Juni gut seid und so viel Power wie Renault oder mehr habt, werden wir auch wechseln.‹«

Die schwankenden Leistungen des Teams in dieser Saison sollten die Entscheidung jedoch schwer machen. In einem soliden Auftaktrennen in Melbourne belegte Ricciardo den vierten Platz, während Verstappen Sechster wurde. Im darauffolgenden Großen Preis von Bahrain hingegen waren beide Autos bereits in der vierten Runde aus dem Rennen. Ricciardo fiel aufgrund eines elektrischen Defekts aus, Verstappens Wagen hatte plötzlich keine Leistung mehr. Erstaunlicherweise war es trotz aller Zuverlässigkeitsprobleme das erste Mal seit acht Jahren, dass beide Red Bull Racing-Fahrer im selben Rennen ausgeschieden waren. Und es war das erste Rennen des Teams seit dem GP von Russland 2016 – als Kvyat mit Vettel kollidiert war –, in dem sie keinen einzigen Punkt holten.

Zu allem Übel geriet Verstappen in den Runden vor seinem Ausscheiden mit Hamilton aneinander und zog sich dabei einen Reifenschaden zu. Hamilton, der nur wenige Wochen zuvor vorausgesagt hatte, dass der Niederländer eine Gefahr für seine WM-Ambitionen sei, gab umgehend dem 20-Jährigen die Schuld. Es war das erste Mal, dass sich Hamilton so deutlich über Verstappen äußerte, und es ist das erste Zeichen für einen Bruch in ihrer Beziehung. Als Hamilton sich nach dem Rennen im Fahrerlager die Szene noch einmal ansah, bezeichnete er Verstappen als »Arschloch«, auch wenn er es nur leise vor sich hinmurmelte.

In der Zwischenzeit versuchte Horner, die Schuld beiden Fahrern zu geben. Wenig überraschend war Hamilton damit nicht einverstanden. In der Medienrunde nach dem Rennen stichelte er sowohl gegen Verstappen als auch Horner: »Die Ergebnisse entsprechen einfach nicht ihren Möglichkeiten. Max hätte ein ordentliches Rennen fahren können, dazu ist er gut genug. Ich denke mir, wäre [der ehemalige McLaren-Teamkollege] Fernando [Alonso] heute in diesem Auto gesessen, hätte er ein anständiges Rennen absolviert und Punkte für Red Bull geholt. Ich hoffe nur, dass Max aus der Situation lernt. Ich habe so etwas auch durchgemacht, als ich jung war, ich weiß also, wie das ist.«

Mit Hamiltons Worten noch im Hinterkopf, geriet Verstappen beim nächsten Rennen in China ins nächste Schlamassel. Diesmal bugsierte er Vettel in Runde 43 von der Strecke, woraufhin sich beide Fahrer drehten. Für seinen Anteil am Unfall erhielt Verstappen eine Zehn-Sekunden-Strafe, und er beendete das Rennen auf dem fünften Platz. Ricciardo hingegen fuhr seinen ersten Saisonsieg ein – ein überraschendes Ergebnis angesichts seines Starts von Platz sechs. Es war eine atemberaubende Fahrt, und Ricciardo profitierte von der Geistesgegenwart des Teams. Sie holten ihn zum Boxenstopp herein, als die beiden Toro Rosso-Fahrer Brendon Hartley und Pierre Gasly auf der Strecke kollidierten. Ferrari und Mercedes reagierten nicht auf die Situation. Dadurch hatte der Australier in den letzten Runden frische Reifen, konnte härter pushen und die entscheidenden Überholmanöver setzen, um an den vor ihm liegenden Autos vorbeizukommen.

Interessanterweise ging die Berichterstattung nach dem Rennen in zwei Richtungen: Ricciardos herausragende Leistung und sein großartiges Zitat »Manchmal muss man einfach die Briefmarke ablecken und abschicken« elektrisierten die Medien. Verstappen allerdings machte sich genauso angreifbar wie Kvyat ein paar Jahre zuvor. Und seine Rivalen standen Schlange, um ihn zu kritisieren. »Dazu muss ich nichts sagen«, sagte Vettel, der Achter wurde, und wies Verstappen in einem Radiointerview die Schuld zu. In einem anderen Interview fügte Lauda, der nicht-geschäftsführende Vorsitzende von Mercedes, hinzu: »Es war komplett Max' Schuld. Mit mehr Rennerfahrung wird man normalerweise cleverer – besonders wenn man gewinnen oder um den WM-Titel kämpfen will. Aber er entwickelt sich in die andere Richtung. Er muss sich zusammenreißen. Niemand kann ihm da helfen.«

Verstappen drohte in der Flut der Kritik unterzugehen. Sein aggressiver Fahrstil, der ihm in seiner Durchbruchsaison bei Red Bull Racing so viel Lob eingebracht hatte, zog nun aus den falschen Gründen die Aufmerksamkeit auf sich. Alles, was er brauchte, war ein sauberes Rennwochenende und eine solide Punkteausbeute. Leider bekam er beim Großen Preis von Aserbaidschan, dem vierten Rennen der Saison, genau das Gegenteil.

Vor dem Rennen hatte Horner Verstappens jüngste Unfälle als Pechsträhne heruntergespielt. Er wies darauf hin, dass auch Vettel in seiner frühen Karriere Fehler gemacht habe. Doch seine Versuche, das immer stärker um sich greifende Narrativ von Verstappens Rücksichtslosigkeit zu beschwichtigen, wurden in einer Handvoll Runden auf dem Baku City Circuit zunichtegemacht. Die Red Bull-Teamkollegen tauschten in den Runden 27 und 28 die Positionen. Horner saß an der Boxenmauer, sah zu und wippte mit dem Fuß – ein geläufiger Anblick am Renntag. Ricciardo holte sich in Runde 35 in einem Katz-und-Maus-Spiel den vierten Platz vom Niederländer zurück. Nur fünf Runden später waren beide aus dem Rennen, nachdem sie in der ersten Kurve miteinander kollidiert waren. Verstappen hatte Ricciardo in der Box überholt und blockierte den Australier danach auf der Strecke zu spät, sodass es zu einer Berührung kam. Horner war wütend. Die Priorität des Teams war es immer, beide Autos ins Ziel zu bringen. Ein Zwischenfall, bei dem sie sich gegenseitig aus dem Rennen nahmen, war inakzeptabel.

Beide Fahrer wurden in die Fabrik des Teams in Milton Keynes gerufen, um sich bei den Mitarbeitern für ihr Fehlverhalten zu entschuldigen. Horner hatte ihnen nach dem Rennen die Leviten gelesen: »Beide erkennen an, dass sie Mist gebaut haben, und sie werden sich bei allen Teammitgliedern entschuldigen. Sie stecken jetzt tief in der Patsche. Daran sind sie erinnert worden. Sie sind hochbezahlte Team-Mitglieder und haben im Interesse des Teams zu handeln, nicht im eigenen. Beide Fahrer sollten genug Grips haben, um einen solchen Unfall zu vermeiden. Wir werden Maßnahmen ergreifen, um sicherzustellen, dass so etwas nicht wieder passiert.«

Verstappens Äußerungen im Anschluss unterschieden sich jedoch im Tonfall deutlich von Vettels Entschuldigungen nach dessen frühen Fehlern. Ohne Reue sagte Verstappen lediglich: »Wir haben unnötig viele Punkte verloren. Wir brauchen nicht darüber zu sprechen, wer die Schuld trägt, weil wir ein Team repräsentieren. So etwas ist schon einmal passiert. Man lernt daraus und wir müssen sicherstellen, dass es sich nicht wiederholt. Wir werden darüber reden und dann schauen wir weiter.«

In der Formel 1 braucht man ein dickes Fell, denn die Konkurrenz ist hart. Der ehemalige Renault-Boss Flavio Briatore bezeichnete die Formel 1 einst als »Piranha-Club«. Das sollte die rücksichtslose Art der Angriffe widerspiegeln und die Tatsache, dass es immer wieder Gegner gibt, die ihren Rivalen in den Rücken fallen. Der Sport ist heute noch genauso rücksichtslos. Aber das dicke Fell, das der 20-jährige Verstappen zeigte, war etwas anderes. Er schien unempfindlich gegenüber der Kritik zu sein. Auf die Frage, wie er die Rückkehr ins Werk nach seiner öffentlichen Abmahnung erlebt habe, scherzte er: »Es war gut. Es war sehr sonnig, das hilft.« War Humor die richtige Taktik statt Demut? Wahrscheinlich nicht, aber er blieb dabei. Vor dem Großen Preis von Spanien, bei dem er den dritten Platz belegte, wurde er gefragt, ob er im Nachhinein in Baku irgendetwas anders gemacht hätte. »Nein«, sagte er. »Ich denke, wir werden in jedem einzelnen Rennen einen Unfall haben«, antwortete er lachend. »Jeder sollte mit seinem Teamkollegen crashen.« Es war schwer zu sagen, ob er naiv oder lustig war oder ob es ihm komplett egal war – was wahrscheinlich die richtige Einschätzung ist.

Das nächste Rennen im Kalender fand in Spanien statt. Es sollte sich nur als kurze Pause von den Kontroversen erweisen. Denn beim Großen Preis von Monaco verunfallte Verstappen erneut, diesmal im Training. Das führte dazu, dass er das Rennen vom letzten Startplatz aus in Angriff nehmen musste. Verstappen verlor in den letzten Minuten des Abschlusstrainings auf dem berühmten Swimmingpool-Abschnitt der Strecke die Kontrolle über seinen RB14 und riss sich den Frontflügel ab. Der Schaden war größer als zunächst angenommen und erforderte umfangreiche Reparaturen – einschließlich eines neuen Getriebes, was eine Startplatzstrafe nach sich zog. Da das Team nicht in der Lage war, den Schaden rechtzeitig zu beheben, konnte er im Qualifying nicht starten und musste das Rennen aus der Boxengasse aufnehmen. Außerdem wusch ihm Horner nach seinem nunmehr fünften großen Fehler in sechs Rennen erneut den Kopf.

Es ist heute schwer vorstellbar, aber damals war klar, dass die Geduld von Horner am Ende war. »Max muss daraus lernen und aufhören, diese Fehler zu machen«, sagte ein verzweifelter Horner in Monaco.« Vielleicht war die Standpauke in Baku nicht richtig angekommen? Was Horners Unmut über Verstappen verstärkt haben dürfte, war der Sieg von Ricciardo in Monaco. Der war als Außenseiter ins Rennen gestartet. Er trug sein Auto ins

Der inzwischen schon traditionelle Siegersprung in den Pool nach dem GP von Monaco: Ricciardo stürzt sich ins kühle Nass nach einem hart erarbeiteten Sieg mit technischen Problemen am Auto.

Ziel, obwohl er in 60 der 78 Runden mit nur sechs statt der vollen acht Gänge fahren konnte. Dazu kamen stark abgenutzte Reifen. Und ein angeschlagener Motor, dem Leistung fehlte. Es war erneut ein heldenhafter Sieg des beliebten, ständig grinsenden Australiers.

Der Medienrummel ging Verstappen eindeutig unter die Haut. Auf der Pressekonferenz vor dem Großen Preis von Kanada versuchte er, sich gegen die Kritik zu wehren und regte sich über zu viele Fragen der Medien über seine jüngsten Leistungen auf. »Ich bin allmählich wirklich müde von all den Fragen«, sagte er. »Wenn da noch mehr kommt, könnte ich jemandem eine Kopfnuss verpassen!« Er war sichtlich erregt. Der Ausbruch war ungerechtfertigt und nicht lustig. Er diente nur dazu, seine Haltung gegenüber dem wachsenden Druck, dem er ausgesetzt war, noch deutlicher zu machen. Auch in Bezug auf seine Fahrweise blieb er trotzig. Er wollte die Aggressivität, die ihn an die Spitze des Motorsports gebracht hatte, nicht drosseln. Diese Reaktion zog jedoch unweigerlich noch mehr Aufmerksamkeit in Form von »Mad Max«-Schlagzeilen nach sich. Wieder einmal hatte er sich zum leichten Ziel für Kritiker gemacht.

Doch derart angestachelt, fuhr er die schnellsten Rundenzeiten in den Trainings und belegte einen soliden dritten Platz – einen Rang vor Ricciardo. Das Rennen blieb vor allem deswegen in Erinnerung, weil das Model Winnie Harlow die Zielflagge zu früh geschwenkt hatte. Deswegen stammen die Ergebnisse aus der 68. Runde und nicht aus Runde 70, was die volle Distanz gewesen wäre.

Horner war nicht nur mit den Scharmützeln zwischen seinem jungen Fahrer und der Presse beschäftigt. Er hatte auch den Großen Preis von Kanada im Juni als den Zeitpunkt ausgemacht, an dem das Team entscheiden musste, welchen Motor es in der nächsten Saison verwenden würde. Mit den Zuverlässigkeitsproblemen von Renault weitermachen oder das Schicksal herausfordern und zu Honda wechseln? »Montréal war der Knackpunkt«, sagt Horner im Rückblick auf die gescheiterte Beziehung zu Renault. »Wir sagten zu Renault: ›Wenn ihr keine signifikanten Verbesserungen gemacht habt, sind wir raus.‹ Als wir in Montréal ankamen, gab es keine nennenswerten Unterschiede zwischen den beiden Motoren. Das Engagement und die Investitionen, die Honda hinter den Kulissen tätigte, waren einfach viel größer als das, was Renault tat. Hondas Werk in Sakura war dem von Viry einfach meilenweit voraus.«

Red Bull Racing bestätigte den Wechsel zu Honda kurz vor Renaults Heimrennen in Frankreich. Der Zeitpunkt wirkte passend. Der ausschlaggebende Grund für diesen Zeitpunkt war, dass das Team so die beste Chance auf eine reibungslose Integration des Honda-Motors hatte. Für die französische Firma war es dennoch ein Schlag ins Gesicht. Der Wechsel ermöglichte Red Bull Racing, die Partnerschaft von Honda mit Toro Rosso zu intensivieren. Da Hondas britischer Formel-1-Sitz praktischerweise in Milton Keynes liegt, gab es bereits einige Synergien, die während der Zusammenarbeit von Honda mit McLaren eindeutig gefehlt hatten.

Der Große Preis von Österreich sollte sich als weiterer Charaktertest für Verstappen erweisen. Ein Fahrer ohne seine mentale Stärke wäre unter der Last der Fragenflut, die sich eher auf die Fehler als auf die Highlights konzentrierte, zusammengebrochen. Während seiner Durchbruchssaison war er auf einer Welle positiver Berichterstattung gesurft – es war ein ganz anderes Umfeld. Doch Verstappen ließ sich nicht beirren. In seiner Pressekonferenz vor dem Rennen brachte er es auf den Punkt und sagte, dass seine Kritiker nur gegen ihn schießen würden, weil sie »neidisch« wären, und ging auf die »Tastenkrieger« los, die seinen Fahrstil in den sozialen Medien kritisierten. Er war gut gelaunt – und das konnte er sich auch leisten, nachdem er in Kanada und Frankreich ohne Probleme auf den Plätzen drei und zwei gelandet war. In Österreich konnte er sogar noch einen draufsetzen und den Sieg einfahren. Dabei profitierte er von einem seltenen Doppel-DNF des Mercedes-Duos Hamilton und Bottas, die beide mit technischen Defekten ausschieden. Es war Verstappens erster Sieg seit dem Malaysia-GP 2017 und er half, die lautstarken Angriffe auf seine Person zu entkräften.

Der Große Preis von Österreich hatte auch für den anderen Fahrer des Teams große Bedeutung. Für Daniel Ricciardo begann eine Phase der Loyalitätskonflikte und internen Debatten, die schlussendlich in seinem Entschluss gipfelte, das Team zu verlassen. Die Ursprünge seiner Entscheidung lassen sich bis zur Vorsaison zurückverfolgen, als Red Bull Racing Verstappen mit einem neuen, langfristigen Vertrag belohnte. Man musste kein Genie sein, um zu erkennen, dass Verstappen der aufstrebende Star des Teams war, selbst wenn er in den Medien in die Kritik geraten war. Ricciardo fürchtete, wie Webber vor ihm, dass er nicht mehr gleichberechtigt war. Nicht in Bezug auf das Material, wie es bei Webber der Fall gewesen war, sondern eher in Bezug auf die langfristige Unterstützung. Glenn Beavis, der damals Ricciardos Manager war, hatte sich über einige unbedachte Äußerungen von Marko beim Großen Preis von Monaco aufgeregt: »Ich möchte 2018 mit Daniel den Titel gewinnen und dann 2019 und 2020 mit Max.« Obwohl gut gemeint, hatten Markos Worte Ricciardo als Kurzzeitlösung des Teams abgestempelt. Verstappen war die Zukunft. Hinzu kommt, dass Ricciardo, wie sein Landsmann Webber, jedes Jahr nur einen Vertrag für die Folgesaison angeboten bekam. Das lud McLaren und Ferrari zu zaghaften Annäherungsversuchen ein. Es war keine Überraschung, dass man ihm den Kopf verdreht hatte.

Hatte Ricciardo zuvor noch Zweifel an einer Ungleichbehandlung im Team gehabt, schienen sich seine Vermutungen nach der Kollision mit Verstappen beim Großen Preis von Aserbaidschan in Baku zu bestätigen.

Zunächst lautete die Sprachregelung, dass Verstappen die Schuld trage. Doch die Tatsache, dass sein Teamkollege straffrei blieb, dürfte Ricciardos Annahme, Verstappen werde bevorzugt, nur verstärkt haben. Horner hatte den Niederländer nach der Kritik deutlich verteidigt. Es war leicht nachvollziehbar, wie diese Situation das negative – wenn auch unbewiesene – Narrativ stärkte, dass sich das Team auf seine Kosten hinter Verstappen gestellt hatte. Das Verhältnis spitzte sich zu, und zwischen Ricciardos Umfeld und Red Bull wuchs die Spannung.

Beim Großen Preis von Österreich traf sich Ricciardo dann mit Mateschitz – eine seltene Gelegenheit, um Klarheit über seine Position im Team zu bekommen. Was dann geschah, weiß niemand außer den beiden Gesprächspartnern. Der Journalist Nate Saunders schrieb auf der F1-Seite von ESPN über Ricciardos Karriere: »Die Version von Red Bull ist, dass Mateschitz einen Vertrag angeboten hat, der in allen Bereichen exakt dem von Verstappen entsprach, um jeglichen Verdacht der Bevorzugung zu vermeiden. Red Bull beharrt darauf, dieses Angebot gemacht zu haben, Ricciardos Lager bestritt das jedoch stets. Mehrere gut informierte Quellen haben ESPN gegenüber angedeutet, dass er den Vertrag unterschrieben hätte, wenn er zu diesen Bedingungen angeboten worden wäre.« Saunders führt weiter aus, dass auch der Ausgang des Treffens, das mit einem Handschlag endete, umstritten ist. »Bei dem Treffen scheint es zu einem Missverständnis gekommen zu sein«, schreibt er. »Nach ihrem Gespräch gaben sich die beiden Männer die Hand. Ricciardo war dankbar für das Gespräch mit Mateschitz, aber es hat ihn nicht umgestimmt. Er war noch unentschlossen. Für Mateschitz war der anschließende Händedruck angesichts der Art des Gesprächs eine Bestätigung, dass er bei Red Bull bleiben würde.«

Horner war offensichtlich davon überzeugt, dass eine Einigung erzielt worden war. Als wir über Ricciardos Abgang sprechen, erklärt er, wie der Australier ihm die große Nachricht am Telefon überbrachte – und dass er sie zunächst für einen Scherz hielt. »Ich habe Dietrich dazu gebracht, beim Großen Preis von Österreich mit ihm zu sprechen, und die beiden haben sich geeinigt«, sagt er überzeugt. »Und dann glaube ich, wurde er sehr schlecht beraten. Denn der Vertrag war bereits fertig ausgearbeitet. Ursprünglich war es ein Zweijahresvertrag, der dann in einen Einjahresvertrag umgewandelt wurde, den wir akzeptierten. Und wir sagten ihm, dass er eine Ausstiegsmöglichkeit hätte, falls der Honda-Motor nicht funktioniert. Ich erinnere mich, dass ich kurz vor der Sommerpause auf der M40 zwischen Birmingham und London fuhr. In Budapest fand ein Reifentest statt, sodass Ricciardo am Montag nicht zur Vertragsunterzeichnung zur Verfügung stand. Am Dienstag fuhr er unser F1-Auto während des Pirelli-Tests und flog dann direkt nach LA. Er rief mich an, als er gerade aus dem Flugzeug in Los Angeles gestiegen war, und man konnte spüren, dass etwas nicht stimmte. Denn da lag ein Vertrag, den man nur noch unterschreiben musste. Er hat sich drei Tage lang Ausreden einfallen lassen, und dann rief er mich an und sagte: ›Hör zu, ich werde nicht unterschreiben. Ich werde zu einem anderen Team gehen.‹ Wenn es sich bei diesem Team um Mercedes oder Ferrari gehandelt hätte, hätte ich das verstanden. Aber als er sagte, dass es um Renault geht, dachte ich ehrlich gesagt, er verarscht mich. Denn 98 Prozent unserer Probleme in diesem Jahr waren auf die Fehler von Renault zurückzuführen! Er hatte Monaco in dem Jahr mit einem Motor gewonnen, der Probleme machte. Die ganzen Ausfälle waren einfach schrecklich. Er musste es mir dreimal sagen, bevor ich ihm wirklich glaubte. Cyril [Abiteboul, der Chef von Renault] hatte ihn davon überzeugt, dass im nächsten Jahr alles in Ordnung wäre, er die Nummer eins sein könnte und sie ihm viel Geld zahlten.«

Gerüchten zufolge soll Ricciardo den Renault-Vertrag bereits auf dem Flug nach Los Angeles unterzeichnet haben. Horner war nicht der Einzige, der diese Nachricht erst einmal verdauen musste. Auch McLarens Zak Brown, der angeblich ein weiterer Kandidat war, war anscheinend genauso perplex wie die Medien. »Es war wahrscheinlich eine der schwierigsten Entscheidungen meiner bisherigen Karriere«, wird Ricciardo in einer Pressemitteilung zitiert. In der bestätigte Red Bull Racing auch, dass der französische Fahrer Pierre Gasly für die folgende Saison von Toro Rosso befördert werden würde. Ricciardo wollte es woanders versuchen, und aus unbekannten Gründen fühlte sich Renault für ihn passend an. Nachdem er Red Bull Racing seine Entscheidung mitgeteilt hatte, ließ seine Performance schlagartig nach. Beim Großen Preis von Belgien schied er nach einem Unfall aus. In Italien kam er wegen eines Kupplungsschadens nicht ins Ziel. In Austin fiel er aufgrund eines Batterieproblems erneut aus. Und in Mexiko ereilte ihn ein Hydraulikdefekt. Es war ein trauriges Ende seiner ersten Zeit bei Red Bull Racing.

Im Gegensatz dazu beendete Verstappen die Saison mit starken Leistungen und erreichte in den letzten fünf Rennen fünf Podestplätze, darunter sogar einen Sieg in Mexiko. Dadurch sicherte er sich den vierten Platz in der Fahrer-WM, die Ricciardo auf Platz sechs beendete. Ob beabsichtigt oder nicht – Verstappen war mit nur 21 Jahren nun de facto der Teamleader.

KAPITEL 17

WETTEN AUF HONDA

2019

Der Start in die Saison 2019 war für Red Bull Racing der Beginn einer neuen Ära: die Zusammenarbeit mit Honda als Motorenpartner. Der 21-jährige Verstappen stand mit seinen fünf Siegen an der Spitze des Teams. Ihm wurde der 23-jährige Pierre Gasly zur Seite gestellt, der erst 26 F1-Rennen bestritten hatte.

Es war ein fundamentaler Philosophie-Unterschied im Gegensatz zu McLaren im Jahr 2015, als das Team aus Woking seine Partnerschaft mit Honda begann. McLaren war damals der Überzeugung, dass man nicht in der Lage sein würde, als zahlender Kunde eines Motorenzulieferers um die WM mitzufahren. Sie wollten die volle Unterstützung eines Motorenherstellers – fast so, als wären sie ein Werksteam. Auch ihre Fahrerstrategie war interessant. McLaren beschloss, Kevin Magnussen zum Testfahrer zu degradieren und den zweimaligen Weltmeister Alonso an die Seite von Jenson Button zu stellen. Dieser Schritt ergab damals sehr viel Sinn. Zumindest auf dem Papier würde der große Erfahrungsschatz der beiden erfahrenen Piloten McLaren ermöglichen, von detailliertem technischem Feedback zu profitieren. Das benötigte Honda, um Fortschritte zu machen und zu anderen Motorenbauern aufzuschließen.

Doch nach einem durchwachsenen Start und spektakulären Zuverlässigkeitsproblemen begann die Beziehung zu leiden. Als Alonso beim Großen Preis von Japan 2015 von einem Toro Rosso überholt wurde, war es dem

Spanier zu viel. Aus Verärgerung über die fehlende Leistung seines Triebwerks rief er seinem Renningenieur über den Teamfunk zu: »GP2-Motor, aghhhhh!« Der Ausbruch implizierte, dass der Honda-Motor so leistungsschwach war, dass er bestenfalls in den niedrigeren Rennkategorien hätte eingesetzt werden sollen. Um Salz in die Wunde von Honda zu streuen, machte Alonso diese Bemerkung öffentlich in Hondas Heimatland. Ein Schritt, den er später bereuen sollte, als die Aussage, die er gegenüber seinem Renningenieur vermeintlich unter vier Augen getätigt hatte, für jedermann im weltweiten Fernsehen zu hören war.

An dieser Stelle ist es wichtig zu wissen, dass die japanische Arbeitskultur vielschichtig ist, was McLaren vielleicht nur schwer verstand. Probleme in der Kommunikation waren an der Tagesordnung. Es ist zum Beispiel eine Sache, zu fragen, ob Honda einen Motor herstellen kann, der 1000 PS leistet. Natürlich konnten sie das, also war die Antwort technisch gesehen »Ja«. Aber es ist eine ganz andere Sache, zu fragen: »Wann können Sie einen Motor mit 1000 PS produzieren?« Red Bull Racing war bestrebt, aus den Fehlern von McLaren zu lernen, und unterhielt daher eine viel engere Beziehung zu Hondas technischem Werk in Sakura. Außerdem profitierten sie von der Tatsache, dass Hondas Fabrik in Milton Keynes ganz in der Nähe des Hauptquartiers von Red Bull Racing lag und schließlich mit einigen der Mitarbeiter in den Red Bull-Campus integriert wurde.

Die Tests vor der Saison verliefen ermutigend und ohne größere Zuverlässigkeitsprobleme. Es würde jedoch eine Saison der Experimente werden. Es war fast schon vorhersehbar, dass das Team im weiteren Verlauf des Jahres wegen laufender Änderungen an der Antriebseinheit mit Startplatzstrafen belegt werden würde, da Honda sukzessive neue Teile mit verbesserter Leistung und Zuverlässigkeit brachte. Mercedes und Ferrari verfügten nach wie vor über ein stärkeres, ausgereiftes Gesamtpaket. Aber Verstappen hatte bewiesen, dass er an seinen guten Tagen das Zeug dazu hatte, um Siege zu kämpfen. Am Vorabend der neuen Saison galt Hamilton als klarer Favorit auf die Titelverteidigung. Doch der 34-Jährige sah in Verstappen den nächsten Anwärter auf den WM-Titel. Vor dem Saisonauftakt in Melbourne sagte er, dass er in Verstappen einen ernsthaften Konkurrenten erkenne – ein Umstand, den er letztlich begrüßte. »Red Bull hat ein großartiges Auto«, sagte er ehrlich. Und fügte dann – etwas ironisch angesichts dessen, was später kommen sollte – hinzu: »Sie waren Ende des Jahres sehr stark und haben jetzt auch einen neuen Motor. Wird er mit unserem mithalten können? Sie müssen ihre Zuverlässigkeit verbessern, die ihr großes Manko war. Aber ich hoffe es. Denn es wäre großartig, wenn Red Bull Woche für Woche ein bisschen mehr mit uns mithalten könnte.«

Verwirrenderweise – und aus Sicht der Medien etwas unglücklich – stellten Red Bull Racing und Mercedes ihre neuen Rennwagen just am selben Tag, dem 13. Februar, vor. Zumindest bei den größeren Teams war die Saisonvorstellung traditionell eine Gelegenheit, das neue Auto Sponsoren und Stakeholdern zu präsentieren, um den Marken, die für ihre Logos auf den Autos zahlen, eine gewisse Medienpräsenz zu verschaffen. Seit der Eigentümerschaft von Liberty Media dienen Teamvorstellungen jedoch mittlerweile dazu, ein jüngeres Publikum anzusprechen. Und das geht nur mit einer Veranstaltung, die mehr auf die Influencer in den sozialen Medien zugeschnitten ist. Der Schwerpunkt liegt nun darauf, die Zuschauer auf ihren Handys mit Live-Enthüllungen der neuen Lackierung anzusprechen. In der Vergangenheit ging es eher darum, die Journalisten zu beeindrucken und Interviews mit den Fahrern und Teamchefs zu führen. Heutzutage geht es vor allem um die visuelle Darstellung.

Eine weitere große Veränderung für die neue Saison kam etwa zur gleichen Zeit wie die Präsentationen der Autos für die Saison 2019 – *Drive to Survive* lief zum ersten Mal auf Netflix. Die Fernsehserie wurde während der Saison 2018 gedreht und über den Winter geschnitten. Sie machte den Sport für ein neues Publikum zugänglich. Es ist nicht übertrieben zu sagen, dass diese Serie das Wichtigste war, was der Formel 1 unter der Eigentümerschaft von Liberty Media passiert ist. Als Medienvertreter hatten meine F1-Reporterkollegen und ich uns bereit erklärt, bei der Produktion mitzumachen. Das führte zu der etwas merkwürdigen Situation, dass wir unserer Arbeit nachgingen und Fragen stellten, um dann einige Monate später festzustellen, dass wir in der Netflix-Show auftauchten. In meinem Fall erfuhr ich davon, als mir Mercedes-Boss Toto Wolff erzählte, dass es einen Austausch zwischen uns auf einer Pressekonferenz gegeben habe, den ich bis zur Ausstrahlung in der Serie völlig vergessen hatte.

Keiner von uns hatte damit gerechnet, dass *Drive to Survive* ein solcher Erfolg werden würde. Chris Medland, ein Kollege und guter Freund von mir, trat in der ersten Staffel als Experte auf und sollte den Produzenten die Feinheiten des Sports näherbringen. »Anfangs gab es ziemlich viel Skepsis, was Netflix der Formel 1 bringen könnte«, sagt er, als wir über die Auswirkungen der Serie sprechen. »Viele im Fahrerlager erwarteten, dass sie aufgrund der langen Verzögerung nach den Events irrelevant sein würde. Mein Job war es einfach, den Produzenten zu helfen, den Sport etwas besser zu verstehen. Ich erklärte die Grundlagen vor der Kamera und beantwortete auch alle ihre Fragen. Das bedeutete weit mehr Arbeit als nur die Drehtage, von denen es für mich etwa sieben oder acht im Jahr gab, während vor Ort tageweise Material gedreht wurde. Es gab ein paar Gelegenheiten, bei denen sie auf eine bestimmte Storyline abzielten. Ich habe mich dagegen gewehrt, wenn ich sie für ungenau hielt. Aber die erste Staffel hat prima funktioniert, um neuen Fans ein grundlegendes Verständnis zu vermitteln. Ich glaube, das hat dazu beigetragen, dass die Serie weit über das Publikum hinausgeht, das sich bereits für die Formel 1 interessiert hat.«

Staffel eins von *Drive to Survive* konzentrierte sich stark auf Ricciardo und seine Beziehung zu Red Bull Racing. Die Serie wies dabei Schlüsselfiguren unter Fahrern und Teamchefs klare Rollen und Narrative zu. So wird Steiner beispielsweise als jovial dargestellt, Horner schwankt zwischen Sympathieträger und Bösewicht, und Ricciardo wird als sympathischer Charakter gezeichnet. Das ist ein fesselndes Drama und trifft den Kern der Formel 1, die ja teils Sport, teils Geschäft und teils Unterhaltung ist.

Es war offensichtlich, dass sich die Serie auf Ricciardos Charakter, seine Trennung vom Team und auch auf die sich verschlechternde Beziehung zwischen Red Bull Racing und Renault konzentrierte. Folge vier der ersten Staffel trägt den Titel *The Art of War* (*Die Kunst des Krieges*) und ist die beste Folge dieser Staffel. Sie bietet eine Mischung aus Drama und Live-Bildern. Es gibt Sticheleien zwischen Horner und dem Renault-Geschäftsführer Cyril Abiteboul, während Ricciardo der Star der Show ist. Seine Fassade des Komikers fällt, als er seine Entscheidung erklärt, zu Renault zu wechseln und Red Bull Racing zu verlassen. Dann kommt es zu Spannungen, als er nach seiner Ankündigung, am Ende der Saison zu gehen, weiter mit

Red Bull Racing zusammenarbeiten muss. Das alles sorgt für fesselndes Fernsehen.

Red Bull Racing öffnete der Serie seine Türen und begrüßte die ersten Drehtage mit offenen Armen. Das war der Grund dafür, dass sie in der ersten Staffel so prominent vertreten sind. Die anderen großen Teams hielten lieber Abstand und warteten erst einmal ab, wie gut die Serie ankommen würde. Es war ein mutiger Schritt, einem Fernsehteam vollen Zugang zu gewähren – vor allem, wenn man nur begrenzte Möglichkeiten hat, das Endprodukt zu beeinflussen. Verstappen hatte irgendwann die Schnauze voll von der Serie und ging so weit zu sagen, dass er darin nicht vorkommen wollte. Beim US-GP 2021 präzisierte er, er verstehe zwar, dass die Serie als Werbemittel eingesetzt werde, aber »als Fahrer mag ich es nicht, Teil davon zu sein. Sie haben ein paar Rivalitäten vorgetäuscht, die es in Wirklichkeit gar nicht gibt.«

Bei der Saisoneröffnung präsentierte Red Bull Racing einige Bilder des RB15, während ein paar Kilometer weiter in Silverstone Mercedes seinen Rennwagen für einen speziellen Drehtag warmlaufen ließ. Die F1-Regeln sehen zwar eine Begrenzung der Testfahrten vor, aber die Teams haben auch eine definierte Zeit für Filmaufnahmen zur Verfügung, um Videos und Bilder für den eigenen Gebrauch aufzunehmen. Die Nachricht des Tages kam von Horner, der erklärte, dass Verstappen der Mann sei, den es zu schlagen gelte: »Sebastian hatte eine chaotische letzte Saison. Max hatte am meisten Punkte nach Lewis. Und ich denke, er ist wahrscheinlich der Fahrer, den sie am meisten fürchten.«

Am wichtigsten war Horners Aussage, dass Verstappen gereift sei und aus seinen Fehlern der vergangenen Saison gelernt habe. Er fügte hinzu: »Max hat sich in seiner vierten vollen Saison in der Formel 1 enorm weiterentwickelt. Ich denke, er ist mit seiner Erfahrung vielseitiger geworden. Er hat alle Voraussetzungen und das Können, um den Kampf gegen Lewis, Sebastian oder wer auch immer dieses Jahr der Herausforderer sein wird, aufzunehmen.«

Doch noch bevor das erste Rennen des Jahres beginnen konnte, wurde die F1-Gemeinde durch den Tod von Charlie Whiting, der ranghöchsten Persönlichkeit der FIA, in Schock und Trauer versetzt. Whiting starb im

Alter von 66 Jahren am Donnerstag, dem 14. März, in Melbourne an einer Lungenembolie. Er sollte dort an diesem Wochenende den GP von Australien und damit die Saison eröffnen. Whiting hatte sich den Respekt der Fahrer und Teamchefs erworben. Der damalige FIA-Präsident Jean Todt beschrieb ihn als »eine zentrale und unnachahmliche Figur, die die Ethik und den Geist« der Formel 1 verkörpere.

Whiting war seit 1977 in verschiedenen Funktionen in der Formel 1 tätig gewesen, bevor er 1988 zur FIA wechselte. Er trieb dort eine Reihe von Sicherheitsverbesserungen an Rennstrecken und Rennwagen voran. Sein tragischer Tod hinterließ eine große Lücke, da er als F1-Renndirektor und Verbindungsmann zwischen den F1-Teams und der FIA tätig war. Das heißt, er war der Ansprechpartner für die Teams, wenn es darum ging, das Reglement zu erfüllen. Er fungierte auch als Schiedsrichter und überwachte jedes F1-Rennen. Michael Masi, der als Rennleiter der australischen V8-Supercars-Serie gearbeitet hatte, war erst wenige Wochen zuvor als stellvertretender Rennleiter für die Formel 2 und die Formel 3 zur FIA gekommen. Ziel war es, Whiting einen Teil der Verantwortung für die niedrigeren Rennkategorien abzunehmen, während er gleichzeitig von Whitings Erfahrung in der Formel 1 profitieren und von ihm lernen würde. Der Tod von Whiting bedeutete jedoch, dass Masi schlagartig in die Rennleiter-Position aufstieg, ohne wirklich Erfahrung in der Formel 1 zu haben. In einem Interview mit dem *Motorsport-Magazin* aus dem Jahr 2019 gab Masi später zu, dass er »ins kalte Wasser geworfen« wurde. Er war gezwungen, sich beim GP von Australien sofort zurechtzufinden. Später wurde er aus den falschen Gründen berühmt. Dabei geht es natürlich um die Geschehnisse des Großen Preises von Abu Dhabi im Jahr 2021.

Die Saison begann zumindest für Verstappen unerwartet gut, der in Melbourne einen Podiumsplatz holte, während Gasly als Elfter die Punkteränge verpasste. Es war das erste Podium für Honda, seit Rubens Barrichello beim Großen Preis von Großbritannien 2008 Dritter geworden war. Verstappen spielte die Erwartungen jedoch schnell herunter und sagte: »Die Saison mit einem Podium in Australien zu beginnen, ist wirklich positiv. Aber Melbourne ist keine typische Rennstrecke, also dürfen wir nicht zu viel erwarten.« Mercedes-Chef Toto Wolff hatte jedoch genug gesehen, um Red Bull Racing als »Bedrohung« für sein Team im Titelrennen zu bezeichnen.

Verstappen knüpfte an seinen dritten Platz mit drei aufeinanderfolgenden vierten Plätzen an, bevor er in Barcelona erneut aufs Podium fuhr, diesmal wieder als Dritter. Damit blieb er Dritter in der Fahrerwertung, aber immer noch 46 Punkte hinter dem Führenden Hamilton. Wie erwartet war es für Gasly, der in Aserbaidschan ausfiel und in China und Spanien zweimal Sechster wurde, schwieriger. Erst in Monaco konnte er Rang fünf erobern, wenn auch hinter Verstappen, der Vierter wurde. Die Strecke erwies sich erneut als Ausreißer, der gut für Red Bull Racing war. Für Verstappen hätte es sogar noch besser laufen können. Er bekam allerdings eine Fünf-Sekunden-Strafe für einen »unsafe release« nach seinem Boxenstopp, als er dem heranrauschenden Bottas in die Quere kam. Der plötzlich von seinem Standplatz losfahrende Red Bull-Fahrer zwang den Finnen in die Boxenmauer. Verstappen, der mit Hamilton auf der Strecke um den Sieg kämpfte, aber keinen Weg vorbei am Briten im Mercedes fand, wurde nach der Strafe vom zweiten auf den vierten Platz zurückgestuft.

Das Rennen blieb jedoch vor allem als Gedenkveranstaltung für den verstorbenen Niki Lauda in Erinnerung. Kurz vor dem Wochenende war er einer längeren Krankheit erlegen. Der Österreicher, der nach seinem schrecklichen Feuerunfall 1976 bekanntlich nach wenigen Tagen ins Renngeschehen zurückgekehrt war, hatte auch die Anfangszeit von Jaguar Racing begleitet. Dort übernahm er Mitte der Saison 2001 die Rolle des Teamchefs, die er allerdings Ende 2002 wieder abgab. Lauda hatte sich vor Kurzem einer doppelten Lungentransplantation unterzogen und in den Jahren zuvor bereits zwei Nierentransplantationen erhalten.

Verstappen feierte am Red Bull Ring in Österreich seinen ersten Saisonsieg – allerdings musste er fast drei Stunden auf dessen Bestätigung warten. Für einen so schnellen Sport ist die Entscheidungsfindung manchmal unglaublich langsam. Die Untersuchung konzentrierte sich auf ein Überholmanöver gegen Leclerc in Runde 69 von 71 um die Führung. Es war ein aggressives Manöver von Verstappen. Leclerc ließ seinem Ärger im Teamfunk freien Lauf. Allerdings wurde Verstappen offiziell freigesprochen. Horner fasste es zusammen: »Wenn so etwas im Rennsport nicht erlaubt ist, wozu ist man dann in der Formel 1? Es wäre unfassbar gewesen, das Podium zu verändern. Es war ein hartes Rennen, aber Max lag knapp vor Charles.«

Während der Stunden des Wartens auf eine FIA-Entscheidung herrscht im Pressesaal eine seltsame Atmosphäre. Dabei geht es nicht so sehr um die Verzögerung bis zum endgültigen Ergebnis, sondern vielmehr um die drohende Enttäuschung, ein interessanter Sieg könne einem weggenommen werden. An diesem Tag war das Gefühl besonders akut. Mercedes hatte mit seinen beiden Fahrern alle acht bisherigen Rennen der Saison gewonnen, wobei der GP von Frankreich direkt vor dem Rennen in Österreich eine Triumphfahrt für Hamilton gewesen war. Ein anderer Sieger auf dem Podium würde nach so einer Phase der Dominanz sicherlich frischen Wind in den Sport bringen.

Nur zwei Rennen nach seinem Erfolg in Österreich sollte Verstappen in Deutschland erneut gewinnen. Dieser Sieg war besonders denkwürdig, da es zwar das Heimrennen von Mercedes war, aber zu einem Fest für die Rivalen von Red Bull Racing werden sollte. Es fand am 28. Juli in Hockenheim statt, und der deutsche Autobauer hatte das Titelsponsoring übernommen. Das Rennen hieß offiziell »Mercedes-Benz Großer Preis von Deutschland«. Das Unternehmen feierte sein 125-jähriges Bestehen im Motorsport und seinen 200. Start in der Formel 1. Um auf diesen doppelten Meilenstein anzustoßen, trug das Team eine spezielle, einmalige historische Lackierung. Die Fahrer und Mitarbeiter des Teams trugen allesamt an die 1930er-Jahre angelehnte Outfits. Solange man gewinnt, mag das alles Spaß und Spiel sein. Angesichts des katastrophalen Wochenendes für Mercedes – mit dem Ausfall von Bottas und dem neunten Platz von Hamilton – mussten sie sich den Vorwurf gefallen lassen, den Fokus verloren zu haben.

Verstappen glänzte unter den schwierigen Bedingungen. Nur einmal drehte er sich um 360 Grad, schlug mit seinem Auto aber nirgends an. Ein Faktor, der in der Formel 1 häufig übersehen wird, ist die Rolle, die das Team bei den Boxenstopps spielt. Der möglichst schnelle und fehlerfreie Wechsel der vier Reifen kann einen großen Unterschied für das Endergebnis machen. Während andere Teams bei den wechselhaften Bedingungen patzten und Fehler machten, gelang den Mechanikern von Red Bull Racing der schnellste Boxenstopp der Formel-1-Geschichte. Als Verstappen in der

46. Runde an die Box kam, erledigten sie den Halt in 1,88 Sekunden. Am Ende lag der Niederländer 7,33 Sekunden vor Vettel, der Zweiter wurde; Kvyat wurde in seinem Toro Rosso sensationell Dritter.

Die zwei Siege für Verstappen innerhalb kürzester Zeit bedeuteten, dass er wieder vermehrt Schlagzeilen machte. Die Berichterstattung folgte dabei einem vertrauten Muster: Fragen zu seiner Zukunft, trotz des langfristigen Vertrags mit Red Bull Racing, sowie die Debatte darüber, ob er so gut wie Hamilton sei. Horner heizte die Spekulationen beim Großen Preis von Großbritannien an, als er seinem Fahrer zutraute, den amtierenden Weltmeister Hamilton zu schlagen, würden sie beide im gleichen Auto sitzen. Ein schönes Gedankenspiel, das allerdings graue Theorie bleibt. Keines der beiden Teams würde seinen Fahrern erlauben, in das Auto des anderen einzusteigen. Die Idee, ein Gokart-Rennen auszutragen, würde von den Verantwortlichen wohl auch kein grünes Licht erhalten. Das bedeutete, dass die Debatte in den Medien ausgetragen wurde, was Verstappen eigentlich vermeiden wollte. Sein Verhältnis zur Presse hatte sich im Vergleich zu damals, als er auf Kritik prompt zurückschnappte, nicht geändert. Generell zog er es vor, sich nicht in die F1-Politik einzumischen. Er wollte einfach nur Rennen gewinnen – eine Einstellung, die wir immer öfter sehen würden. Vor dem Großen Preis von Ungarn wurde er gefragt, wie er sich dabei fühle, dass er in der öffentlichen Meinung zwar fahrerisch stärker angesehen würde als Hamilton, der aber das bessere Auto habe und Woche für Woche gewinne. Es wurde allgemein argumentiert, dass das Design des Red Bull Racing-Autos zwar gut sei, Mercedes mit seinem Aggregat aber immer noch einen PS-Vorteil habe. Verstappen behauptete, dass ihn der Vergleich nicht störe. »Ich sage dazu nichts, und es ist mir egal«, sagte er in der Pressekonferenz. »Für mich ist es das Wichtigste, auf der Strecke meine Leistung zu bringen. Ich habe einen großen Sprung in die Formel 1 hinter mir, und ich habe Fehler gemacht, als ich anfing. Ich werde immer noch besser. Ich bin erst 21. Aus Erfahrung lernt man.« Zwar konnte Verstappen in Ungarn nicht gewinnen, holte aber seine erste Poleposition und wurde hinter Hamilton Zweiter. Die beiden lieferten sich einen spannenden Kampf, bis der Brite gegen Ende des Rennens von seinen frischeren Reifen profitierte und den Niederländer überholen konnte.

Nach dem Großen Preis von Ungarn beschloss Red Bull, den 23-jährigen thailändisch-britischen Fahrer Alexander Albon statt Pierre Gasly auf den Platz neben Verstappen zu setzen. Albon und Gasly waren beim Großen Preis von Deutschland auf der Strecke kollidiert. Der Red Bull Racing-Pilot hatte versucht, den Toro Rosso zu überholen. Albon hatte seine Position verteidigt und war nach rechts gezogen. Daraufhin krachte Gasly in das Heck des Autos, beschädigte seinen Frontflügel und verursachte einen Reifenschaden, der ihn ins Kiesbett beförderte. Beim Großen Preis von Ungarn gab es für den Franzosen kein Verstecken mehr, als er von Verstappen überrundet wurde. Horner gibt nun zu, dass man Gasly, ähnlich wie bei Kvyat, vielleicht zu früh ins A-Team hochgezogen hatte. Parallel legte Albon bei Toro Rosso eine gewisse Reife und Grundgeschwindigkeit an den Tag. Beim Großen Preis von China fuhr er vom letzten auf den zehnten Platz und in Deutschland von Startplatz 17 aus auf Rang sechs. »Es war schwierig«, sagt Horner, als wir über Gaslys kurze Zwölf-Rennen-Periode im Team sprechen. »Es war wahrscheinlich zu viel zu früh für ihn. Zu diesem Zeitpunkt Max' Teamkollege zu sein, war sicherlich nicht einfach. Pierre hatte zu kämpfen. Beim Großen Preis von Österreich wurde er überrundet, genau wie in Budapest von Max. Da war die Sache eigentlich schon gelaufen. Wir mussten etwas tun, denn es war ihm gegenüber fast nicht fair. Die einzige Möglichkeit, die wir hatten, war, Alex zu nehmen, der zu diesem Zeitpunkt im Toro Rosso sehr vielversprechend war.«

Albon erwischte einen guten Start und wurde bei seinem ersten Rennen für das »große« Red Bull-Team Fünfter beim GP von Belgien. Verstappens Rennen in Spa endete jäh mit einem Unfall in der ersten Runde, der ihn aus dem Rennen warf. Albon holte in acht der letzten neun Rennen Punkte. Einzige Ausnahme war das Rennen in Brasilien, das Verstappen mit einer souveränen Fahrt von der Poleposition aus gewann. Auch in São Paulo hätte Albon auf dem Podium stehen müssen, doch in der vorletzten Runde wurde er von Hamilton rausgeschubst. Die Rennkommissare verhängten eine Fünf-Sekunden-Zeitstrafe für das Verursachen einer Kollision gegen Hamilton. Der rutschte dadurch vom Podium auf den siebten Platz zurück – was allerdings Albon nichts nützte. Er wurde als 14. gewertet. Nichtsdestotrotz war es ein starkes Saisonende – vor allem, weil Verstappen in den letzten drei Rennen einen Sieg, einen zweiten und einen dritten Platz holte.

Das finale Rennen in Abu Dhabi war ein guter Zeitpunkt dafür, Max Verstappen zu treffen, um die Saison Revue passieren zu lassen und seine Zukunftspläne zu besprechen. Er hatte seine Fehler abgestellt und sich nicht gescheut, sich auf der Strecke und in den Medien mit Hamilton anzulegen. Da sich Vettels Karriere im Sinkflug befand und Bottas keine wirkliche Gefahr für Hamilton darstellte, waren alle Augen darauf gerichtet, ob Verstappen dem Mercedes-Mann endgültig den Kampf ansagen und dem Serien-Weltmeister die Krone entreißen könnte. Nach brillanten Siegen in Österreich, Deutschland und Brasilien diskutierten wir darüber im Fahrerlager. Als das Gespräch auf Hamilton kam, sagte Verstappen: »Ich habe überhaupt keine Angst vor Lewis. Sonst wäre es besser, zu Hause zu bleiben. Wenn ich nicht hier wäre, um zu gewinnen, hätte es keinen Sinn, überhaupt hier zu sein. Dann wäre meine ganze Einstellung falsch. Es ist gut, Fahrer wie Lewis um sich zu haben. Er ist sechsfacher Weltmeister und hat eine Menge Rennen gewonnen, aber ich möchte seinen Platz übernehmen. Ich möchte, dass die Leute es langweilig finden, dass ich jedes Wochenende gewinne.« Ein vielsagendes Zitat, das sich natürlich bewahrheiten sollte.

KAPITEL 18

RÜCKKEHR NACH DER PANDEMIE

2020

Das Jahr begann mit der Nachricht, dass Verstappen, der erst 22 Jahre alt war, einen neuen und besser dotierten Vertrag mit Red Bull Racing bis zum Ende der Saison 2023 abgeschlossen hatte. Im Grunde handelte es sich um eine Vertragsverlängerung, die das Fahrerlager überraschte, da er bereits einen aufrechten Vertrag hatte. Die Unterschrift beendete jedoch die Gerüchte und Spekulationen über einen Wechsel des Niederländers zu Mercedes, sollte sich Hamilton tatsächlich für Ferrari entscheiden, wie in den Medien heftig spekuliert worden war. Verstappens Manager Raymond Vermeulen handelte ein ambitioniertes finanzielles Paket aus. Es stellte Red Bulls Entschlossenheit, sich die Dienste des vielleicht besten Fahrers in der Startaufstellung zu sichern, zweifellos auf die Probe. Doch der neue Vertrag war ein Gewinn für alle Parteien. Er würde jegliches Interesse von gegnerischen Teams beenden. Außerdem schienen die Fortschritte, die das Team mit Honda und deren Antriebseinheiten machte, Verstappen davon zu überzeugen, dass er zu gegebener Zeit ein ernsthafter Titel-Anwärter sein könnte.

Im Vorfeld der neuen Saison sagte Horner seinem jungen Fahrer Großes voraus. Er zog erneut Vergleiche zwischen Verstappen und dem amtierenden Champion Hamilton sowie Ferrari-Pilot Leclerc. In einer Pressekonferenz vor der neuen Saison lobte Horner Verstappens Fähigkeiten im Zweikampf und fügte hinzu: »Die einzige Person, bei der ich gesehen habe, dass Lewis

Fehler macht, ist Max. Max ist der kommende Mann, und Lewis ist 35. In jedem Sport ist es unvermeidlich, dass es eine neue Generation gibt. In der Formel 1 haben wir Max und Charles Leclerc bei Ferrari, und es ist alles angerichtet für ein aufregendes Jahr. Max ist der Fahrer mit der stärksten Form in der gesamten F1. Lewis ist der Weltmeister. Wir werden sehen, wer am Ende des Jahres der Beste ist. Wenn wir Max das nötige Rüstzeug geben können, dann wird er liefern.«

Es sollte in der Tat ein denkwürdiges Jahr werden – aber nicht so, wie es irgendjemand hätte vorhersagen können. Was nämlich folgte, war eine völlige Lähmung der Welt, als die Covid-19-Pandemie ausbrach. Sie stoppte die Formel 1 in ihrer Vorbereitung auf das Rennen in Australien. Es gibt ein Foto von der überfüllten Pressekonferenz, die am Freitag, dem Tag des Starts des Großen Preises von Australien, im Albert Park in Melbourne stattfand. Auf der erklärte Chase Carey von Liberty Media, dass das Rennen ausgesetzt werde. Ich erinnere mich, dass mich die Angst packte, dass ich durch die globale Abschottung von meiner Familie am anderen Ende der Welt getrennt werden würde. Ich rief eilig in der Reiseabteilung an, um einen dringenden Flug nach Hause zu bekommen, bevor die Grenzen geschlossen wurden. Als Journalist ist man mitten im Geschehen, und es ist immer wieder spannend, darüber zu berichten. Aber in Situationen wie dieser macht man sich Sorgen über die Auswirkungen auf das eigene Familienleben.

Die Warnzeichen der Pandemie waren für jeden, der sich intensiv mit der Formel 1 befasst hatte, schon lange vor der Berichterstattung in den Massenmedien sichtbar. Ich erinnere mich, dass ich Anfang des neuen Jahres eine Geschichte darüber schrieb, dass der Große Preis von China wegen der Ausbreitung des Coronavirus im Land und möglicher Sanktionen der Regierung fraglich war. Das Rennen wurde schließlich am 12. Februar verschoben. Die Formel 1 suchte nach einem alternativen Termin für die Austragung des Rennens, um den rekordverdächtig großen Rennkalender mit seinen 22 Terminen halten zu können. Bei den Testfahrten vor der Saison wuchsen jedoch die Befürchtungen, dass das Virus übertragen werden könnte. Ein chinesischer Kollege, der keinerlei Symptome aufwies, wurde gebeten, die Hospitality-Einheit eines bestimmten Teams nicht zu besuchen, da sich in Ermangelung zuverlässiger Informationen oder

Hinweise Unsicherheit und Misstrauen breit machten. Die Mitarbeiter trauten sich nicht zu husten oder zu niesen, aus Angst nach Fragen zu ihrem Gesundheitszustand.

Trotzdem ging die Saison vorerst weiter wie geplant. Mein Flug nach Melbourne, mit Zwischenstopp in Hongkong, war lange im Voraus gebucht worden. Viele Teams, die dieselbe Route benutzen, hatten ihre Reisepläne aufgrund der offensichtlichen Verbindung zwischen Hongkong und China umgebucht. Die Fahrer wiederholten bei Pressekonferenzen weiterhin die Aussage »Wir vertrauen darauf, dass die FIA die richtige Entscheidung trifft« – jedes Mal, wenn sie nach ihrer Meinung zur Durchführung des Rennens trotz der Ungewissheit gefragt wurden.

Der Flug nach Melbourne war äußerst seltsam und hinterließ bei mir ein mulmiges Gefühl. Der Flughafen Heathrow war ungewöhnlich ruhig, und als ich an Bord des elfstündigen Fluges nach Hongkong ging, setzte mein Herz für einen Schlag aus, als ich die Flugbegleiter in voller Montur sah: Plastikschürzen, Gummihandschuhe und Gesichtsmasken. Ich war schon oft in Asien gewesen, sodass es nicht ungewöhnlich war, dass jemand aufgrund von Umweltverschmutzung oder einer Erkältung einen Mundschutz trug. Aber das war das erste Mal, dass ich es beim gesamten Personal an Bord eines Fluges erlebte. Ich fragte mich, ob es richtig war, mich für ein Autorennen in Gefahr zu begeben. Die Ankunft in Hongkong war ebenso surreal. Wie ein Großteil Asiens hatte Hongkong viel schneller auf die Pandemie reagiert als Europa und der Rest der Welt. Der sonst so geschäftige Flughafen war ein Geister-Ort, in dem nur ein oder zwei Restaurants geöffnet hatten, während ein paar einsame Seelen durch die Terminals huschten.

Im Gegensatz dazu war die Ankunft in Melbourne ein Schritt zurück in die Normalität. Die warmen Sonnenstrahlen taten gut und weckten das Gefühl, dass es vielleicht doch die richtige Entscheidung gewesen war, zum Saisonauftakt nach Australien zu fliegen. Allerdings hatte die FIA keine klaren Richtlinien vorgegeben. Deshalb ergriff Red Bull Racing auf einer Veranstaltung in Melbourne eigenständig Maßnahmen zum Social Distancing, noch bevor dieser Begriff in aller Munde war.

Bei einem PR-Stunt fuhren Verstappen und Albon auf motorisierten Kühlboxen um den Station Pier in der Nähe des Albert Park Circuit. Beide

Fahrer waren gut gelaunt, und es war ein fröhlicher Saisonauftakt vor dem folgenden Medientag. Der verlief am Donnerstag wie geplant, wobei sich die Fahrer nur zögerlich über die Entscheidung der Formel 1 äußerten, trotz des weltweiten Notstands weiterzumachen – mit Ausnahme von Hamilton. Auf die Frage, warum die Formel 1 in Australien sei, sagte er den unsterblichen Satz »Cash is King«. Dies war einer der vielen herausragenden Momente dieses unvergesslichen Teils der Saison. Ein weiterer Moment folgte später. McLaren zog sich vom Großen Preis von Australien zurück, nachdem ein Teammitglied positiv auf Covid getestet worden war – und zwar genau zu dem Zeitpunkt, als eine Gruppe von uns Journalisten das übliche Fußballspiel nach Feierabend beginnen wollte. Natürlich kehrten wir alle eilig zu unseren Laptops zurück, um über die Geschichte zu berichten.

Verstappen und Albon gut gelaunt 2020 vor dem GP in Melbourne auf motorisierten Kühlboxen. Wenige Tage später muss das Rennen wegen der Covid-Pandemie abgesagt werden.

Was dann geschah, war verblüffend. Horner berief ein Treffen mit den Teamchefs im Crown Hotel in Melbourne ein und schlug ihnen vor, auch F1-Geschäftsführer Ross Brawn einzuladen. Er kam zusammen mit dem Renndirektor der FIA, Michael Masi, um zu besprechen, was sie nach der Entscheidung von McLaren, nicht am Rennen teilzunehmen, tun würden. In der Zwischenzeit war die Botschaft des Veranstalters klar: Man wollte, dass das Rennen stattfand. Weder die F1 noch der Veranstalter waren bereit, den Stecker zu ziehen. Die endgültige Entscheidung hing jedoch vom Ergebnis einer Abstimmung unter den Teamchefs ab.

In der Zwischenzeit hieß es in den lokalen Radiosendern, dass die Fans kommen sollten. Aber die Nachrichten seitens der Teams klangen anders, und das Rennen schien zu wackeln. Die widersprüchlichen Meldungen machten es unglaublich schwer, Fakten von Gerüchten zu unterscheiden. Ich persönlich wollte unbedingt Klarheit haben, um gegebenenfalls frühere Rückflüge buchen zu können, da ich befürchtete, dass das Land kurz vor einem totalen Lockdown stehen würde. Während dieser Zeit gab es keinen offiziellen Kommentar von der FIA, der Formel 1 oder den Teams, da die Entscheidung schlicht noch nicht gefallen war.

Es gab drei Schlüsselfaktoren: Erstens stellte sich die Frage, ob die FIA und die Formel 1 das damals noch weitgehend unbekannte Virus als Lebensgefahr betrachteten und ob sie das Rennen mit oder ohne Fans zulassen würden. Zweitens ging es darum, ob sich die Teams aus Solidarität mit McLaren zurückziehen würden. Ein WM-Lauf ohne alle Teilnehmer würde sich nicht unbedingt wie ein richtiges Rennen anfühlen. Drittens – und zynisch betrachtet vielleicht der kniffligste Punkt – stellte sich die Frage, wer bei einer Absage der Veranstaltung bezahlen würde. Die Formel 1 wollte die Einnahmen vom Veranstalter; der Veranstalter wollte das Rennen austragen, um Einnahmen zu generieren. Würde also eine Seite absagen, würde sie damit gegen den Vertrag verstoßen?

Eine Entscheidung aller Beteiligten war notwendig. Horner war der festen Überzeugung, dass das Rennen wie geplant hätte stattfinden sollen. Er sagt auch heute noch, dass er an dieser Ansicht festhält. Doch wie er in unserem Interview erklärt, waren nicht alle Teamchefs seiner Meinung und die Abstimmung endete unentschieden. »Ich hatte einige Teams überzeugt und gesagt: ›Kommt schon, Jungs, lasst uns wenigstens am Freitag fahren, und wenn weitere Fälle auftauchen, können wir es in 24 Stunden neu bewerten‹«, erzählt er. »Wegen eines einzigen positiven Tests – hier sind 400 000 Menschen, und wir sind den ganzen Weg nach Australien gekommen. Wollen wir wirklich alles einpacken, nach Hause fahren und all die Flughäfen abklappern, wo man sich sowieso mit Covid anstecken kann?«

Wie Horner in seiner Kolumne auf der Website des Teams erklärte, stand die Entscheidung zunächst auf der Kippe. »Ross rief den FIA-Präsidenten Jean Todt an, der sagte, er würde sich der Mehrheit anschließen«, wird er in seiner Kolumne auf der Website von Red Bull Racing zitiert. »Also lag es an Ross, da er das letzte Wort hatte. Er sagte, er sei mit meinem Vorschlag einverstanden, weitere Tests durchzuführen und die Situation in 24 Stunden zu bewerten. Er wolle die Veranstaltung ins Rollen bringen. Wir als Rennteam waren bereit, das Rennen zu fahren, wenn die Regierung und die medizinischen Behörden die Veranstaltung für sicher hielten. Doch kurz nach Ende des Treffens erhielt ich gegen drei Uhr morgens einen Anruf von Ross, der mir mitteilte, dass wir ein kleines Problem hätten, weil Mercedes seine Position geändert habe. Das bedeutete auch, dass die Teams mit Mercedes-Motoren ohne Aggregate dastehen würden. Das veränderte die Situation total. Infolgedessen blieb der Formel 1 nichts anderes übrig, als die Veranstaltung abzusagen.«

Der Große Preis von Australien wurde am Freitag in einer vielbeachteten Pressekonferenz im Albert Park abgesagt, während Fans buchstäblich noch vor den Toren Schlange standen, um zur Rennstrecke zu gelangen. In einer gemeinsamen Erklärung von F1, FIA und dem Veranstalter hieß es: »Nach der Bestätigung, dass ein Mitglied des McLaren Racing-Teams positiv auf Covid-19 getestet wurde und sich das Team vom Großen Preis von Australien zurückgezogen hat, haben die Formel 1 und die FIA am Donnerstagabend ein Treffen mit den Teamchefs der anderen neun Teams einberufen. Diese Gespräche ergaben, dass die Mehrheit der Teams der Ansicht war, dass das Rennen nicht stattfinden sollte. Die Formel 1 und die FIA haben daher mit der vollen Unterstützung der Australian Grand Prix Corporation (AGPC) die Entscheidung getroffen, dass alle Formel-1-Aktivitäten für den Großen Preis von Australien abgesagt werden.«

Als die Welt in Ungewissheit versank, war eine der großen unerzählten Geschichten der Pandemie die Art und Weise, wie die Formel-1-Teams reagierten, um zu helfen. Unter dem Namen »Project Pit Lane« schlossen sich Freiwillige bei Red Bull Racing mit anderen Teams zusammen, um Beatmungsgeräte für den britischen National Health Service (NHS) herzustellen. In nur drei Wochen fertigten sie einen funktionierenden Prototyp, was die in diesem Bereich tätigen Mediziner verblüffte. Zwar wurde das Projekt letztlich nicht vom NHS übernommen, aber interessanterweise arbeitete das Personal von Renault erstmals seit der Trennung der Teams wieder eng mit Red Bull Racing zusammen.

Später im Sommer, als die erste Welle der Pandemie abebbte, wurde über die Wiederaufnahme des Sports nachgedacht. Unter strengen Test- und Reiseprotokollen nahm die Formel 1 schließlich Anfang Juli unter neuen, Covid-sicheren Bedingungen die schwierige Aufgabe in Angriff, zwei Rennen hintereinander auf dem Red Bull Ring auszutragen. Die Rennstrecke hatte eng mit der Formel 1 kooperiert, um eine sichere Rückkehr des Sports zu gewährleisten, auch wenn die Fans nicht persönlich zuschauen konnten. Die Teams wurden regelmäßigen Tests unterzogen, und bei einem positiven Covid-Befund wurde das Personal isoliert, um eine weitere Verbreitung zu verhindern.

Der Österreich-GP markierte zwar eine erfolgreiche Rückkehr für den gesamten Sport, nicht jedoch für das Red Bull Racing-Team. Verstappen, der seinen dritten Sieg in Folge auf der Heimstrecke des Teams holen wollte, musste nach elf Runden mit einem elektrischen Defekt aufgeben. Albons Rennen endete drei Runden vor Schluss ebenfalls wegen eines Problems mit der Elektrik – allerdings erst, nachdem Hamilton im Mercedes mit ihm kollidiert war. Horner aß nach dem Rennen mit Albon zu Abend und berichtete, dass sein Fahrer zwar wegen des Ergebnisses niedergeschlagen, aber dennoch motiviert vom Speed des Autos und der starken strategischen Leistung des Teams war.

Aus Sicht der Medien stand ein Streit zwischen Red Bull Racing und Mercedes im Vordergrund. Horners Team hatte dagegen protestiert, dass die FIA Hamilton während des Qualifyings nicht bestrafte, als er gelbe Flaggen zu ignorieren schien, die ihn aufforderten, langsamer zu fahren.

Red Bull Racing bemühte sich um eine Klärung und legte neue Beweise in Form eines Videos vor. Es zeigte, dass Hamilton nicht langsamer fuhr. Nur 41 Minuten vor dem Start des Rennens erhielt Hamilton eine Strafe von drei Plätzen in der Startaufstellung, die ihn vom zweiten auf den fünften Platz zurückversetzte. Das beförderte Verstappen in die erste Reihe und Albon auf den vierten Platz. Toto Wolff hielt danach eine kämpferische Rede vor den Medien, in der er sagte, dass Mercedes im Kampf mit Red Bull Racing »die Handschuhe ausgezogen« habe. Horner konterte und bezeichnete Mercedes als schlechten Verlierer. »Die Rivalität zwischen den Fahrern und den Teams ist das, was den Wettbewerb ausmacht, solange sie respektvoll ist«, sagte er. Es war ein klassisches Beispiel für die schwelende Rivalität zwischen den beiden Chefs, die sich im Laufe der Saison fortsetzen sollte.

Im zweiten Rennen in Österreich, diesmal als »Großer Preis der Steiermark« bezeichnet, wurde Verstappen Dritter und Albon Vierter – ein deutlich besseres Ergebnis für das Team. Verstappen setzte seinen Lauf mit zweiten Plätzen in Ungarn und beim Großen Preis von Großbritannien fort. Doch im zweiten Rennen in Silverstone – einer einmaligen Veranstaltung, die als »F1 70th Anniversary Grand Prix« bezeichnet wurde und eine Woche nach dem britischen GP stattfand – sollte es noch besser laufen. Verstappens Sieg war eine fehlerfreie Vorstellung, und gegen Ende war er entspannt genug, um sich mit seinem Renningenieur über Flüssigkeitszufuhr und die Desinfektion seiner Hände zu unterhalten. Nur wenige Runden zuvor hatte ihn derselbe Ingenieur gedrängt, langsamer zu fahren, um seine Reifen zu schonen. Verstappen hatte frech gekontert: »Kumpel, das ist die einzige Chance, an den Mercedes heranzukommen – ich bleibe nicht einfach wie eine Oma hinten sitzen!« Der Sieg war einer von zwei, die er in dieser Saison erringen sollte. Den anderen holte er in Abu Dhabi, wo er die Saison mit elf Podiumsplätzen in den 17 Rennen der WM beendete. Der Triumph in Abu Dhabi war eine Machtdemonstration. Verstappen gewann nicht nur das Rennen, sondern führte auch jede Runde von der Poleposition aus an. Er setzte damit einen sehr wichtigen Maßstab für die folgende Saison.

Albon konnte zwar nicht mit Verstappens Leistungen mithalten, legte aber eine solide Saison hin, selbst wenn er den Sieg von Pierre Gasly in

Pierre Gasly und Max Verstappen in James-Bond-inspirierten Rennanzügen bei einem Fotoshooting vor dem GP in Silverstone 2019 in einem klassischen Aston Martin DB5. Anlass: Das Heimrennen von Titelsponsor Aston Martin.

Monza für das B-Team von Red Bull Racing mit gemischten Gefühlen verfolgt haben dürfte. Dabei handelte es sich um das frühere Toro Rosso, das nun in »AlphaTauri« umbenannt worden war, um die gleichnamige Bekleidungslinie von Red Bull zu bewerben. Im darauffolgenden Rennen in Mugello in der Toskana muss Albon erleichtert gewesen sein, seinen ersten Podiumsplatz zu holen. Nach der Zieldurchfahrt erhielt er über den Teamfunk ein Lob von Horner. Die Antwort des sanftmütigen Rennfahrers war bemerkenswert liebenswert: »Danke an alle. Danke für alles. Danke, dass ihr zu mir gehalten habt.«

Auch beim Großen Preis von Bahrain belegte Albon den dritten Platz hinter Verstappen, der Zweiter wurde. Das Rennen blieb jedoch aus einem anderen Grund in Erinnerung: Haas-Pilot Romain Grosjean krachte in der ersten Runde in Kvyats AlphaTauri und prallte mit fast 200 km/h in die Leitplanken. Die Wucht des Aufpralls führte dazu, dass sein Auto die Leitplanken durchschlug und in zwei Teile zerrissen wurde, bevor es Feuer fing. Grosjean überlebte dank des Schutzes durch den Halo. Es verhinderte, dass sein Helm die Wucht des Aufpralls abbekam. Der Franzose war jedoch eingeklemmt, während sein Haas in Flammen aufging. Er saß 28 Sekunden lang benommen fest, bevor es ihm wie durch ein Wunder gelang, sich aus dem Wrack zu befreien, sich durch eine Lücke im Zaun zu zwängen und den Flammen zu entrinnen. Der Fahrer des Rettungswagens, Alan van der Merwe, und der Arzt Ian Roberts versorgten seine Verbrennungen. Das Ergebnis selbst wurde nebensächlich und verblasste im Vergleich zu dem wundersamen Ausgang, den alle live miterlebt hatten.

Vor dem Ende der Saison ließ Honda ebenso unerklärlich wie unerwartet die Bombe platzen: Sie würden die Formel 1 nach der Saison 2021 verlassen. Das Timing war verblüffend – die Ankündigung kam genau zu dem Zeitpunkt, als Honda wieder gewann und sich ihr Image erholte. Seit ihrer Rückkehr in die F1 im Jahr 2015 hatten sie viel in das Projekt investiert und sich durch die Kritik und Negativität während der McLaren-Jahre gequält.

Die Entscheidung wurde jedoch auf höchster Ebene bei Honda getroffen. Deren Bewertung der F1-Aktivitäten hatte ergeben, dass sie nicht zu den Plänen des Unternehmens passten. Der Sport wurde immer noch stark mit dem benzinbetriebenen Verbrennungsmotor in Verbindung gebracht, während Hondas Vision darin bestand, sich auf CO_2-freie Technologie zu konzentrieren.

Dies zwang Red Bull Racing und AlphaTauri natürlich, sich auf die Suche nach einem neuen Motorenlieferanten zu machen. Es fühlte sich an, als stünden sie wieder ganz am Anfang. Die frostige Beziehung zu Wolff – und der traurige Tod von Lauda – bedeuteten, dass Motoren von Mercedes keine Option waren. Die Beziehung zu Renault war ebenfalls zerrüttet, sodass nur noch Ferrari infrage kam. Das italienische Team belieferte Alfa Romeo und Haas, doch ihre Antriebseinheit war nicht konkurrenzfähig. Horner hatte alle Hände voll zu tun, um einen neuen Motorenpartner zu finden und gleichzeitig Verstappen und seinen Beratern zu versichern, dass alles unter Kontrolle sei.

Kurz vor Weihnachten gab es eine weitere überraschende Nachricht zu verdauen, als Red Bull Racing Albon zurück zu AlphaTauri schickte und die Verpflichtung von Sergio Pérez bestätigte. Der Mexikaner hatte die Saison stark beendet und war Vierter in der Fahrerwertung geworden. Er hatte sogar das vorletzte Rennen der Saison, den Großen Preis von Sakhir in Bahrain, gewonnen, und zwar am Steuer eines Racing Point. Der 30-jährige Pérez wurde dennoch von seinem Team entlassen, um Platz für Vettel zu machen, der von Ferrari zu jenem Team kam, das sich für die Saison 2021 von Racing Point in Aston Martin umbenannte.

Horner war es wichtig, zu betonen, dass Albon dem Team weiterhin erhalten bleiben würde. Aber die Aussicht, Pérez mit Verstappen zu koppeln, war zu verlockend, um sie sausen zu lassen. »Alex [Albon] ist ein geschätztes Mitglied des Teams und wir haben lange und intensiv über diese Entscheidung nachgedacht«, sagte er. »Nachdem wir uns die Zeit genommen haben, alle relevanten Daten und Leistungen auszuwerten, haben wir entschieden, dass Sergio der richtige Fahrer ist, um Max im Jahr 2021 zu unterstützen. Wir freuen uns darauf, ihn bei Red Bull Racing willkommen zu heißen. Alex bleibt ein wichtiger Teil unseres Teams als Test- und Reservefahrer mit einem Hauptaugenmerk auf die Entwicklung für 2022. Wir möchten ihm für seine harte Arbeit und seinen Beitrag danken.« Es bestand kein Zweifel daran, dass der 24-jährige Albon Fortschritte machte, aber die einfache Wahrheit war, dass er nicht mit Verstappen mithalten konnte, einem der besten Fahrer im Feld. Zum Leidwesen von Albon, der sich zuvor bei seinem Team für die Treue bedankt hatte, musste Horner diese schwere Entscheidung treffen, um dem Team die besten Chancen auf künftigen Erfolg zu sichern. Erneut kam es bei Red Bull Racing also zu einem Fahrerwechsel. Diese Entscheidung sollte sich in der kommenden Saison als entscheidend erweisen.

KAPITEL 19

MAX IST WELTMEISTER

2021

»Das Tempo des Mercedes ist einfach zu hoch. Max gibt sein Bestes, aber wir brauchen in den letzten zehn Runden ein Wunder, um das Rennen noch zu drehen …« Christian Horners Worte von der Boxenmauer an die TV-Kommentatoren, in denen er in der Endphase des Großen Preises von Abu Dhabi um göttliche Intervention bat, sind inzwischen unsterblich geworden. Die gesamte Saison 2021 hing von den letzten Runden des Rennens auf dem Yas Marina Circuit ab. Der packende Kampf zwischen Hamilton und Verstappen hatte die Fans die ganze Saison über in Atem gehalten. Er hatte sich zu einer teamübergreifenden Rivalität zwischen Red Bull Racing und Mercedes und ihren jeweiligen Bossen ausgeweitet, wie es sie in der modernen Formel 1 noch nicht gegeben hatte. All das wurde zwar von den Netflix-Kameras eingefangen, aber selbst die endgültige Version kratzt nur an der Oberfläche des Dramas. Wenige Runden vor Schluss verunfallte Nicholas Latifi mit seinem Williams. Die anschließende Safety-Car-Phase stellte das Rennen auf den Kopf und gipfelte darin, dass Verstappen Hamilton unter dramatischen und zugegebenermaßen umstrittenen Umständen überholte und seinen ersten Weltmeistertitel gewann.

Doch das Jahr endete nicht nur mit hochdramatischen Szenen, es hatte schon einen explosiven Start. Noch bevor die Saison überhaupt begonnen hatte, lobte Horner seinen Fahrer erneut als den besten in der Startaufstellung. Er wies darauf hin, dass Hamiltons Ausfall wegen Covid beim vorletzten Rennen 2020 dem Reservefahrer George Russell die Möglichkeit gegeben hatte, in seinem ersten Rennen für Mercedes fast zu gewinnen und damit zu beweisen, dass das Auto der Silberpfeile überlegen war. »Max ist der Beste, ja«, sagte Horner, noch vor Saisonbeginn. »Die Leistung von Russell bei Mercedes hat mir das bestätigt. Max und Lewis ragen heraus. Ohne die Leistungen von Hamilton zu schmälern, darf man nicht vergessen, dass er bei Mercedes ein tolles Komplettpaket hat, während Max immer mehr aus seinem Auto herausholen muss. Das sieht man daran, dass sich ein Williams-Fahrer [Russell] in einem Mercedes direkt für die erste Startreihe qualifiziert und das Rennen beinahe gewonnen hätte. Müsste jemand anderer Max' Auto übernehmen, wenn er Corona hätte, würde er niemals sein Niveau erreichen.« Horner warf zudem in den Raum, dass sein Starpilot zum Top-Kandidaten von Mercedes avancieren würde, sollte sich Hamilton zum Rücktritt entscheiden. In der Zwischenzeit versprach Verstappen, Hamilton jedes Wochenende den Kampf anzusagen und gleichzeitig ein starkes Team mit Pérez zu bilden. Dessen Entwicklung sollte der Schlüssel zum Erfolg von Red Bull Racing sein. Die Saison versprach eng zu werden, doch in Bahrain, dem ersten Rennen der Saison, hieß es: Abstand halten!

Verstappen war in allen drei Trainingseinheiten auf dem Bahrain International Circuit der Schnellste und hatte sich zum vierten Mal in seiner Karriere für die Poleposition qualifiziert. Im Rennen verfolgte Verstappen eine andere Boxenstopp-Strategie als Hamilton, was die Weichen für ein perfektes Finale stellte. Hamilton fuhr früh an die Box, um auf harte, haltbare Reifen zu wechseln. Das bedeutete jedoch, dass er in der Schlussphase des Rennens nur noch begrenzten Grip hatte. Red Bull entschied sich hingegen, Verstappen länger auf der Strecke zu lassen, damit er in den letzten Runden frischere Reifen zur Verfügung hatte.

Während des Rennens wurden beide Fahrer verwarnt, weil sie in Kurve vier die Streckenbegrenzung überfahren und sich einen Vorteil verschafft hatten. Diese Regelverletzung wurde von der Rennleitung konsequent bestraft, obwohl den Fahrern ursprünglich mitgeteilt worden war, dass es kein Vergehen sei. Beide Fahrer stellten die Anweisungen des neuen F1-Renndirektors Masi aus der Race-Control infrage, da Masi das Manöver während der Trainings nicht geahndet hatte. »Wie kann das legal sein? Ich dachte, wir dürfen das nicht«, fragte Verstappen, nachdem ihm mitgeteilt wurde, dass Hamilton in Kurve vier zu weit rausgefahren sei. Hamiltons Funksprüche spiegelten die Verunsicherung wider: »Ich dachte, es gäbe keine Streckenbegrenzungen«, funkte er, als sein Team ihn vor den neuen Regeln warnen wollte.

In den letzten Runden nutzte Verstappen die frischeren Reifen, um zu Hamilton aufzuschließen und ihn anzugreifen. Aber in besagter Kurve vier kam er zu weit nach außen. Er lag zwar in Führung, doch die sollte nur von kurzer Dauer sein – weil er die Strecke verlassen hatte, wurde er im Anschluss nämlich aufgefordert, den Platz wieder an Hamilton zurückzugeben. Er unternahm einen letzten verzweifelten Versuch, Hamilton zu überholen, doch seine Reifen waren am Ende, und Hamilton holte sich den Sieg. In der Nachbetrachtung sagte Wolff: »Am Ende waren die Renngötter auf unserer Seite« – eine ironische Wortwahl, wenn man bedenkt, was später in diesem Jahr in Abu Dhabi passieren sollte.

Horner wies auf die Ungereimtheit hin, die Regeln für die Track-Limits mitten im Rennen zu ändern. Es sagte, dass es keine »Graubereiche geben sollte«, und forderte eine klare Entscheidung der FIA-Stewards. Was Hamilton betrifft, so fasste er seinen Kampf mit Verstappen um den Sieg perfekt zusammen. Nachdem Lewis seit Rosbergs Rücktritt weitgehend unbehelligt an der Spitze war, sagte er nach diesem Thriller: »22 weitere Rennen in dieser Saison? Heiliger Bimbam. Am Ende werde ich ergraut sein.«

Im zweiten Rennen der Saison in Imola, Italien, wurden die Rollen vertauscht. Vor dem Wochenende wurde Hamilton nach seinem härtesten Rivalen auf der Strecke gefragt und nannte Sebastian Vettel. Allerdings räumte er auch ein, dass Verstappen zwar »nicht die Erfahrung von Seb hat, aber offensichtlich das Potenzial zum zukünftigen Champion besitzt. Ob er es jetzt oder später schafft, hängt davon ab, welche Leistung ich selbst bringe.« Die Medien interpretierten das als Abfuhr für Verstappen. Doch in Wirklichkeit hatte Hamilton bisher nie wirklich Angst vor Verstappen haben müssen. Hamilton holte sich die Poleposition vor Pérez und Verstappen. Doch der Niederländer erwischte den besseren Start, während Hamilton in Probleme geriet und von der Strecke abkam. In der Folge kämpfte er sich auf den zweiten Platz zurück, während Verstappen den zwölften Sieg seiner Karriere einfuhr.

Hamilton gewann in Portugal, wo Verstappen Zweiter wurde. Damit hatten sie in allen drei Auftaktrennen die Positionen getauscht. Vor dem GP von Spanien, den Hamilton erneut vor Verstappen gewann, fasste der Mercedes-Pilot die Beziehung der beiden zusammen und betonte, dass sie ihren Kampf fair austragen würden. »Der Druck zwischen uns allen ist enorm, und wir haben großen Respekt voreinander. Max holt absolut alles aus dem Red Bull heraus und liefert uns einen tollen Kampf. So wird es auch für den Rest der Saison bleiben – und spannend. Es ist sehr, sehr hart, aber fair. Und das ist es, was guten Rennsport ausmacht. Wir werden es weiterhin sauber halten und am Limit fahren.« Beim Großen Preis von Monaco verschärften sich die Spannungen jedoch. Mercedes begann, die Legalität des Designs von Red Bull Racing infrage zu stellen. Wolffs Verdacht war geweckt worden, nachdem Hamilton ihm berichtet hatte, dass sich Verstappens Heckflügel während der Fahrt ungewöhnlich stark verbog. Die Regeln der Formel 1 schreiben vor, dass sich die Karosserie eines Autos nicht über bestimmte Parameter – die auf den aerodynamischen Kräften beruhen – hinausbewegen darf. Wolffs Protest-Drohung verärgerte Red Bull Racing. Sie versicherten, sie hätten nichts zu verbergen bei dem Prestige-Rennen – das Verstappen dann übrigens gewann.

Die Sticheleien zwischen den beiden Teams setzten sich in den Medien fort, während die Ergebnisse auf der Strecke extrem knapp blieben. Vor dem Aserbaidschan-GP sagte Verstappen, er habe keine Lust auf »Psychospielchen« mit Hamilton und ziehe es vor, »Antworten auf der Strecke zu geben«. Hamilton schlug zurück und beschuldigte Verstappen, »das Gefühl zu haben, dass er eine Menge zu beweisen hat«, während der WM-Kampf immer hitziger wurde.

Das Rennen in Aserbaidschan selbst blieb wegen eines gefährlichen Reifenplatzers bei Verstappen in Erinnerung. Sein Auto krachte mit über 200 km/h in eine Mauer. In der Folge erklärte der Reifenlieferant Pirelli, dass er bei sich keinen Fehler feststellen konnte. Er empfahl der FIA jedoch, die Kontrollen für den Mindestdruck der Reifen zu verschärfen. Dies implizierte, dass Red Bull Racing für mehr Grip mit niedrigerem Druck gefahren war und das zum Reifenplatzer geführt haben könnte. Hamilton spielte vor dem Frankreich-GP kryptisch genau darauf an. »Jedes Mal, wenn es einen Reifenschaden gibt, erhöhen sie [die FIA] den Druck [in Form einer Vorschrift im Reglement], also sagt das etwas aus«, sagte er, ohne seine Gegner ausdrücklich zu beschuldigen. »Wir hatten kein Problem. Pirelli hat mit den Reifen einen tollen Job gemacht.« Die Andeutung, dass Red Bull Racing die Regeln gebrochen habe, war zwar nicht ganz eindeutig, aber zwischen den Zeilen konnte man sie leicht herauslesen.

Verstappen gewann in Frankreich erneut, was Hamilton dazu veranlasste, den überarbeiteten Honda-Motor zu thematisieren. Er bezog sich dabei auf den Topspeed auf den Geraden. Aber Wolff hatte nichts gesehen, was auf einen Regelverstoß schließen ließ. Das veranlasste Horner vor dem Österreich-GP zu einer amüsanten Bemerkung: »Ich denke, Toto hat die Frage sehr gut beantwortet. Vielleicht sollte er sie seinem Fahrer erklären. Ich höre mir manchmal mit Interesse die Theorien von Lewis an, die sehr weit von der Realität entfernt sind.« Hamiltons Mutmaßungen waren verständlich. Er suchte Erklärungen, nachdem Verstappen seine Siegesserie auf drei Rennen ausgebaut hatte und nach dem Österreich-GP bereits 32 Punkte in Front lag. Die Spannungen erreichten dann beim Großen Preis von Großbritannien in Silverstone ein neues Level – ein Rennen, das den Verlauf der Saison verändern sollte.

Ein brutaler Unfall zwischen den beiden Führenden in der ersten Runde führte dazu, dass Verstappen zu medizinischen Untersuchungen ins Krankenhaus geflogen werden musste. Falls es noch Zweifel an der Intensität der Rivalität gab, waren diese nun ausgeräumt. In den vorherigen Rennen war es Hamilton gewesen, der Verstappen den Vortritt lassen musste. Aber in seinem Heimrennen, zum ersten Mal seit der Pandemie wieder vor vollen Rängen, war Hamilton nicht bereit, die Lorbeeren erneut dem Niederländer zu überlassen. Verstappen lag in Führung, als Hamilton aus seinem Windschatten ausscherte, um den Red Bull zu überholen. Die beiden kollidierten in der Copse-Kurve mit 180 km/h. Hamiltons Mercedes berührte das Heck von Verstappens Auto, wobei sich der Reifen von der Felge des rechten Hinterrads löste und Max in einem gewaltigen Aufprall seitlich in die Reifenstapel einschlug.

Die Rennkommissare ahndeten Hamiltons Manöver mit einer Zehn-Sekunden-Strafe für das Verursachen des Unfalls. Trotzdem konnte er das Rennen gewinnen. Anschließend feierte auf der Boxenmauer mit den Tausenden Fans, die nach dem Rennen auf die Strecke gestürmt waren.

Horner und später auch Verstappen nahmen Anstoß an Hamiltons Feierlichkeiten und bezeichneten sie als »respektlos« und »unsportlich«. Denn weder er noch Mercedes wussten, ob und wie schwer sich Verstappen verletzt hatte, da er sich zu diesem Zeitpunkt noch im Krankenhaus befand. In den Interviews nach dem Rennen bezeichnete Horner Hamiltons Sieg nach dem 51-G-Unfall als »schal«. »Was mich am meisten ärgert, ist der Mangel an Urteilsvermögen oder die Fehleinschätzung und Verzweiflung. Zum Glück sind wir heute mit dem Leben davongekommen. Aber wenn es noch schlimmer gewesen wäre, hätte eine Zehn-Sekunden-Strafe ziemlich bedeutungslos ausgesehen.« Marko fügte hinzu, dass Hamiltons »rücksichtsloses Verhalten mit einer Suspendierung bestraft werden sollte«.

Natürlich gab es auch die Sicht der anderen Seite. Wolff sagte: »Zum Tanzen braucht es immer zwei.« Er fügte hinzu: »Es war harter Rennsport, und harter Rennsport endet manchmal in Kollisionen, wenn keiner von beiden nachgibt.«

Horner ist immer noch aufgebracht über das Ergebnis in Silverstone, als wir zwei Jahre später darüber sprechen. »Bei Mercedes machte sich ein Hauch von Verzweiflung breit. Max hatte 32 Punkte Vorsprung in der WM, und ich glaube, Lewis wusste, dass der Rückstand zu groß werden würde, wenn er ihn nicht aufhielt. Und ich glaube, deshalb war er in der Kurve übermotiviert. Wir hatten einen verletzten Fahrer, der ins Krankenhaus geflogen wurde, und Lewis und Mercedes hüpften rum und machten Crowdsurfing. Ich fand das einfach respektlos gegenüber einem Gegner.«

Beim darauffolgenden Rennen in Ungarn kam es zu einem weiteren Drama. Verstappen schleppte sich als Neunter ins Ziel, nachdem Bottas im Mercedes in der ersten Runde einen Fehler gemacht hatte. Er verschätzte sich beim Bremspunkt, krachte in Verstappen und zerlegte den Red Bull-Wagen. Dieser Unfall nahm auch Pérez aus dem Rennen.

Beim Großen Preis von Italien im September kam es zu einer weiteren heftigen Kollision, die die Abneigung zwischen Verstappen und Hamilton

Schrecksekunde beim GP von Italien 2021: Verstappens Auto landet nach einer Kollision in der ersten Schikane auf dem von Hamilton. Beide Fahrer bleiben zwar unverletzt, müssen das Rennen aber aufgeben.

weiter vertiefen sollte. Der Vorfall ereignete sich in Runde 26. Beide Fahrer hatten zuvor verpatzte Boxenstopps absolviert, was sie erst auf Kollisionskurs auf der Strecke brachte. Hamilton und Verstappen fuhren in Monza also nebeneinander in Kurve eins. Es gab keinen Platz für Verstappen, der sich wie Hamilton in Silverstone weigerte, seine Position aufzugeben. Die beiden berührten sich mit den Rädern. Verstappen wurde über einen Randstein ausgehoben und landete mit seinem Red Bull auf dem Mercedes von Hamilton. Die Tribünen sowie der Pressebereich kochten förmlich über. Im Vergleich dazu war die Berührung in Silverstone unbedeutend: Das hier war eher mit der berühmten Kollision zwischen Ayrton Senna und Alain Prost beim GP von Japan 1989 vergleichbar. (Bei diesem Crash musste Prost aufgeben, Senna konnte das Rennen gewinnen und seine WM-Hoffnungen damit am Leben erhalten. Allerdings wurde er danach disqualifiziert und später sogar für sechs Monate gesperrt.)

Verstappen kletterte aus seinem Cockpit und ging davon. Hamilton versuchte vergeblich, den Rückwärtsgang einzulegen, um zurück auf die Strecke zu kommen. Beide wurden zu den Stewards gerufen, wo Verstappen als Hauptschuldiger für den Unfall ausgemacht und mit einer Startplatzstrafe von drei Plätzen für das folgende Rennen in Russland belegt wurde. Hamilton hatte behauptet, Verstappen habe »gewusst, dass er über den Randstein fahren würde, aber er hat es trotzdem getan«. Wolff bezeichnete Verstappens Verhalten als »taktisches Foul«. Hamilton lobte später das Halo-Cockpit, das ihn vor Verstappens Auto geschützt hatte: »Ich habe heute sehr, sehr viel Glück gehabt. Ich danke Gott für den Halo, der hat mich letztendlich gerettet. Ich bin noch nie zuvor von einem Auto am Kopf getroffen worden, und das war ein ziemlicher Schock für mich.«

Verstappen konterte, dass Hamilton ihm keinen Platz gelassen hatte. »Wenn er mir nur eine Wagenbreite gegeben hätte, wären wir aus Kurve zwei herausgekommen«, sagte er. »Ich denke, er wäre wahrscheinlich immer noch in Führung gewesen. Aber er hat mich einfach immer weiter abgedrängt, bis es nicht mehr weiterging.« F1-Boss Ross Brawn hatte seine eigene Sicht der Dinge: »Ich hoffe, dass die WM auf der Strecke gewonnen wird – und nicht in den Leitschienen oder im Raum der Stewards.«

Hamilton gewann in Russland, wo Verstappen zu seinem Verhältnis zu seinem Rivalen befragt wurde. Dieser hatte zuvor erklärt, wie es ist, um seinen ersten F1-Titel zu kämpfen und wie sich der Druck aufbaut. Verstappens lakonische Antwort: »Ja, ich bin so nervös, dass ich kaum schlafen kann. Es ist so furchtbar, um einen Titel zu kämpfen. Ich hasse es wirklich. Diese Kommentare zeigen nur, dass er mich nicht wirklich kennt. Und das ist gut so. Ich brauche ihn auch nicht zu kennen.«

Verstappen konterte mit Siegen bei den nächsten beiden Rennen in Austin und Mexiko-Stadt. Die beiden lieferten sich einen Schlagabtausch wie zwei Schwergewichtsboxer. Auch abseits der Strecke kam es zu einem unterhaltsamen verbalen Duell zwischen Horner und Wolff. Wolff hatte gemeint, der Red Bull-Chef benehme sich wie ein »Protagonist« in einem Theaterstück. Woraufhin Horner antwortete: »Toto wirft gerne hier und da einen Kommentar ein. Ich habe kein Problem damit. Es ist sowieso bald Theatersaison. Ich habe mich sehr geschmeichelt gefühlt, als Protagonist bezeichnet zu werden. Um einen Protagonisten zu haben, braucht man einen Antagonisten. Man könnte sagen, dass Toto diese Rolle ziemlich gut ausfüllt, wenn es ein Theater wäre. Vielleicht würde ihm die Rolle der Pantomimen-Dame stehen.«

Beim GP von Brasilien zitierte die Rennleitung Hamilton nach dem Qualifying zu sich, um den Heckflügel seines Mercedes zu inspizieren. Der Verdacht stand im Raum, dass er illegal sei. Danach wurde das Teil aus seinem Auto ausgebaut. Dadurch war er gezwungen, beim Sprint-Qualifying, das die F1 gerade erprobte, vom letzten Platz zu starten. Die Formel 1 hatte beschlossen, das Programm der Formel-1-Wochenenden mit kürzeren 30-Minuten-Rennen aufzupeppen, bei denen es Punkte für die ersten acht Plätze gab. Der Erstplatzierte sollte acht Punkte und der Achtplatzierte einen Punkt erhalten. Das Konzept würde den Zuschauern mehr Rennaction bieten. Wie bei den traditionellen Grands Prix am Sonntag mussten sich die Fahrer jedoch auch für das eigentliche Sprintrennen qualifizieren. Und zwar im traditionellen Format mit drei Qualifying-Sessions, bei denen fünf Autos in Q1 und fünf in Q2 ausschieden, bevor in Q3 ein Shootout der Top Ten um den ersten Platz stattfand.

Doch damit war die Kontroverse noch nicht vorbei, denn Verstappen erhielt eine Geldstrafe von 50.000 Euro, weil er den Heckflügel von Hamiltons Auto berührt und untersucht hatte. Das ist ein Verstoß gegen die Parc-fermé-Regeln. Die besagen, dass Formel-1-Autos nicht berührt werden dürfen, sobald der Fahrer das Auto nach dem Rennen verlassen hat, bis sie von den Offiziellen kontrolliert worden sind.

Beim Großen Preis von Katar war Horner an der Reihe, Ärger mit den Stewards zu bekommen. Horner fühlte sich angegriffen, weil ein Streckenposten inkorrekterweise eine gelbe Warnflagge geschwenkt hatte, die die Fahrer aufforderte, langsamer zu fahren. Verstappen hatte das übersehen und wurde daraufhin um fünf Plätze in der Startaufstellung zurückgestuft. Horner zeigte sich von der Entscheidung, seinen Fahrer zu bestrafen, erbost und sagte: »Ich denke, dass es sich um einen übereifrigen Streckenposten handelte, der eine Flagge geschwenkt hat, ohne dass die FIA ihn dazu angewiesen hat.« Dieser Kommentar bei Sky F1 brachte dem Red Bull Racing-Chef eine Verwarnung durch die Rennleitung ein.

Beim Großen Preis von Saudi-Arabien, dem vorletzten Rennen der Saison, gerieten die beiden Fahrer zum dritten Mal auf der Strecke aneinander. Zum Eklat kam es, als Hamilton, der das Rennen gewann, Verstappen beschuldigte, mit ihm einen »Bremstest« gemacht zu haben. Hamilton wollte Verstappen in Runde 37 überholen, doch der Niederländer sprang plötzlich stark auf die Bremse, sodass Hamilton bei hoher Geschwindigkeit ins Heck des Red Bull fuhr. Daraufhin beschimpfte er Verstappen über den Teamfunk mit den Worten: »Verdammt verrückt! Das war einfach gefährliches Fahren.« Hamilton erklärte später: »Die Regeln wurden von den Stewards nicht eindeutig geklärt. Ich weiß, dass ich niemanden abseits der Strecke überholen kann und [dass ich deshalb] die Position halten muss. Das ist allen Fahrern bekannt. Aber auf einen von uns trifft das nicht zu. Er ist mit Sicherheit über das Limit gegangen.« Hamilton war eindeutig der Meinung, dass Verstappen gefährlich gehandelt hatte und fügte hinzu: »Ich habe bei so vielen Gelegenheiten Kollisionen mit ihm vermieden. Aber man kämpft weiter, und genau das habe ich gemacht.«

Verstappen zog einen Schlussstrich unter den Vorfall und sagte: »Es sind viele Dinge passiert, mit denen ich nicht einverstanden bin. Aber ich denke nicht, dass wir darüber reden müssen. Er wollte überholen, ich habe spät gebremst und war ein bisschen neben der Spur. Wir haben beide die Kurve verpasst und es ist nicht fair, dass ich eine Strafe bekommen habe.«

All das Drama war im Fahrerlager nicht unbemerkt geblieben. Der F1-Champion von 1997, Jacques Villeneuve, warf dem Titelkampf vor, sich in eine »Hollywood-Show« zu verwandeln. Mit anderen Worten: Er wollte, dass der Kampf nur auf der Strecke ausgetragen wurde und nicht überdramatisiert wie im Film. »Ich hoffe einfach, dass wir in Abu Dhabi ein sauberes Rennen haben«, sagte er prophetisch. »Möge der beste Fahrer gewinnen – und nicht irgendetwas aus Hollywood die WM entscheiden. Wir hatten dieses Jahr schon unsere Hollywood-Momente.« Welch eine Ironie angesichts dessen, was noch kommen sollte!

Es war angerichtet. Verstappen und Hamilton reisten punktgleich zum letzten Rennen der Saison in Abu Dhabi an. Die drei vorangegangenen Rennen in Katar, São Paulo und Saudi-Arabien waren die Bühne für eine grandiose Aufholjagd von Hamilton gewesen, der alle drei Rennen gewonnen hatte, während Verstappen jedes Mal Zweiter wurde. Nun ging es um alles: Derjenige, der im letzten Rennen vorne lag, würde den Titel gewinnen. Trotz des Missfallens von Villeneuve war diese Konstellation so »Hollywood« wie nur möglich.

Im Vorfeld von Abu Dhabi konzentrierten sich die Medien natürlich auf die Frage, ob die beiden Fahrer ihre Rennen fair halten würden, nachdem sie in dieser Saison so oft auf der Strecke aneinandergeraten waren. Im Rampenlicht standen auch die FIA-Stewards und die Frage, ob sie die beiden Titelanwärter vor dem Rennen an ihre Vorbildfunktion für die Nachwuchsfahrer in den unteren Kategorien erinnern und dementsprechend in die Pflicht nehmen würden. An jedem Rennwochenende treffen sich die Formel-1-Fahrer mit den Stewards, normalerweise am Freitagabend. Dieses Mal

Den Siegerpokal fest im Blick: Nach einer spannenden Saison 2021 liegen Verstappen und Hamilton vor dem letzten Rennen in Abu Dhabi mit 369,5 Punkten gleichauf.

lag der Fokus auf Masis Umgang mit den Spannungen zwischen Hamilton und Verstappen. Und darauf, ob er die beiden daran erinnern würde, fair zu bleiben.

Inzwischen gingen die verbalen Attacken weiter. Auf die Frage, ob sich seine Meinung über Hamilton und Mercedes im Laufe ihres Duells geändert habe, sagte Verstappen in der Pressekonferenz unverblümt: »Ja, sehr sogar. Und nicht gerade auf positive Weise.« Während die Spannung vor dem Rennen stieg, konnte man im Pressezentrum und Fahrerlager schon ahnen, dass der Ausgang der WM nach einem brillanten und spannenden Rennen in einer Kontroverse enden würde.

Verstappen sicherte sich die Poleposition, während Hamilton vom zweiten Startplatz aus ins Rennen ging. Allerdings konnte der Brite den Red Bull-Piloten direkt am Start überholen. Verstappen konterte jedoch und kämpfte sich bis zur sechsten Kurve wieder an die Spitze heran. In Kurve sieben ging Hamilton weit, anstatt die Kurve innerhalb der Streckenbegrenzung zu nehmen. Hamilton behauptete, er sei abgedrängt worden und kam etwa zehn Meter vor Max wieder auf die Strecke. Red Bull Racing vertrat gegenüber der Rennleitung den Standpunkt, dass Hamilton den Platz an Verstappen zurückgeben müsse. Aber der Einspruch scheiterte, und Hamilton durfte die Führung behalten.

Während der ersten Boxenstopps von Verstappen und Hamilton blieb Pérez auf der Strecke und übernahm die Führung. Danach leistete er großartige Defensivarbeit, um Hamilton zu blockieren. Trotz frischerer Reifen fand der Mercedes-Pilot keinen Weg am Mexikaner vorbei. Verstappen konnte so Hamiltons Vorsprung von elf Sekunden auf knapp 1,5 Sekunden verkürzen. In Runde 53 wurde das Rennen dann auf den Kopf gestellt. Nicholas Latifi krachte mit seinen Williams nach einem Fehler in die Leitplanken. Nun schien es, als ob der winzige Fehler des Kanadiers den Ausgang der gesamten Saison infrage stellen würde. Die Journalisten warteten gespannt darauf, was passieren würde. Würde das Rennen abgebrochen werden? Würde diese epische Saison hinter dem Safety-Car enden? Was für eine Enttäuschung nach einer so brillanten Schlacht! Die Aufregung war riesig. Aus persönlicher Sicht konnte ich nur an den achtseitigen Artikel denken, den ich für die *Sun* produziert hatte und der in Erwartung des achten Weltmeistertitels von Hamilton gedruckt wurde. Doch das Drama nahm seinen Lauf, und zwar in einer Weise, die keiner von uns vorhersehen konnte.

Es entfaltete sich wie folgt:

Runde 54: Die Rennkommissare schickten das Safety-Car auf die Strecke, und Red Bull Racing nutzte die Gelegenheit, Verstappen für frische Reifen an die Box zu holen. Mercedes entschied sich in diesem Durcheinander, Hamilton mit alten Reifen draußen zu lassen. »Das ist unglaublich, Mann«, sagte Hamilton über den Teamfunk. Er wusste, dass er den Reifenvorteil verloren hatte.

Runde 55: Die Aufmerksamkeit konzentrierte sich nun auf Masis Umgang mit der Aufräumaktion, um Latifis Auto zu entfernen. Einige Zeit sah es so aus, als würde die hochdramatische Saison in der Tat hinter einem Safety-Car enden. An der Boxenmauer wurde der Druck auf Michael Masi sowohl durch Mercedes als auch Red Bull Racing immer größer. Die erste Nachricht der Rennleitung lautete, dass keines der überrundeten Autos das Safety-Car überholen dürfte. Es würde zu lange dauern, bis jedes Auto an den Führenden vorbeigezogen wäre und sich am Ende des Feldes eingereiht hätte. Vereinfacht gesagt: Bis alle überrundeten Fahrzeuge wieder in Position wären, wäre die Renndistanz absolviert und das Rennen hinter dem Safety-Car zu Ende.

Runde 56: Horner befragte Masi zu den fünf überrundeten Autos zwischen dem Führenden Hamilton und dem zweitplatzierten Verstappen. Horner machte deutlich, dass er der Meinung war, dass die fünf überrundeten Autos, die im Gegensatz zu Verstappen nicht für frische Reifen gestoppt hatten, Hamilton überholen, zurückrunden und sich ans Ende des Feldes setzen sollten, um die korrekte Reihenfolge auf der Strecke zu bilden. Jonathan Wheatley, der Sportdirektor von Red Bull Racing, hatte ebenfalls ein Gespräch mit Masi, in dem er den Standpunkt von Horner untermauerte. Wheatley sagte, er habe den Rennleiter gedrängt, ihnen zu sagen, sie sollten Hamilton und das Safety-Car überholen und sich dem Rest des Feldes von hinten wieder anschließen. Wheatley fügte dann hinzu: »… Dann können wir wieder ein Rennen fahren.«

Runde 57: Michael Masi entschied, dass sich nur die fünf Autos, die sich zwischen dem Duo befanden, zurückrunden und sowohl Hamilton als auch das Safety-Car überholen durften und somit aus dem Weg wären. Auf diese Weise wurde der Kampf um den Titel zwischen Verstappen und Hamilton zu einem reinen Ein-Runden-Shootout. Allerdings hatte der Red Bull-Pilot einen frischen Reifensatz, was ein großer Vorteil war. Wolff war total erbost und blaffte über Funk zu Masi: »Michael … Michael, das ist nicht richtig. Michael, das ist einfach nicht richtig. Das ist sowas von nicht richtig!« Am Ende der 57. Runde wurde die Safety-Car-Phase beendet.

Runde 58: Nach dem Ausscheren des Safety-Cars wurde das Rennen für eine einzige verbleibende Runde fortgesetzt. Der gesamte Ausgang der Saison hatte sich auf diese eine, letzte Runde im letzten Rennen des Jahres verkürzt. Die Spannung an der Strecke war unglaublich. Horner klebte am Bildschirm in der Boxenmauer und verfolgte mit Spannung, wie Verstappen in Kurve fünf auf Hamilton auflief. Der Mercedes-Mann setzte sich zur Wehr, hatte aber keine Antwort auf Verstappens überlegenen Grip. Der Niederländer zog vorbei, und trotz eines späten Angriffs von Hamilton in Kurve neun überquerte Verstappen die Ziellinie als Erster und holte sich somit den WM-Titel. Der Jubel war überwältigend. Max brüllte in den Bordfunk, in der Box brach die Hölle los, und Horner gratulierte seinem Fahrer über Funk.

Der Jubel bei Red Bull Racing stand im krassen Gegensatz zur Wut, die in der Mercedes-Garage herrschte. Wolff empfand das Ergebnis eindeutig als ungerecht. Er war verärgert über das Eingreifen von Masi, der die fünf Autos entfernte, die als Puffer zwischen Verstappen und seinem Fahrer fungiert hätten. Die Strategie, Hamilton nicht früher an die Box zu bringen, war nach hinten losgegangen. Doch angesichts der Funksprüche zwischen Masi und dem Red Bull-Kommandostand waren Fragezeichen hinter der Entscheidung unvermeidlich.

Hätte Masi den fünf Autos wirklich erlauben sollen, sich zurückzurunden? Was war mit den anderen Autos, die überrundet wurden? Hätten für sie nicht dieselben Regeln gelten sollen, obwohl sie den beiden Konkurrenten nicht im Weg waren? Wären alle überrundeten Autos angewiesen worden, sich zurückzurunden, hätte die Zeit danach nicht mehr gereicht, um das Rennen neu zu starten, und Hamilton wäre zum Champion gekrönt worden. Wolff forderte Masi auf, das Ergebnis aus der vorherigen Runde zu werten, in dem verzweifelten Versuch, seinen Fahrer doch noch zum

Weltmeister zu machen. »Michael! Michael! Du musst eine Runde zurückgehen«, flehte Wolff. Masi antwortete: »Toto … Toto … wir fahren hier ein Rennen.« Eine interessante Wortwahl angesichts der vorangegangenen Diskussion mit Wheatley.

Während Red Bull Racing feierte, legte Mercedes mit einem Anwalt an der Seite bereits Berufung ein. Normalerweise sind Teamvertreter wie der Teammanager, der Teamchef oder der Sportdirektor bei Untersuchungen nach dem Rennen anwesend. Aber Mercedes hatte die Sache – bereits in Erwartung einer Kontroverse – mit der juristischen Vertretung auf ein neues Level gehoben. Es dauerte viereinhalb Stunden, bis das offizielle Ergebnis verkündet wurde, was die Stimmung im Red Bull-Lager erheblich dämpfte: Verstappen war der Champion, sah sich aber noch weiteren juristischen Anfechtungen seitens Mercedes ausgesetzt.

Rückblickend erinnert sich Horner an die hervorragende Arbeit von Pérez, der Hamilton zurück in den Kampf mit Verstappen gezwungen hatte. Und er enthüllt, dass sein Weltmeister mit Krämpfen unterwegs war! Er sagt: »Ich hatte vor dem Rennen davon gesprochen, dass Checo [Pérez] strategisch für ein Team fährt, so wie es Mark Webber nicht getan hat.« Ein Seitenhieb Horners darauf, dass Webber Vettel beim Brasilien-GP 2012 nicht geholfen hatte. »Checo hat es getan. Ich glaube nicht, dass jemand von uns erwartet hat, dass er Lewis so lange aufhält, wie er es getan hat. Dadurch konnte Max aufschließen, und Mercedes hatte nicht die Chance, Hamilton zum Reifenwechsel an die Box zu bringen [da Hamilton so weit vorne war, hätte er ansonsten die Zeit gehabt, dies zu tun und dennoch die Führung zu behalten] und es wäre ein Slam Dunk [Sieg für Hamilton] gewesen. Und dann war da noch der Unfall von Latifi … Ich hatte sogar zu Sky F1 gesagt: ›Wir brauchen Beistand von den Renngöttern, um das hier zu drehen.‹ Aber ich wusste nicht, dass ich eine direkte Verbindung nach oben habe! Niemand von uns hatte damit gerechnet, dass Max überholt. Ich glaube, nicht einmal Lewis hat das erwartet. Max erzählte uns hinterher, dass er einen Krampf in seinem linken Bein bekam, das Bremspedal nicht mehr spürte und dachte: ›Ich probiere es trotzdem.‹ Und das hat Lewis völlig überrascht.«

Horner erinnert sich auch an die Party, nachdem sich der Staub in Abu Dhabi gelegt hatte. »Wir hatten ein Boot, das für eine Reihe von Sponsoren gemietet worden war. Es war das erste Mal, dass das Team aufgrund der Covid-Beschränkungen einen Sieg feiern konnte. Ich konnte Leute in einem Whirlpool sehen. Max stand in der Mitte der Party und konnte nicht einmal seine Füße bewegen. Ein paar Tage später bekam ich Covid. Ich wurde niedergestreckt und verbrachte Weihnachten in der Isolation!«

Mercedes ließ seine Klage eine Woche nach dem Saisonende fallen, und Verstappen war nun offiziell Weltmeister.

KAPITEL 20

EIN ERFOLG JAGT DEN NÄCHSTEN

2022

Nach dem dramatischen Ende der vergangenen Saison war der Winter für alle bei Red Bull Racing eine dringend benötigte Auszeit, um über ihre unglaublichen Leistungen nachzudenken. Das Team hatte eine konstante Leistung abgeliefert, und beide Fahrer hatten kollaboriert, um der Dominanz von Mercedes ein Ende zu setzen. Masis Umgang mit dem letzten Rennen sorgte jedoch noch immer für Schlagzeilen und Experten-Debatten auf der ganzen Welt. Sein Entscheidungsprozess war Gegenstand einer langwierigen FIA-Untersuchung. Die letzten Runden in Abu Dhabi waren ein so kontroverses Ende der Saison gewesen, dass sie die Fans in den sozialen Medien gespalten hatten und die sportliche Integrität der Formel 1 generell infrage stellten.

Ein weit verbreiteter Irrtum lautet, dass die FIA, die als Schiedsrichter für die Rennserie fungiert, mit der Formel 1 identisch sei. Das ist sie aber nicht. Einfach ausgedrückt: Liberty Media hat einen Lizenzvertrag mit der FIA, die die Rechte an der Formel 1 besitzt. Die FIA fungiert als Dachverband der Serie und ist für die Sicherheit und Fairness der Meisterschaft verantwortlich. Infolge der Affäre von Abu Dhabi stand Masi, der inmitten des Tumults in seine australische Heimat zurückgekehrt war und Interview-Anfragen ablehnte, auf dem Prüfstand. Der Druck auf ihn war immens. Interessanterweise war ich am Abend vor dem Rennen in derselben Hotelbar gesessen wie er. Er hatte besorgt ausgesehen. Ich erinnere mich, wie ich damals dachte, dass ich den Kampf zwischen Verstappen und Hamilton nicht leiten wollen würde. Die Spekulationen darüber, ob Verstappen der Titel aberkannt werden würde, endeten mit der Entscheidung von Mercedes, die juristische Auseinandersetzung nicht fortzusetzen. Doch das kontroverse Ende einer so spannenden Saison hat das Endergebnis zweifellos getrübt.

Horner wollte das hinter sich lassen und rief dazu auf, sich auf die kommende Saison zu konzentrieren und nicht auf das Finale der vergangenen. »Dietrich fand, dass Max es verdient hatte. Er war sehr stolz auf das, was er getan und was das Team erreicht hat. Ich denke, dass es ein denkwürdiges Jahr war. Es war wahrscheinlich die am härtesten umkämpfte Saison in der Formel 1 in den letzten 30 Jahren. Es war großartig für Red Bull, Max und Honda, am Ende ganz oben zu stehen«, sagte er in einem Artikel, den ich in der *Sun* veröffentlichte. »Ja, wir hatten ein bisschen Glück mit dem Safety-Car am Ende des Rennens. Aber wir hatten die ganze Saison über viel Pech. Ich habe immer gesagt, dass sich diese Dinge im Laufe einer Saison ausgleichen. Ich glaube, Max hat in diesem Jahr mehr als 50 Prozent der Runden geführt, mehr als die anderen Fahrer zusammen. Er hatte mehr Polepositions, mehr Rennsiege, und für mich hat er den Titel absolut verdient.«

Bei der Präsentation des RB18 zeigte sich Horner besorgt, dass die Intensität des Titelkampfes 2021 einen Verzug beim Zeitplan für die Saison 2022 bedeuten könnte. Die Teileproduktion hatte sich auf die Weiterentwicklung des RB17 konzentriert, da im Titelkampf laufend Updates für Verstappen nötig waren. Für ein Team wie Ferrari, das nicht im WM-Kampf steckte und sich daher voll auf die Produktion eines schnellen Wagens für das erste Rennen der neuen Saison konzentrieren konnte, war die Situation anders. »Wir wollen auf dem aufbauen, was wir letztes Jahr erreicht haben«, sagte Horner. Zu diesem Zeitpunkt kannte er die Designs der Konkurrenz und deren Interpretation der neuen Regeln für 2022 noch nicht. Er fuhr fort: »Das Ziel ist es, den Titel zu verteidigen, und die große Unbekannte ist: Haben wir bei den Regeln etwas übersehen, und hat ein anderes Team seine Hausaufgaben besser gelöst?«

Ein umfangreiches neues Technik-Reglement verstärkte Horners Bedenken zusätzlich. Es ist zwar üblich, dass es jedes Jahr Überarbeitungen gibt, doch dieses Mal gab es einschneidende Änderungen, die sich auf essenzielle Design-Aspekte der Autos bezogen. Die neuen Regeln – oder genauer gesagt die neue »Aerodynamik-Philosophie« – wurden mit dem Ziel eingeführt, den Show-Faktor der Formel 1 zu erhöhen. Den Fahrern sollten mehr Möglichkeiten zum Überholen geboten werden. Ein herkömmliches F1-Auto nutzt den Abtrieb, den die Luft erzeugt, die über die Karosserie strömt, um das Auto an die Straße zu drücken. Durch diesen aerodynamischen Abtrieb können die Piloten schneller durch Kurven fahren. Ein Nebenprodukt des Abtriebs ist, dass die riesigen Heckflügel Luft-Turbulenzen hinter dem Auto verursachen. Die erschweren es wiederum nachfolgenden Fahrern, dem Auto vor ihnen knapp zu folgen, da die verwirbelte Luft die Performance des hinterherfahrenden Autos beeinträchtigt. Ich glaube, das kann man sich am besten vorstellen, wenn man an den Luftstrom hinter einem großen Flugzeug denkt, während es abhebt, oder an die Wellen im Meer im Kielwasser eines großen Schiffes. Die neue Philosophie für die Saison 2022 war es also, verstärkt die Unterseite des Autos zu nutzen, um jenen Abtrieb zu erzeugen, der das Auto an den Boden saugt. Der Heckflügel sollte die Luft höher nach oben ableiten und so einen Pilz über dem Auto bilden. Dank dieser neuen Konstruktion entstehen die Turbulenzen nicht mehr direkt hinter dem Auto und benachteiligen die nachfolgenden Fahrzeuge weniger stark. Die Theorie dahinter war, dass das Verfolger-Auto nun viel dichter auffahren konnte und eine bessere Chance zum Überholen hatte, da es weniger mit verwirbelter Luft zu kämpfen haben würde.

An diesem Reglement war schon seit mehreren Jahren gearbeitet worden. Wegen der finanziellen Probleme und der Einschränkungen durch die Pandemie hatte sich die Umsetzung aber verzögert. Die kleineren Teams im Feld hatten Sorge, dass sie aufgrund der wenigen Rennen und der daraus resultierenden geringeren Sponsorengelder Schwierigkeiten haben könnten, überhaupt zu überleben, von der Entwicklung einer neuen Fahrzeug-Generation ganz zu schweigen. Nun traten sie zu einem Zeitpunkt in Kraft, als die Formel 1 auch neue Regeln für die Budgets der Teams einführte. Die größeren Teams hatten bisher mehr als 300 Millionen Dollar pro Saison ausgegeben. Die Teams auf den hinteren Plätzen hatten hingegen deutlich weniger Geld zur Verfügung, was einen unfairen Nachteil darstellte. Ab der Saison 2021 galt deshalb eine Budgetgrenze, auch »Cost Cap« genannt, die für die Saison 2022 auf 140 Millionen Dollar festgelegt wurde. Jedes entworfene, produzierte und getestete Bauteil würde aus diesem Budgettopf bezahlt werden müssen, was die Teams vor einen schwierigen Balanceakt stellte.

Ein erfreulicher Neuzugang für Red Bull Racing in der Saison 2022 war das neue lukrative Titelsponsoring mit Oracle. Das amerikanische Computertechnologieunternehmen würde als Namenssponsor auftreten: Oracle Red Bull Racing. Die zusätzlichen Mittel würde es dem Team ermöglichen, die Fabrik auszubauen – vor allem den Bereich Red Bull Powertrains mit Unterstützung von Honda, um eigene Motoren zu produzieren. Die turbulente Zeit mit den Renault-Motoren und die anschließenden Schwierigkeiten, einen geeigneten Ersatz zu finden, hatten nachhaltige Auswirkungen auf das Team. Damit sich so etwas nicht wiederholte, investierte Red Bull Racing viel in eine Anlage auf dem Firmengelände in Milton Keynes, in der eigene Motoren hergestellt werden sollten. Dadurch könnte das Team Chassis und Antriebseinheit am selben Standort produzieren, was eine schnellere Entscheidungsfindung und eine bessere Synergie zwischen den beiden elementaren Komponenten eines Formel-1-Rennwagen ermöglichen würde.

Die neuen Investitionen würden auch in die Fahrergehälter fließen – einer der entscheidenden Aspekte, die von der Kostendeckelung ausgenommen sind. Verstappen stand natürlich bereits unter Vertrag. Aber nach seinem ersten Titel wurde er mit einem üppigen neuen Kontrakt belohnt, der – was für Red Bull Racing noch wichtiger war – mit einer Laufzeit bis 2028 ausgestattet ist und dem Team so Kontinuität bietet. Der Vertrag – Berichten zufolge bis zu 50 Millionen Euro pro Jahr schwer – wurde von den Medien als der höchste Fahrervertrag in der Geschichte des Sports gefeiert. Der 24-Jährige wurde in der offiziellen Pressemitteilung vom 2. März mit den Worten zitiert: »Ich schätze es sehr, Teil von Oracle Red Bull Racing zu sein. Daher war es eine leichte Entscheidung, bis zur Saison 2028 zu bleiben. Ich liebe dieses Team, und das letzte Jahr war einfach unglaublich. Unser Ziel war es, seit wir uns 2016 zusammengetan haben, die WM zu gewinnen. Das haben wir geschafft, also geht es jetzt darum, die Nummer eins langfristig auf dem Auto zu behalten.« In der gleichen Mitteilung sagte Horner, der neue langfristige Vertrag sei Beweis für das Engagement des Teams für Verstappen zu Beginn der neuen Saison: »Dass Max bis Ende 2028 bei Oracle Red Bull Racing unterschrieben hat, ist eine echte Absichtserklärung. Unser unmittelbarer Fokus liegt darauf, den Weltmeistertitel von Max zu verteidigen. Der Vertrag zeigt aber auch, dass er Teil unserer langfristigen Pläne ist. Da die Red Bull Powertrains-Abteilung auf das neue Motorenreglement für 2026 hinarbeitet, wollten wir sicherstellen, dass wir den besten Fahrer im Feld für dieses Auto haben.«

Vor dem Saisonauftakt in Bahrain veröffentlichte die FIA die mit Spannung erwarteten Ergebnisse ihrer Untersuchung des Umgangs von Masi mit dem Großen Preis von Abu Dhabi. Sie enthielten keine überraschenden Details, legten allerdings einen Führungswechsel nahe. Masi verlor seinen Job als F1-Rennleiter und wurde durch den ehemaligen DTM-Rennleiter Niels Wittich und den Rennleiter der Langstrecken-Weltmeisterschaft Eduardo Freitas ersetzt. Das Duo sollte sich zwischen den Rennen abwechseln. Niemand war überrascht, dass Masi von seiner Rolle entbunden wurde. Die Folgen des Großen Preises von Abu Dhabi 2021 waren so umstritten, dass es für ihn schwierig gewesen wäre, in diese verantwortungsvolle Position zurückzukehren. Später in der Saison wurde dann auch Freitas abgesetzt und Wittich wurde die alleinige Verantwortung übertragen. So sollte eine einheitliche Entscheidungsfindung gewährleistet werden, ohne zwei unterschiedliche Meinungen berücksichtigen zu müssen.

Beim Großen Preis von Bahrain selbst bewahrheitete sich Horners Vorahnung, dass andere Teams besser in die Saison starten würden. Charles Leclerc von Ferrari holte sich die Poleposition und verwandelte sie in einen Doppelsieg vor seinem Teamkollegen Carlos Sainz. Beide Red Bull-Fahrer mussten das Rennen aufgeben. Verstappen und Pérez lagen auf den Plätzen zwei respektive vier, als an ihren Autos ein Problem mit der Benzinpumpe auftrat. Zum ersten Mal seit dem Großen Preis von Österreich 2020 musste das Team einen Doppelausfall hinnehmen. »Es sah so aus, als würde der Motor keinen Sprit mehr bekommen, und alles ging einfach aus«, sagte Verstappen hinterher, als seine Titelverteidigung mit null Punkten den denkbar schlechtesten Start erwischte.

Ein Raketenangriff auf ein nahe gelegenes Treibstoffdepot löste beim folgenden Rennen in Saudi-Arabien Ende März Panik und anschließende Sicherheitsbedenken aus. Von der Rennstrecke aus waren in der Ferne schwarze Rauchschwaden zu sehen. Die jemenitische Huthi-Bewegung übernahm die Verantwortung für den Angriff, der sich während des ersten Trainings ereignete. Die F1-Fahrer hielten ein Krisentreffen mit der F1-Leitung und den Veranstaltern ab, die versuchten, die Sicherheit zu garantieren. Die Grand Prix Drivers' Association, also jenes Gremium, das die Fahrer vertritt, hielt eine weitere Sitzung ab, die bis tief in die Nacht dauerte, um abzuwägen, ob sie das Rennen fahren würden oder nicht. Schließlich einigten sie sich darauf, weiterzufahren. Es war ein seltener Moment der Solidarität zwischen den Fahrern und löste eine breitere Debatte über die Sicherheit aus.

Und das Rennen selbst? Im Qualifying holte sich Pérez die Poleposition, während Verstappen sich als Vierter hinter den beiden Ferraris qualifizierte. Das italienische Team sah in der Anfangsphase der Saison weiterhin stark aus. Doch Verstappen kämpfte sich nach vorne, überholte Leclerc nach mehreren Führungswechseln endgültig und holte den Sieg. Obwohl Pérez von der Pole startete, beendete er das Rennen nur auf Platz vier hinter den beiden Ferraris.

Beim Großen Preis von Australien erlitt Verstappen einen weiteren Rückschlag und musste erneut mit einem Benzinproblem aufgeben. Diesmal war es ein Leck. Zum Zeitpunkt des Ausfalls lag er auf dem zweiten Platz hinter Leclerc, der das Rennen von der Poleposition aus auch gewinnen sollte. So erbte Pérez den zweiten Platz. Verstappen zeigte sich in der Medienrunde nach dem Rennen pragmatisch und sagte: »Wir werden versuchen, den heutigen Tag zu vergessen. Es sieht nicht so aus, als gäbe es eine schnelle Lösung, also müssen wir hart arbeiten. Ich werde mit dem Team sprechen, wenn ich wieder zu Hause bin.« Red Bull Racing flog den defekten Motor daraufhin nach Japan. Dort nahm Honda ihn unter die Lupe, um herauszufinden, warum er ausgefallen war.

Das Blatt wendete sich in den folgenden Rennen für Verstappen und Red Bull Racing. Der Niederländer gewann den Großen Preis der Emilia Romagna in Imola, den Großen Preis von Miami und den Großen Preis von

Spanien. Damit übernahm er die Führung in der Fahrerwertung vor Leclerc. Dies führte zu einer interessanten Dynamik, da Leclerc und Verstappen schon als Kinder gegeneinander Rennen gefahren waren und sich gegenseitig respektierten. Mercedes war mit einem nicht konkurrenzfähigen Auto in die Saison gegangen und wurde von schwachen Leistungen geplagt – was angesichts der starken Ergebnisse in der vergangenen Saison völlig unerwartet war. So zeichnete sich ein Zweikampf mit Ferrari um den Sieg ab.

Vor dem Rennen in Miami sagte Horner: »Letztes Jahr gab es viel Spannung, sowohl neben als auch auf der Strecke. In diesem Jahr liegt der Fokus wieder mehr auf dem, was auf der Strecke passiert. Ich finde das Duell zwischen Charles und Max großartig. Die ersten vier Rennen waren episch. Es ist unvermeidlich, dass es irgendwann hochkochen wird, wenn der Zweikampf im Verlauf der Saison härter wird und der Druck in der zweiten Jahreshälfte steigt. Aber was wir bisher gesehen haben, waren sehr respektvolle Zweikämpfe – hartes, aber faires Racing.«

In Monaco siegte Pérez, während Verstappen Dritter wurde. Der Mexikaner wurde in den Tagen nach seinem Sieg, der ihn in der WM bis auf 15 Punkte an seinen Teamkollegen heranbrachte, mit einem neuen Vertrag belohnt. Pérez erwies sich als solider Partner des Niederländers und stellte Max' bisherige Teamkollegen – Sainz, Kvyat, Ricciardo, Gasly und Albon – in den Schatten. Die Medien begannen sich zu fragen, ob er gegen Verstappen um den Titel kämpfen könnte. Horner betonte, dass die beiden nicht so aufeinander losgehen würden wie Webber und Vettel, als sie um die WM-Krone kämpften. »Man kann sehen, dass es großen Respekt gibt«, sagte er vor dem Aserbaidschan-GP. »Es herrscht Freundschaft zwischen den beiden, und sie arbeiten als Team sehr gut zusammen. Ich denke, die Dynamik ist so gut wie nie zuvor.«

Die Frage, ob Pérez ein Titelanwärter sei, beantwortete Verstappen, indem er die nächsten beiden Rennen in Aserbaidschan und Kanada gewann, wobei letzteres zum Schauplatz eines außergewöhnlichen Streits zwischen Wolff und Horner wurde. Es gab Gerüchte über eine Auseinandersetzung zwischen den beiden. Aber was tatsächlich gesagt wurde, kam erst nach der Veröffentlichung der Netflix-Serie im darauffolgenden Jahr ans Licht. Die Kamerateams hatten einen speziellen Zugang zu dem normalerweise geheimen Treffen der Teamchefs erhalten. Es war klar, dass Wolff wegen der Probleme von Mercedes unzufrieden war. Er wollte, dass das Reglement geändert wird, um den Schwierigkeiten seines Teams mit dem Porpoising entgegenzuwirken – also dem aggressiven Springen des Autos in der Federung während der Fahrt. Dieses Problem entstand durch die neuen aerodynamischen Regeln, die eingeführt worden waren. Mercedes hatte scheinbar besonders große Schwierigkeiten, sein Auto so darauf zu adaptieren, dass das Problem verschwand. Eine Änderung der Regeln käme nicht nur Wolffs Team zugute, sondern würde auch den Vorteil von Red Bull Racing zunichtemachen. Deren Autos litten weniger unter dem Porpoising als die Konkurrenz. Horner reagierte sehr sachlich: »Wenn ihr ein Problem habt, dann ändert euer verdammtes Auto!« Das veranlasste einen verärgerten Wolff zu erklären, dass auch Pérez von Problemen mit seinem Auto berichtet hatte. Er fügte hinzu, Beweise »ausgedruckt« zu haben, wobei seine offene Hand das Stück Papier symbolisierte, auf das er sich bezog. Es war ein amüsantes Hickhack zwischen den beiden, und die anderen Teamchefs im Raum kicherten im Hintergrund. Beim Rennen in Montréal holte der RB18 seine dritte Poleposition der Saison. Verstappen hatte in einem verregneten Qualifying Alonso im Aston Martin geschlagen und auf Platz zwei verdrängt. Im Rennen gewann Verstappen vor Sainz, während Pérez in der neunten Runde mit einem Getriebeproblem ausschied.

Im darauffolgenden Monat führte Verstappen den Großen Preis von Großbritannien in Silverstone an, bis er ein Trümmerteil auf der Strecke erwischte. Das zwang ihn zu einem Boxenstopp, der ihn die Führung kostete. Eine spätere Inspektion ergab, dass das Karbonteil eines anderen Autos auch die Unterseite seines Wagens beschädigt hatte. Dadurch verlor er Abtrieb und büßte an Rundenzeit ein, sodass er nur als Siebter ins Ziel kam. Pérez landete auf Platz zwei. In Österreich kämpfte Verstappen mit Leclerc um den Sieg, musste sich aber mit dem zweiten Platz begnügen, während Pérez ausschied. Man kann also sagen, dass die Ergebnisse in dieser Saison größtenteils zu Verstappens Gunsten ausfielen, selbst wenn die Dinge bis zu diesem Zeitpunkt nicht immer nach seinem Willen liefen. Doch was beim nächsten Rennen in Frankreich geschah, war der Beginn einer phänomenalen Serie, die den Ausgang der WM bestimmen sollte.

Die Entscheidung von Red Bull Racing, ein Set-up mit geringem Abtrieb zu verwenden, um die Höchstgeschwindigkeit zu maximieren, ermöglichte dem Niederländer einen komfortablen Sieg. Zwar gibt es Regeln für das Gesamtdesign des Autos, doch die Teams können sich innerhalb dieser Spielräume frei bewegen. Das erlaubt ihnen, ihre Autos an die jeweiligen Strecken anzupassen. In diesem Fall entschied sich Red Bull Racing für einen kleineren Heckflügel als üblich, wodurch das Auto weniger Abtrieb und weniger Luftwiderstand hatte. Das hatte eine höhere Maximalgeschwindigkeit zur Folge. Der erste Herausforderer Ferrari hatte sich für die gegenteilige Option entschieden. Also für ein Auto mit viel Abtrieb, das es ihnen erlaubte, schneller durch die Kurven zu fahren, allerdings zogen die Autos von Red Bull Racing auf den Geraden an ihnen vorbei. Dennoch hatte Leclerc die Poleposition vor Verstappen und Pérez geholt. Allerdings war der Topspeed des RB18 deutlich höher. Die Wahl des geringen Abtriebs erwies sich als kluge taktische Entscheidung von Red Bull Racing. Verstappen wurde auch durch einen Unfall von Leclerc in Runde 17 begünstigt, der das Safety-Car auf die Strecke brachte. Beim Neustart setzte er sich vom Rest des Feldes ab und gewann komfortabel vor Hamilton, der mit zehn Sekunden Rückstand Zweiter wurde, während Pérez sich Platz vier sicherte.

Nach einem weiteren Sieg in Ungarn Ende Juli gab es keinen Zweifel, dass Verstappen und sein RB18 eine starke Kombination waren. Aber nur wenige erwarteten, dass er den GP von Belgien im August gewinnen würde. Denn bei diesem Rennen entschied sich das Team, außerplanmäßig neue Motorkomponenten in sein Auto einzubauen. Der Grund dafür waren die Ausfälle, die Verstappen zu Beginn der Saison in Bahrain und Australien gehabt hatte. Honda und Red Bull Powertrains hatten hart an der Verfeinerung und Verbesserung ihrer Konstruktionen gearbeitet, um sowohl die Leistung zu erhöhen als auch die Zuverlässigkeit zu verbessern. Doch der Einsatz einer neuen Antriebseinheit und eines neuen Getriebes beim Belgien-GP bedeutete, dass Verstappen eine saftige Strafversetzung in der Startaufstellung kassierte. Diese Regel war eingeführt worden, um die Kosten zu senken. So wurden die Teams gezwungen, zuverlässige Teile herzustellen, die wiederverwendet werden können, anstatt für jedes Rennen neue Motoren einbauen zu dürfen. Nachdem alle Strafpunkte zusammengezählt waren, würde Max das Rennen von Platz 14 aus in Angriff nehmen, obwohl er sich eigentlich für die Poleposition qualifiziert hatte. Selbst wenn die neuen Teile in seinem Auto eine Leistungssteigerung bringen würden, wäre es nahezu unmöglich, alle 13 Autos vor ihm zu überholen.

Doch er lieferte ab. Allein in der ersten Runde schaffte er es, auf den achten Platz vorzufahren. Dann überholte er seine ehemaligen Teamkollegen Albon und Ricciardo. Vettel war in der sechsten Runde der Nächste. In der siebten Runde ging er an Alonso vorbei. In der 18. Runde übernahm er die Führung, indem er Sainz überholte. Pérez zog ebenfalls an dem Ferrari-Piloten vorbei und übernahm den zweiten Platz. Verstappen überquerte die Ziellinie auf Platz eins mit fast 18 Sekunden Vorsprung auf seinen Teamkollegen. Er bescherte Red Bull Racing damit den unwahrscheinlichsten Doppelsieg aller Zeiten. Danach legte er noch Siege bei seinem Heim-GP in Holland und in Monza drauf. Das machte fünf Siege in Folge auf seinem Weg zur erfolgreichen Titelverteidigung.

Verstappens WM-Feier beim Großen Preis von Japan begann holprig. Im Vorjahr hatte er abwarten müssen, ob er seinen Titel wegen der Berufung von Mercedes behalten würde. Diesmal sorgte ein verwirrendes Gespräch mit dem TV-Interviewer und ehemaligen Rennfahrer Johnny Herbert für Unsicherheit. Der sagte zu Verstappen, dass er den Titel aufgrund einer Fünf-Sekunden-Zeitstrafe für Leclerc, die den Ferrari-Piloten auf den dritten Platz zurückwerfen würde, gewonnen habe. Verstappen fragte: »Bist du sicher?«, und schien der Nachricht nicht zu trauen – bis die FIA sie etwa vier Minuten später bestätigte. Verstappen, der etwas unbeholfen aussah, saß auf einem auffälligen roten Thron, der mit einem falschen Schafsfell drapiert war. Es war eine kitschige Art, den Erfolg zu feiern, der aber angesichts seiner spektakulären Formkurve nicht überraschend kam. Er hatte den GP von Japan mit einem satten Vorsprung von 27 Sekunden vor Pérez gewonnen – und das in einem Rennen, das wegen einer zweistündigen Regenpause auf 28 Runden begrenzt worden war. Es war eine passende Leistung, um den Titel vier Rennen vor Schluss zu holen.

»Es ist verrückt, sehr gemischte Gefühle«, sagte Verstappen in der Pressekonferenz nach dem Rennen. »Während des Rennens hatte ich keine Ahnung, wie der aktuelle Punktestand aussieht. Deshalb war das Hauptziel natürlich,

Verstappen gewinnt seinen zweiten Weltmeistertitel beim GP von Japan 2022 – der Heimat des Motorenlieferanten Honda. Das Rennen war regenbedingt nach 28 Runden abgebrochen worden, aufgrund einer Regeländerung für diese Saison bekam Verstappen aber, für ihn überraschend, die volle Punktzahl zuerkannt.

das Rennen zu gewinnen. Als ich die Ziellinie überquert hatte, dachte ich: ›OK, das war wieder ein tolles Rennen mit guten Punkten, aber noch bin ich nicht Weltmeister.‹ Als ich danach mein Interview gab, fingen meine Mechaniker an zu jubeln und ich fragte mich: ›Was ist hier los?‹ Dann stellte ich fest, dass Pérez Zweiter war und nicht Charles – aber ich wusste immer noch nicht, ob es volle Punkte, halbe Punkte oder was auch immer gab. Aber dann kam die FIA zu mir und sagte mir, dass ich Weltmeister sei.«

Die Verwirrung rührte von einer Regeländerung her, die eine Reduzierung der Punkte für Rennen vorsieht, die nicht über die volle Distanz gehen. Da das Rennen in Suzuka verkürzt worden war, ging man davon aus, dass Verstappen für seinen Sieg nur 19 Punkte erhalten würde und nicht die vollen 25. Pérez würde für seinen zweiten Platz 14 und Leclerc zwölf Punkte bekommen. Artikel 6.5 besagt: »Wenn ein Rennen unterbrochen wird und nicht wieder aufgenommen werden kann, werden diese Punkte für beide Titel vergeben.« Da das Rennen jedoch nach dem Regen wieder aufgenommen worden war, galt die Regel der reduzierten Punktzahl nicht, und Verstappen war Champion. Horner gab zu, dass sie verwirrt waren, als Wheatley im Regelbuch blätterte: »Wir dachten, dass uns ein Punkt fehlen würde, also war der Titelgewinn jenseits unserer kühnsten Träume. Max war vom ersten Rennen der Saison an dominant. Das gesamte Team hat sich ebenfalls auf ein neues Level gehoben.«

Eine Woche später wurde Red Bull Racing durch einen Telefonanruf auf den Boden der Tatsachen zurückgeholt. Es ging darum, dass das Team die Budgetgrenze der Formel 1 überschritten hatte. Sie beteuerten zwar ihre Unschuld, aber die FIA befand, sie hätten 1,8 Millionen Pfund (etwa 2 Millionen Euro) zu viel ausgegeben. 1,4 Millionen Pfund davon waren auf eine überhöhte Steuerzahlung zurückzuführen. Das bedeutet, dass das Team das Limit um lediglich 432.652 Pfund überschritten hatte. Horner war verständlicherweise verärgert. Es gab eine Geldstrafe von 7 Millionen Dollar und eine zehnprozentige Kürzung der aerodynamischen Entwicklung für die nächsten zwölf Monate. Das schränkte die Evolution des RB19 ein. Horner nahm die Nachricht misslaunig auf: »Wir haben eine empfindliche Strafe erhalten, sowohl in finanzieller als auch in sportlicher Hinsicht – 7 Millionen Dollar sind eine enorme Summe. Und die drakonische sportliche Strafe ist eine zehnprozentige Einschränkung unserer Möglichkeiten, unsere Windkanal- und Aerodynamik-Werkzeuge zu nutzen. Ich habe Leute sagen hören, das sei ein unbedeutender Betrag, aber es ist eine enorme Summe. Doch für einige wird es nie genug sein, selbst wenn man unseren Windkanal abbrennen würde!«

Erwähnenswert ist auch, dass die FIA erklärte: »Es gibt keine Beweise dafür, dass Red Bull versucht hat, in böser Absicht, unehrlich oder betrügerisch zu handeln, noch hat das Team vorsätzlich Informationen verschwiegen.«

Horner fügte hinzu: »Wir wollen uns nicht rausreden und nehmen es auf unsere Kappe. Wir müssen unsere Lehren daraus ziehen und akzeptieren, dass auf unserer Seite Fehler gemacht wurden. Aber es war keine Absicht, nichts Unredliches und schon gar kein Betrug, wie es von einigen Quellen behauptet wurde. Wir haben durch die Anschuldigungen anderer Teams in der Öffentlichkeit viel einstecken müssen. Unsere Fahrer wurden ausgebuht, aber es ist jetzt an der Zeit, das Thema zu beenden und weiterzumachen.«

Eine weitere Hiobsbotschaft erreichte das Team am Vorabend des Großen Preises der USA in Austin: Es wurde mit der erschütternden Nachricht konfrontiert, dass Dietrich Mateschitz im Alter von 78 Jahren gestorben war. Spekulationen über seinen Gesundheitszustand hatte es bereits gegeben, und dann wurde die Nachricht am Samstag im Fahrerlager bekannt. »Es ist sehr, sehr traurig; was für ein großartiger Mann«, sagte Horner. »Was er erreicht hat und was er für so viele Menschen auf der ganzen Welt in verschiedenen Sportarten getan hat, ist unübertroffen. So viele von uns haben ihm so viel zu verdanken. Die Möglichkeiten, die er bot, die Vision, die er hatte, die Charakterstärke und die Tatsache, dass man nie Angst davor haben muss, seine Träume zu verfolgen. Genau das hat er hier in der Formel 1 getan und bewiesen, dass man etwas bewirken kann.« Horner bestätigte, dass Mateschitz miterleben durfte, wie Verstappen zwei Wochen zuvor, nach seinem Sieg in Japan, seinen zweiten Weltmeistertitel gewann. Das Team war unglaublich niedergeschlagen und trug als Zeichen des Respekts gegenüber Mateschitz Jeans – er trug immer Jeans und war kein Freund von Anzughosen.

Vor dem Großen Preis von Abu Dhabi, den er gewinnen sollte, sprach ich mit Verstappen über seine rekordverdächtige Saison. Er war in kämpferischer Stimmung. Er war in den sozialen Medien und von einigen TV-Reportern, die das kontroverse Ende der Saison 2021 nur schwer verkraften konnten, hart kritisiert worden. Das hatte ihn sichtlich genervt, und er ließ seinem Ärger in einem Artikel in der *Sun* freien Lauf. »Ich habe das Gefühl, dass die Leute mit dem, was ich erreiche, nicht zurechtkommen«, sagte er. »Letztes Jahr hieß es, der Titel sei ›manipuliert‹. Er sei ›gestohlen‹. Betrachtet man jetzt die ganze Saison – die ja keine Ein-Rennen-Meisterschaft war – denke ich, dass ich ziemlich gut war. Dieses Jahr war es [laut seinen Kritikern] wegen des Autos. Und dann kam die Geschichte über die Budgetobergrenze. Das wird mein Leben nicht verändern, aber es ist schade, weil ich zum Rennfahren hier bin. Ich bin ein echter Racer. Ich bin nicht für den Quatsch hier.« Er fuhr fort: »Wenn ich sagen würde: ›Es ist mir egal, ob man mich mag oder nicht‹, würden die Leute sagen: ›Was für ein arrogantes Arschloch.‹ Als ich aufwuchs, ging es im Rennsport nicht darum, gemocht zu werden. Es ging ums Gewinnen. Das ist das Einzige, was mich wirklich interessiert. Wenn ich ehrlich und geradeheraus bin und sage, was ich denke, führt das dazu, dass man mich nicht mag. Aber ich finde es besser, sich nicht zu verstellen, als zwei Gesichter zu haben: Nett zu den Medien oder den Fans zu sein, aber im Hintergrund dann ganz anders. Der Max, den du hier siehst, ist derselbe wie zu Hause. Wenn ich mit meinen Freunden und meiner Familie zum Bowling gehe, verliere ich nicht gern – ich gebe zu, dass ich schlecht darin bin. Ich bin ehrgeizig.«

Falls es im Fahrerlager noch jemanden gab, den das Memo über Verstappens Ehrgeiz nicht erreicht hatte, so sollte die nächste Saison diese Botschaft noch unterstreichen.

KAPITEL 21

TOTALE DOMINANZ

2023

Obwohl ich jedes Rennen miterlebt und darüber berichtet habe, fällt es mir erstaunlich schwer, das Ausmaß des Erfolges von Red Bull Racing in der Saison 2023 in Worte zu fassen. Verstappen gewann in Katar seinen dritten WM-Titel, diesmal bei einem Sprintrennen – dem kurzen 30-Minuten-Rennen am Samstag des Rennwochenendes, das dem eigentlichen Grand Prix am nächsten Tag vorausgeht. Die Formel 1 hatte diese Sprintrennen für das Jahr 2023 auf sechs Rennstrecken ausgeweitet, um den Fans mehr Action zu bieten und den Fahrern, die unter den ersten acht landeten, zusätzliche Punkte zukommen zu lassen. Mit dem Titelgewinn am Samstag hatte Verstappen dies bereits sechs Rennen vor Saisonende geschafft, während das Team bereits beim vorangegangenen Rennen in Japan seinen insgesamt sechsten Konstrukteurstitel errungen hatte.

Natürlich gab es in der Formel 1 auch schon früher dominante Phasen: McLaren im Jahr 1988, als sie 15 der 16 Rennen der Saison gewannen. Oder Mercedes im Jahr 2016, als sie 19 von 21 möglichen Siegen holten. Aber was der RB19 erreicht hat, ist etwas ganz anderes. Während ich dieses letzte Kapitel schreibe – drei Tage nach der Rückkehr vom Saisonfinale in Abu Dhabi – finde ich die Statistiken verblüffend. Ich muss zugeben, dass ich sie oft übersehen habe, während ich das Arbeitspensum der Berichterstattung über den Sport von Woche zu Woche runtergespult habe.

Der RB19 fuhr in diesem Jahr insgesamt 860 Punkte ein und übertraf damit den bisherigen Rekord von 765 Punkten, den Mercedes 2016 aufgestellt hatte. Er erzielte 21 von 22 Siegen und gewann fünf von sechs

Sprintrennen – die höchste Siegquote in einer Saison. Red Bull Racing war auch das erste Team, das mehr als 20 Rennen in einer Saison gewann und einen neuen Rekord von 15 Siegen in Folge aufstellte – eine Serie, die sich von Abu Dhabi 2022 bis zum Italien-GP 2023 erstreckte. Vor allem war es eine lange Saison mit 22 Rennen, nicht wie in den 1980er- oder 1990er-Jahren, als es nur 16 Rennen gab. Es wären 23 gewesen, wenn nicht der Grand Prix der Emilia Romagna wegen Überschwemmungen in der Region abgesagt worden wäre. (Das Team war sogar schon nach Italien gereist.) Bei diesen 22 Rennen gab es ein Triple-Header auf zwei Kontinenten – also drei aufeinanderfolgende Rennen an aufeinanderfolgenden Wochenenden in Austin, Texas, Mexiko-Stadt und São Paulo in Brasilien (eine F1-Premiere). Nach dem langen Rückflug von São Paulo in Brasilien nach Europa und nur wenigen freien Tagen endete die Saison mit zwei weiteren Rennen am Stück. Das bedeutete erst einen elfstündigen Flug nach Las Vegas und anschließend eine mehr als 17-stündige Reise und einen zwölfstündigen Zeitzonenwechsel für den Großen Preis von Abu Dhabi. Während der letzten fünf Rennen, die nur sechs Wochen auseinanderlagen, wurden insgesamt unglaubliche 54 000 Kilometer zurückgelegt. Die Saison 2023 war ein Test der menschlichen Ausdauer, wie ihn der Sport noch nicht erlebt hatte. Erst wenn man sich den anhaltenden Erfolg des Teams vor Augen führt, das Woche für Woche ohne Fehler auf höchstem Niveau agierte, und gleichzeitig den strengen Zeitplan einhielt, kann man diese Leistung wirklich würdigen.

Im Winter verkündete das Team eine »langfristige, strategische technische Partnerschaft« mit Ford über die Zusammenarbeit mit Red Bull Powertrains. Das war ein Meilenstein. Das Motorendilemma, das das Team seit der Trennung von Renault geplagt hatte, war nun endlich gelöst. Der US-amerikanische Automobilriese würde mit dem Team in der Vorbereitung auf die neuen Motorenregeln zusammenarbeiten, die ab 2026 gelten sollen. Sowohl die Autos von Red Bull Racing als auch jene von AlphaTauri (oder Visa CashApp RB, wie das Team nun heißt) werden dann von Ford-Aggregaten angetrieben werden. In Vorbereitung darauf würden die Ford-Mitarbeiter mit Red Bull Racing zusammenarbeiten, um die Triebwerke zu entwickeln und zu produzieren. Sie würden über mehr elektrische Leistung verfügen als die aktuelle Antriebsgeneration und zu 100 Prozent mit nachhaltigem Kraftstoff betrieben werden. Es war Ironie des Schicksals, dass die Wahl des Partners just auf Ford fiel – also jenes Unternehmen, von dem Red Bull das Team im Jahr 2004 gekauft hatte. Zu diesem Zeitpunkt hatte Red Bull keine andere Wahl, als einen neuen Motorenlieferanten zu finden. Trotz des Erfolges mit Red Bull Racing hatte Honda nämlich an seinen Plänen festgehalten, sich aus der Formel 1 zurückzuziehen, da der Sport nicht zu den Kernzielen des Unternehmens passte. Mitte 2023 folgte jedoch eine überraschende Wende. Honda vollzog eine 180-Grad-Drehung, revidierte seine Entscheidung, sich aus der Formel 1 zurückzuziehen, und kündigte an, ab 2026 mit Aston Martin zusammenzuarbeiten.

Die Saison 2023 begann in Bahrain, und im Fahrerlager war man sich einig: Red Bull Racing würde die Konstrukteurs-WM gewinnen und Verstappen seinen Fahrertitel verteidigen. Die Tests vor der Saison waren für das Team gut verlaufen, und der Niederländer hatte sich zu einem beeindruckenden Fahrer entwickelt. Rasch hatte sich auch gezeigt, dass Mercedes nicht schnell genug war, sodass Aston Martin und Ferrari die einzige echte Bedrohung darstellten. Die Medien verbreiteten die These, dass Red Bull nicht nur Favorit sei, sondern auch das Potenzial habe, jedes einzelne Rennen zu gewinnen.

Horner wies verständlicherweise Spekulationen zurück, dass sein Team wieder beide Titel holen würde. »Wir haben 23 Rennen vor und nur einen Test hinter uns«, sagte er vor dem Großen Preis von Bahrain. »Wir wissen nicht, was die anderen Teams mit den Motoren gemacht haben oder wie viel Sprit sie an Bord hatten. Es ist unmöglich, das zu sagen. Wir können uns nur auf uns selbst konzentrieren. Wir hatten einen guten Test vor der Saison und haben unsere Ziele erreicht. Nach dem Gewinn beider WM-Titel im vergangenen Jahr ist die Motivation sehr hoch.«

Verstappen holte sich die Poleposition und gewann in Bahrain vor Pérez, der Zweiter wurde. Der Sieg des Niederländers war komfortabel: Er überquerte die Ziellinie fast 40 Sekunden vor Alonso auf Platz drei. Es war ein überwältigender Sieg, der den Ton für den Rest der Saison angab. George Russell, der in seinem Mercedes den siebten Platz belegte, war sauer und erklärte in der Medienrunde nach dem Rennen: »Red Bull hat die Meisterschaft im Sack. Ich glaube nicht, dass ihnen irgendjemand dieses Jahr Paroli bieten kann. Sie sollten jedes einzelne Rennen gewinnen. Das ist meine Wette.« Es war erstaunlich, in so einer langen Saison eine solch klare Vorhersage nach nur einem Rennen zu hören. Im darauffolgenden Rennen hatte Verstappen ein Problem mit der Antriebswelle, wodurch er sich nur als 15. qualifizierte. Er kämpfte sich zurück und wurde Zweiter hinter Pérez. Aber das beendete immerhin die Diskussion darüber, ob der Weltmeister jedes Rennen gewinnen würde.

Dann gewann Verstappen in Australien, Pérez in Aserbaidschan. Das heizte neue Spekulationen über einen Zweikampf um die Fahrer-WM an. Könnte der Mexikaner ein echter Herausforderer für den Titel sein? Zu diesem Zeitpunkt wussten wir es noch nicht, aber die Niederlage von Verstappen in Baku erwies sich als Wendepunkt in der Saison. Als er sechs Monate nach dem Titelgewinn in Katar über diese Zeit nachdachte, verriet er, dass er das Rennen in Aserbaidschan als Mini-Test genutzt hatte. Vom Cockpit aus hatte er Änderungen an seinem Auto vorgenommen, die ihm seiner Meinung nach ein besseres Verständnis dafür vermittelten, wie der Wagen reagierte. Er sagte: »Natürlich habe ich das Rennen in Baku nicht gewonnen, aber ich habe verschiedene Dinge und Werkzeuge im Auto ausprobiert. Deshalb war ich während des gesamten Rennens etwas inkonstant. Aber irgendwann kam ich mit dem, was ich gefunden hatte, in einen guten Rhythmus, bevor ich meine Reifen etwas zu stark beanspruchte. Aber ich dachte mir: ›OK, das ist für die nächsten Rennen ganz interessant‹, und es hat mir seitdem auf jeder Strecke geholfen.«

Verstappen gewann erneut in Miami und in Monaco, wo er im Nassen brillierte. Nach dem Rennen in Monte Carlo fragte ich Horner in der Nachbesprechung nach dem Rennen, ob sein Team in dieser Saison noch 16 Rennen lang ungeschlagen bleiben könne. »Sie wollen mich wohl dazu bringen, einen Arsene Wenger zu machen«, antwortete er in Anspielung auf den ehemaligen Arsenal-Trainer. Der hatte sein Team ohne eine einzige Niederlage durch die Premier-League-Saison 2003/04 geführt. Er fügte hinzu: »Es gibt so viele Risiken – man hat es hier beim Wetter gesehen. Es gibt so viele Faktoren, die schief gehen können, und die Konkurrenz ist so stark, dass alles passieren kann.« Wir wussten es damals nicht, aber die Siege in

Miami und Monaco waren nur der Anfang einer ganz besonderen Serie für Verstappen, in der er zehn Siege in Folge einfahren konnte.

Mitten in diesem außergewöhnlichen Lauf, nach seinem Erfolg in Montréal, wo er mit 9,5 Sekunden Vorsprung auf Alonso gewann, traf ich mich mit Horner im Hauptquartier des Teams in Milton Keynes. Verstappens Sieg hatte ihm nicht nur 69 Punkte Vorsprung auf Pérez in der Fahrerwertung verschafft, sondern auch den 100. Sieg von Red Bull Racing in der Formel 1 gesichert. Horner saß in seinem Büro, und bevor wir mit dem Interview für meine Kolumne in der *Sun* begannen, wurde seine Aufmerksamkeit von jemandem hinter mir geweckt. Es stellte sich heraus, dass sein Buchhaltungsteam von der FIA überprüft wurde, und die Inspektion just in diesem Moment stattfand. Im Vorjahr war Red Bull Racing für die Überschreitung des Budgets mit einer Geldstrafe und einer Reduktion der Testzeit im Windkanal bestraft worden, also musste die Buchhaltung in diesem Jahr unbedingt stimmen. Als wir mit dem Interview beginnen, komme ich auf seine Bemerkung zurück, dass 100 Siege »nicht schlecht für eine Tochtergesellschaft eines Getränkeherstellers« seien. Er antwortet: »Ich glaube, wir werden immer noch als Newcomer gesehen, weil wir nicht das gleiche Erbe haben wie Ferrari und Mercedes und so weiter. Wir sind einfach anders. Mit den 100 Siegen und dem, was wir erreicht haben, sehen uns die Leute in einem anderen Licht. Aber für einige dieser Hersteller ist es wahrscheinlich immer noch unangenehm. Wenn man so schöne Autos baut wie Ferrari, wie kann dann ein Hersteller von Energydrinks ein besseres Auto bauen? Es ist ein Kampf David gegen Goliath. Sagt uns nie, dass etwas unmöglich ist, denn alles ist möglich.«

Wir sprechen über seine Anwesenheit bei allen Siegen, da er kein einziges Rennen verpasst hat. Er weist im Gegenzug darauf hin, dass auch ich bei den meisten Rennen dabei war. »Es macht mir genauso viel Spaß wie am ersten Tag«, sagt er. »Der Reiz, Rennen zu fahren, die Leidenschaft und der Kampfgeist sind noch immer derselbe. 100 Siege erreicht zu haben ist ein Meilenstein, den ich mir nie hätte vorstellen können, als ich an jenem ersten Tag im Januar 2005 hier in die Fabrik fuhr. Die Formel 1 war immer mein Ziel und meine Motivation. Und als ich dort ankam, war ich fest entschlossen, erfolgreich zu sein. Es ging darum, an meinen Grundprinzipien festzuhalten, die mir in der Formel 3000 gute Dienste geleistet hatten. Es ging darum, die richtigen Leute zu rekrutieren, an etwas zu glauben und Risiken einzugehen, dabei aber nie das Ziel aus den Augen zu verlieren. Ich vergleiche das mit [dem erfolgreichen Fußballmanager] Sir Alex Ferguson bei Manchester United. Man kann es sich nicht leisten, zu stagnieren. Man muss Kontinuität und Fortschritt haben. Die Rollen der Menschen haben sich weiterentwickelt, auch meine. Sobald man stehen bleibt, macht man Rückschritte. Das Team befindet sich in einer guten Phase. Wir sind eine Organisation, die nach vorne blickt und selten zurück. Wir müssen weiter am Ball bleiben. Das Einzige, was im Sport garantiert ist, ist, dass alles in Zyklen verläuft. Wir befinden uns derzeit ganz oben, aber wir wissen, dass auch dieser Zyklus irgendwann zu Ende sein wird. Der Trick ist, diesen Zykluswechsel so lange wie möglich hinauszuzögern.«

Verstappen gewann in Österreich, Silverstone, Ungarn, Belgien, den Niederlanden und Italien und holte damit zehn Siege in Folge. Damit übertraf er Vettels Bestmarke um einen Sieg. Zum Vergleich: Michael Schumachers längste Siegesserie lag bei sieben, während Hamilton bisher fünf Siege en suite verbuchen konnte. Verstappens Erfolge waren entscheidend, den neuen Trophäenschrank des Teams in seinem Hauptquartier schnell zu füllen. »Wir haben einen neuen Schrank bestellt und ihn bereits gefüllt. Ich bin abergläubisch. Ich mag keine leeren Schränke«, sagte Horner in Monza. »Wir schreiben Geschichte, und es kommt nicht oft vor, dass man die Chance dazu bekommt. Wir hatten sieben harte Jahre, in denen wir unser Ziel nie aus den Augen verloren haben. Jetzt wieder in der Position zu sein, Rennen gewinnen zu können, ist etwas ganz Besonderes für das ganze Team.«

Verstappens Siegesserie fand in Singapur durch den Triumph von Carlos Sainz im Ferrari ein jähes Ende. Das Team hatte ein denkbar ungünstiges Wochenende erwischt. Es war ein Rennen, das das Team letztlich daran hinderte, eine 100-prozentige Siegquote zu erreichen. Der Große Preis von Singapur begann schon schlecht, denn sowohl Verstappen als auch Pérez qualifizierten sich außerhalb der Top Ten. Es war das erste Mal seit fünf Jahren, dass es keinem der beiden Teamfahrzeuge gelungen war, sich für Q3, das Top-Ten-Shootout um die Poleposition, zu qualifizieren. Im Rennen selbst kam Verstappen als Fünfter und Pérez als Achter ins Ziel, aber noch unerwarteter als die Niederlage war vielleicht die Demut, mit der das Team sie hinnahm. »Um jedes Rennen in einer Saison zu gewinnen, muss alles perfekt sein. Ich wusste, dass dieser Tag kommen würde, und es ist absolut in Ordnung«, sagte Verstappen anschließend. »Von außen sieht man, wie dominant wir sein können, aber man realisiert nicht, wie schwierig das wirklich ist. Wir müssen jedes Mal eine ganze Menge Dinge richtig machen.« Horner schloss sich Verstappens Worten an und fügte hinzu: »Wir wussten, dass diese Serie irgendwann zu Ende sein würde, und wir behalten die gute Arbeit des Teams in Erinnerung. Glückwunsch an Ferrari. Carlos ist ein großartiges Rennen gefahren und hat es geschafft, den Sieg zu holen.«

Im darauffolgenden Rennen in Japan sicherte Verstappen mit seinem Sieg vor Norris im McLaren seinem Team den Konstrukteurstitel. Beim Sprintrennen am Samstag in Katar verteidigte er seinen eigenen Weltmeistertitel. Er gewann das 30-minütige Rennen zwar nicht – er wurde Zweiter hinter dem McLaren-Piloten Oscar Piastri –, aber die sieben Punkte reichten aus, um ihn zum dritten Mal zum Weltmeister zu krönen – und das bei noch sechs ausstehenden Rennen. Als er die Ziellinie überquerte, wurde er von Horner beglückwünscht: »Max, du bist dreimaliger Weltmeister. Das ist unglaublich … unglaubliches Jahr für dich.« Verstappen antwortete: »Ja, unglaublich Leute! Ich weiß gar nicht, was ich sagen soll. Danke, dass ihr mir so ein Auto zur Verfügung gestellt habt. Es hat dieses Jahr sehr viel Spaß gemacht. Ich kann euch allen nicht genug danken, dass ich so etwas erreichen konnte. Abgesehen von all den Leistungsdingen macht es einfach Spaß, mit euch allen zu arbeiten! Das ist am Ende das Wichtigste.«

Der Titel, der sich nach seinem beeindruckenden Sieg schon lange abgezeichnet hatte, schien ohnehin nur eine Frage der Zeit. Doch nun war es offiziell, und Verstappen wollte mit ein paar Drinks feiern. Auf die Frage nach seinen Gefühlen als dreifacher Weltmeister nach dem Sprintrennen antwortete Verstappen: »[Es ist] natürlich etwas, wovon ich nie wirklich zu träumen gewagt habe. Ein sehr stolzer Moment für mich und meine Familie. Das alles gemeinsam mit allen im Team erleben zu können, ist unglaublich. Diese [Meisterschaft] ist die beste. Die erste war die emotionalste, denn da werden die Träume in der Formel 1 wahr. Dieses Jahr war mein bestes: Siege in Serie und so weiter. Das Auto selbst war in Top-Verfassung. Auf dieses Jahr bin ich wahrscheinlich am stolzesten, weil wir so konstant waren.

Ich versuche, mich ständig zu verbessern. Natürlich glaube ich nicht unbedingt, dass ich ein schnellerer Fahrer geworden bin, aber je mehr Erfahrung man im Auto hat, desto mehr wächst man als Fahrer und als Mensch im Leben. All diese Dinge helfen dir sehr dabei, mit Drucksituationen während eines Wochenendes umzugehen oder auch ganz generell in schwierigen Situationen.«

Es war bemerkenswert, wie entspannt Verstappen mit seiner Leistung umging. Er war gerade 26 Jahre alt geworden und war nun dreimaliger Weltmeister, genau wie die F1-Größen Ayrton Senna, Sir Jackie Stewart, Jack Brabham, Niki Lauda und Nelson Piquet, der Vater von Verstappens Langzeitpartnerin Kelly Piquet. Er hat das alles mit großer Reife angenommen. Er blieb unermüdlich fokussiert und hatte immer noch vor, die verbleibenden sechs Rennen zu gewinnen. »Natürlich will ich so oft wie möglich gewinnen«, sagte er. »Ich weiß nicht, wie lange das hier noch dauern wird. Ich genieße den Moment. Wir werden sehen, wo wir am Ende stehen, aber es ist viel mehr, als ich dachte, dass ich erreichen kann, also ist es perfekt.«

Verstappens Vater Jos strahlte sichtlich vor Stolz, als er am Samstagabend nach dem Titelgewinn seines Sohnes mit einigen Journalisten im Fahrerlager sprach. Er wurde gefragt, ob ein dritter Weltmeistertitel all die harte Arbeit entschädige, die sein Sohn als Kind geleistet habe. »Natürlich«, antwortete er. »Darüber habe ich viel mit ihm gesprochen. Aber es geht nicht nur darum, eine Weltmeisterschaft zu gewinnen. In den letzten Jahren des Kart-Sports hatte er etwas, das ich als etwas Besonderes bezeichnen würde. Man kann es auch jetzt noch sehen, es ist unglaublich. Für mich ist er derselbe Max wie vor drei oder vier Jahren. Der einzige Unterschied ist, dass er jetzt ein fantastisches Auto hat. Er kennt die Leute, mit denen er arbeitet, und ich denke, das lässt es einfach aussehen. Aber man muss trotzdem jedes Wochenende voll dabei sein. Eine Weltmeisterschaft zu gewinnen, ist etwas ganz Besonderes, aber drei in Folge zu gewinnen, ist noch viel spezieller.«

Trotz des Jubels für den amtierenden Champion sah es im Red Bull-Lager nicht nur rosig aus. Während Verstappen auf einer Erfolgswelle ritt, haderte Pérez mit seiner Form. Seit seinen beiden Siegen zu Beginn der Saison waren seine Leistungen eingebrochen. Er verunfallte in Japan und Mexiko, und während Verstappen die letzten sieben Rennen gewann, stand

2023: Wie schon direkt nach dem Tod von Dietrich Mateschitz vor dem Austin-GP im Oktober 2022 trägt das gesamte Team von Red Bull Racing ein Jahr später in Texas wieder geschlossen Jeans. Der verstorbene Red Bull-Gründer war immer in Jeans zu sehen gewesen.

Pérez nur einmal auf dem Podium – bei seinem dritten Platz in Las Vegas. Nach dem Rennen in Katar, bei dem er nur Zehnter wurde, gab Horner zu, dass sich das Team »mit Checo zusammensetzen muss, weil er im Moment wirklich nicht in Form ist«. In den Medien wurde die Frage aufgeworfen, ob er im Team bleiben würde können. Auch Marko hatte sich kritisch über seinen Fahrer geäußert. »Wir brauchen ihn dringend in seiner alten Form, um den zweiten Platz in der WM zu halten«, fügte Horner hinzu. »Wir alle wissen, wozu Checo fähig ist, und wir wollen ihn dabei unterstützen, wieder in die Position zu kommen, in der er war. Das Ziel ist, Vizeweltmeister hinter Max zu werden.« Die Checo-Frage blieb bis zum Ende der Saison offen.

Weltmeister Verstappen gewinnt den Großen Preis von Abu Dhabi 2023. Das war sein 19. Sieg in dieser Saison, in der er 575 Punkte sammelte, die meisten Siege in der Formel 1 in Folge (10) und die meisten Podiumsplätze in einer Saison (21) erreichte. Er war außerdem der einzige Fahrer, der in der Saison 2023 jedes Rennen beendete.

Das letzte Rennen des Jahres in Abu Dhabi bot einen weiteren Anlass, auf die Leistungen des Teams im Laufe der Saison zurückzublicken. In einer Pressekonferenz vor dem letzten Rennen wurde Horner von einem Journalisten gefragt, ob Verstappen ein neues Leistungsniveau gefunden habe. Er gab eine vielsagende Antwort: »Max war dieses Jahr einfach unglaublich. Ich glaube nicht, dass irgendjemand von uns nach 2022 gedacht hätte, dass wir das noch übertreffen könnten. Er hat alle Rekorde gebrochen, und ich finde, dass er sich als Fahrer ständig weiterentwickelt hat. Seine Fähigkeiten im Auto werden immer besser, er kann Rennen lesen, auf die Reifen achten, die entscheidenden Momente erkennen und am Punkt abliefern. Und das hat er immer und immer wieder getan.«

Zusätzlich lobte Horner Verstappens Biss. Nach dem Titelgewinn in Katar hätte er den Fuß vom Gas nehmen können. Die harte Arbeit war getan, und er musste keine Höchstleistungen mehr abliefern. Doch genau das tat er. Er fuhr weiter auf Siege und drehte die schnellsten Runden. Während des Großen Preises von Abu Dhabi gab es einen Moment, in dem er sich in der Boxengasse an Hamilton und Russell vorbeiquetschte. Das tat er nicht, um anzugeben oder zu provozieren, er wollte einfach nur schneller auf die Strecke und mehr Zeit haben, um sein Auto zu verstehen und zu verbessern. So verhalten sich echte Weltmeister.

»Er ist keine Sekunde vom Gas gegangen. Das kann man an der Art und Weise sehen, wie er mit dem Team arbeitet, seit er den Titel in Katar gewonnen hat«, sagte Horner und lobte seinen Fahrer weiter. »Er gibt bis zur Zielflagge in Abu Dhabi Vollgas. Mit den Rekorden, die er jetzt erreicht hat – er ist der Fahrer mit den drittmeisten Siegen in der Formel 1, dreimaliger Weltmeister, hat die meisten Siege in einer Saison und allem, was er sonst erreicht hat, muss man anfangen, über ihn als einen der größten Namen in diesem Sport zu sprechen. Er hat sich seinen Platz dort verdient. Und das Phänomenale ist, dass er das mit 26 Jahren geschafft hat. Er hat noch eine Menge Rennen vor sich.«

Verstappen beendete seine phänomenale Saison mit einem weiteren Sieg in Abu Dhabi. Es war sein 19. in dieser Saison. Er war der erste Fahrer in der Geschichte der Formel 1, der über 1000 Runden führte. Er sammelte insgesamt 575 Punkte – das sind 92,7 Prozent der Punkte, die er in den 22

Rennen hätte holen können. Er gewann über 86 Prozent der Rennen. Er erzielte die meisten Siege in der Formel 1 in Folge (10), die meisten Podiumsplätze in einer Saison (21), die meisten Siege von der Poleposition in einer Saison (12) und die meisten Hattricks (6) – also Poleposition, Sieg und schnellste Rennrunde. Er war auch der einzige Fahrer, der in der Saison 2023 jedes einzelne Rennen beendete.

In der abschließenden Presserunde bedauerte Horner gewissermaßen den verpassten Sieg in Singapur, der eine hundertprozentige Siegesquote verhindert hatte. »Dieses Auto wird als ein ganz, ganz besonderes Auto in die Geschichtsbücher eingehen«, sagte Horner über den RB19. »21 von 22 Rennen gewonnen zu haben und nur in Singapur knapp verloren zu haben, lässt Raum für Verbesserungen«, sagte er augenzwinkernd. »Wir kennen unsere Gegner; das wird sie mehr denn je motiviert haben, uns schlagen zu wollen. Dieser Sport steht niemals still. Alles bewegt sich so schnell. Man konnte sehen, dass uns die Konkurrenz immer näher kam, als wir das Auto nicht weiterentwickelt haben. Wir werden hoffentlich Lehren daraus ziehen und sie in unserem 20. Auto, dem RB20, im nächsten Jahr umsetzen und versuchen, diese beiden Titel zu verteidigen: die Fahrer- und die Konstrukteursweltmeisterschaft.«

In diesem Sinne ist es vielleicht angebracht, mit einem der seltenen Zitate von Mateschitz zu enden, da Red Bull Racing nun in sein 20. Jahr geht. Es stammt aus einem Artikel, der 2004 im deutschen Magazin *Stern* veröffentlicht wurde und mir von einem engen Freund von Mateschitz, Stefan Aufschnaiter, zugeschickt wurde. Er sagt, es sei das erste Interview gewesen, das der Red Bull-Gründer gegeben habe. In dem Artikel steht, dass Mateschitz verneint jemals gesagt zu haben, er wolle mit seinem Getränk so groß werden wie Coca-Cola. Ihn interessiere nicht, was bisher geschehen sei, sondern das, was auf dem Weg vor ihm liege. »Coca-Cola hat 100 Jahre Geschichte«, wird er zitiert. »Wir haben 100 Jahre Zukunft.«

DANKE

An meine Frau Hayley: danke für deine Liebe und Unterstützung – du warst während meiner gesamten Laufbahn stets eine positive Stütze.

Meinen Kindern Teddy und Rose. Rund um die Welt zu reisen und über die Formel 1 zu berichten, ist eine unglaubliche Erfahrung, erfordert aber auch einige Opfer: verpasste Familienfeiern, besondere Momente und Geburtstage. Doch ihr habt euch nicht ein einziges Mal beschwert, wenn ich weg war.

An Lorna Russell, meine hervorragende Lektorin, die den Prozess von Anfang bis Ende so angenehm gestaltet hat.

Und an Melanie Michael-Greer, meine Agentin, die sich immer all meine Ideen angehört und dafür gesorgt hat, dass alles auf Kurs bleibt.

Ich möchte außerdem allen danken, die zu diesem Buch beigetragen haben. Mein besonderer Dank gilt Paul Smith von Red Bull Racing für die Unterstützung dieses Projekts.

Und an Christian Horner für seine Zeit. Es war ein besonderes Privileg, über den unglaublichen Aufstieg und Erfolg des Teams zu schreiben. Ich bin sicher, das war noch nicht alles …